清华大学研究生公共课教材——数学系列

最优化理论与算法习题解答

陈宝林 编

清华大学出版社
北京

内容简介

本书对《最优化理论与算法(第 2 版)》中的习题全部给出了解答. 其中,计算题基本按书中给出的方法步骤完成,有利于对最优化方法的理解和掌握;证明题用到一些有关的数学知识和解题技巧,对提高数学素质及深入理解最优化理论与算法是有益的.

本书可供广大读者学习、运用和讲授运筹学时参考.

图书在版编目(CIP)数据

最优化理论与算法习题解答/陈宝林编. --北京:清华大学出版社,2012.5(2023.9重印)
(清华大学研究生公共课教材. 数学系列)
ISBN 978-7-302-28467-3

Ⅰ. ①最… Ⅱ. ①陈… Ⅲ. ①最优化理论—研究生—题解 ②最优化算法—研究生—题解 Ⅳ. ①O242.23-44

中国版本图书馆 CIP 数据核字(2012)第 064434 号

责任编辑:刘　颖
封面设计:常雪影
责任校对:王淑云
责任印制:刘海龙

出版发行:清华大学出版社
网　　址:http://www.tup.com.cn, http://www.wqbook.com
地　　址:北京清华大学学研大厦 A 座　　**邮　　编**:100084
社 总 机:010-83470000　　**邮　　购**:010-62786544
投稿与读者服务:010-62776969, c-service@tup.tsinghua.edu.cn
质量反馈:010-62772015, zhiliang@tup.tsinghua.edu.cn
印 装 者:三河市人民印务有限公司
经　　销:全国新华书店
开　　本:185mm×230mm　　**印　　张**:14　　**字　　数**:305 千字
版　　次:2012 年 5 月第 1 版　　**印　　次**:2023 年 9 月第14 次印刷
定　　价:39.80 元

产品编号:047087-03

前言

FOREWORD

最优化理论与算法是用数学方法研究最优方案，因此，像一般数学分支一样，有严密的逻辑性，要想看懂不十分困难；但要深入理解，掌握精髓，融会贯通，并不容易；要提高分析问题、解决问题的能力，学以致用，就更加困难.要想真正学好这门学科，必须重视做题.在学习的过程中，往往遇到一种现象，一看就懂，一做就错，这正好说明做题在学习数学类课程中的重要作用.可以说，做题是打开最优化理论之门的钥匙，是真正学懂、会用最优化理论与算法的一个重要途径.

本书出版的目的是满足教学和自学的需要，促进运筹学的学习、研究和应用.衷心希望广大读者，在做题时严守独立思考，发挥创造性和丰富的想象力，切忌先看题解后做习题.还要强调，这里给出的解答是一家之言，仅供参考，不作为标准答案.倘若本书禁锢读者思路，就违背了作者初衷.

由于水平有限，错误在所难免，欢迎广大读者批评指正.

编　者

2012 年 2 月

目录

CONTENTS

第1章

CHAPTER 1

引言题解

1. 用定义验证下列各集合是凸集：

(1) $S=\{(x_1,x_2)\mid x_1+2x_2\geqslant 1,x_1-x_2\geqslant 1\}$；　　(2) $S=\{(x_1,x_2)\mid x_2\geqslant |x_1|\}$；

(3) $S=\{(x_1,x_2)\mid x_1^2+x_2^2\leqslant 10\}$.

证　(1) 对集合 S 中任意两点 $\boldsymbol{x}^{(1)}=\begin{bmatrix}x_1^{(1)}\\x_2^{(1)}\end{bmatrix}$，$\boldsymbol{x}^{(2)}=\begin{bmatrix}x_1^{(2)}\\x_2^{(2)}\end{bmatrix}$及每个数 $\lambda\in[0,1]$，有

$$\lambda\boldsymbol{x}^{(1)}+(1-\lambda)\boldsymbol{x}^{(2)}=\begin{bmatrix}\lambda x_1^{(1)}+(1-\lambda)x_1^{(2)}\\\lambda x_2^{(1)}+(1-\lambda)x_2^{(2)}\end{bmatrix}.$$

由题设，有

$$\begin{aligned}&[\lambda x_1^{(1)}+(1-\lambda)x_1^{(2)}]+2[\lambda x_2^{(1)}+(1-\lambda)x_2^{(2)}]\\&=\lambda(x_1^{(1)}+2x_2^{(1)})+(1-\lambda)(x_1^{(2)}+2x_2^{(2)})\geqslant\lambda+(1-\lambda)=1,\\&[\lambda x_1^{(1)}+(1-\lambda)x_1^{(2)}]-[\lambda x_2^{(1)}+(1-\lambda)x_2^{(2)}]\\&=\lambda(x_1^{(1)}-x_2^{(1)})+(1-\lambda)(x_1^{(2)}-x_2^{(2)})\geqslant\lambda+(1-\lambda)=1,\end{aligned}$$

因此，$\lambda\boldsymbol{x}^{(1)}+(1-\lambda)\boldsymbol{x}^{(2)}\in S$，故 S 是凸集.

(2) 对集合 S 中任意两点 $\boldsymbol{x}^{(1)}=\begin{bmatrix}x_1^{(1)}\\x_2^{(1)}\end{bmatrix}$和 $\boldsymbol{x}^{(2)}=\begin{bmatrix}x_1^{(2)}\\x_2^{(2)}\end{bmatrix}$及每个数 $\lambda\in[0,1]$，有

$$\lambda\boldsymbol{x}^{(1)}+(1-\lambda)\boldsymbol{x}^{(2)}=\begin{bmatrix}\lambda x_1^{(1)}+(1-\lambda)x_1^{(2)}\\\lambda x_2^{(1)}+(1-\lambda)x_2^{(2)}\end{bmatrix}.$$

由题设，有

$$\lambda x_2^{(1)}+(1-\lambda)x_2^{(2)}\geqslant\lambda\mid x_1^{(1)}\mid+(1-\lambda)\mid x_1^{(2)}\mid\geqslant\mid\lambda x_1^{(1)}+(1-\lambda)x_1^{(2)}\mid,$$

因此 $\lambda\boldsymbol{x}^{(1)}+(1-\lambda)\boldsymbol{x}^{(2)}\in S$，故 S 是凸集.

(3) 对集合 S 中任意两点 $\boldsymbol{x}^{(1)}=\begin{bmatrix}x_1^{(1)}\\x_2^{(1)}\end{bmatrix}$和 $\boldsymbol{x}^{(2)}=\begin{bmatrix}x_1^{(2)}\\x_2^{(2)}\end{bmatrix}$及每个数 $\lambda\in[0,1]$，有

$$\lambda \boldsymbol{x}^{(1)}+(1-\lambda)\boldsymbol{x}^{(2)}=\begin{bmatrix}\lambda x_1^{(1)}+(1-\lambda)x_1^{(2)}\\ \lambda x_2^{(1)}+(1-\lambda)x_2^{(2)}\end{bmatrix}.$$

由题设，有

$$\begin{aligned}&[\lambda x_1^{(1)}+(1-\lambda)x_1^{(2)}]^2+[\lambda x_2^{(1)}+(1-\lambda)x_2^{(2)}]^2\\ =&\lambda^2 x_1^{(1)2}+2\lambda(1-\lambda)x_1^{(1)}x_1^{(2)}+(1-\lambda)^2 x_1^{(2)2}+\lambda^2 x_2^{(1)2}+2\lambda(1-\lambda)x_2^{(1)}x_2^{(2)}\\ &+(1-\lambda)^2 x_2^{(2)2}=\lambda^2[x_1^{(1)2}+x_2^{(1)2}]+(1-\lambda)^2[x_1^{(2)2}+x_2^{(2)2}]+\lambda(1-\lambda)[2x_1^{(1)}x_1^{(2)}\\ &+2x_2^{(1)}x_2^{(2)}]\leqslant 10\lambda^2+10(1-\lambda)^2+\lambda(1-\lambda)[x_1^{(1)2}+x_1^{(2)2}+x_2^{(1)2}+x_2^{(2)2}]\\ \leqslant& 10\lambda^2+10(1-\lambda)^2+20\lambda(1-\lambda)=10,\end{aligned}$$

因此 $\lambda \boldsymbol{x}^{(1)}+(1-\lambda)\boldsymbol{x}^{(2)}\in S$，故 S 是凸集.

2. 设 $C\subset\mathbb{R}^p$ 是一个凸集，p 是正整数. 证明下列集合 S 是$\mathbb{R}^n$ 中的凸集：

$$S=\{\boldsymbol{x}\mid \boldsymbol{x}\in\mathbb{R}^n,\boldsymbol{x}=\boldsymbol{A}\boldsymbol{\rho},\ \boldsymbol{\rho}\in C\},$$

其中 $\boldsymbol{A}$ 是给定的 $n\times p$ 实矩阵.

证 对任意两点 $\boldsymbol{x}^{(1)},\boldsymbol{x}^{(2)}\in S$ 及每个数 $\lambda\in[0,1]$，根据集合 S 的定义，存在 $\boldsymbol{\rho}_1,\boldsymbol{\rho}_2\in C$，使 $\boldsymbol{x}^{(1)}=\boldsymbol{A}\boldsymbol{\rho}_1,\boldsymbol{x}^{(2)}=\boldsymbol{A}\boldsymbol{\rho}_2$，因此必有 $\lambda\boldsymbol{x}^{(1)}+(1-\lambda)\boldsymbol{x}^{(2)}=\lambda\boldsymbol{A}\boldsymbol{\rho}_1+(1-\lambda)\boldsymbol{A}\boldsymbol{\rho}_2=\boldsymbol{A}[\lambda\boldsymbol{\rho}_1+(1-\lambda)\boldsymbol{\rho}_2]$. 由于 C 是凸集，必有 $\lambda\boldsymbol{\rho}_1+(1-\lambda)\boldsymbol{\rho}_2\in C$，因此 $\lambda\boldsymbol{x}^{(1)}+(1-\lambda)\boldsymbol{x}^{(2)}\in S$，故 S 是凸集.

3. 证明下列集合 S 是凸集：

$$S=\{\boldsymbol{x}\mid \boldsymbol{x}=\boldsymbol{A}\boldsymbol{y},\boldsymbol{y}\geqslant\boldsymbol{0}\},$$

其中 $\boldsymbol{A}$ 是 $n\times m$ 矩阵，$\boldsymbol{x}\in\mathbb{R}^n,\boldsymbol{y}\in\mathbb{R}^m$.

证 对任意的 $\boldsymbol{x}^{(1)},\boldsymbol{x}^{(2)}\in S$ 及每个数 $\lambda\in[0,1]$，存在 $\boldsymbol{y}_1,\boldsymbol{y}_2\geqslant 0$，使 $\boldsymbol{x}^{(1)}=\boldsymbol{A}\boldsymbol{y}_1,\boldsymbol{x}^{(2)}=\boldsymbol{A}\boldsymbol{y}_2$，因此有 $\lambda\boldsymbol{x}^{(1)}+(1-\lambda)\boldsymbol{x}^{(2)}=\boldsymbol{A}[\lambda\boldsymbol{y}_1+(1-\lambda)\boldsymbol{y}_2]$，而 $\lambda\boldsymbol{y}_1+(1-\lambda)\boldsymbol{y}_2\geqslant\boldsymbol{0}$，故 $\lambda\boldsymbol{x}^{(1)}+(1-\lambda)\boldsymbol{x}^{(2)}\in S$，即 S 是凸集.

4. 设 S 是$\mathbb{R}^n$ 中一个非空凸集. 证明对每一个整数 $k\geqslant 2$，若 $\boldsymbol{x}^{(1)},\boldsymbol{x}^{(2)},\cdots,\boldsymbol{x}^{(k)}\in S$，则

$$\sum_{i=1}^{k}\lambda_i\boldsymbol{x}^{(i)}\in S,$$

其中 $\lambda_1+\lambda_2+\cdots+\lambda_k=1(\lambda_i\geqslant 0,i=1,2,\cdots,k)$.

证 用数学归纳法. 当 $k=2$ 时，由凸集的定义知上式显然成立. 设 $k=m$ 时结论成立，当 $k=m+1$ 时，有

$$\sum_{i=1}^{m+1}\lambda_i\boldsymbol{x}^{(i)}=\sum_{i=1}^{m}\lambda_i\boldsymbol{x}^{(i)}+\lambda_{m+1}\boldsymbol{x}^{(m+1)}=\Big(\sum_{i=1}^{m}\lambda_i\Big)\sum_{i=1}^{m}\frac{\lambda_i}{\sum_{i=1}^{m}\lambda_i}\boldsymbol{x}^{(i)}+\lambda_{m+1}\boldsymbol{x}^{(m+1)},$$

其中 $\sum_{i=1}^{m+1}\lambda_i=1$. 根据归纳法假设，

$$\hat{\boldsymbol{x}}=\sum_{i=1}^{m}\frac{\lambda_i}{\sum_{i=1}^{m}\lambda_i}\boldsymbol{x}^{(i)}\in S.$$

由于 $\sum_{i=1}^{m}\lambda_i+\lambda_{m+1}=1$，因此 $\left(\sum_{i=1}^{m}\lambda_i\right)\hat{\boldsymbol{x}}+\lambda_{m+1}\boldsymbol{x}^{(m+1)}\in S$，即 $\sum_{i=1}^{m+1}\lambda_i\boldsymbol{x}^{(i)}\in S$. 于是当 $k=m+1$ 时结论也成立. 从而得证.

5. 设 $\boldsymbol{A}$ 是 $m\times n$ 矩阵，$\boldsymbol{B}$ 是 $l\times n$ 矩阵，$\boldsymbol{c}\in\mathbb{R}^n$，证明下列两个系统恰有一个有解：

系统 1　$\boldsymbol{Ax}\leqslant\boldsymbol{0},\boldsymbol{Bx}=\boldsymbol{0},\boldsymbol{c}^{\mathrm{T}}\boldsymbol{x}>0$，对某些 $\boldsymbol{x}\in\mathbb{R}^n$.

系统 2　$\boldsymbol{A}^{\mathrm{T}}\boldsymbol{y}+\boldsymbol{B}^{\mathrm{T}}\boldsymbol{z}=\boldsymbol{c},\boldsymbol{y}\geqslant\boldsymbol{0}$，对某些 $\boldsymbol{y}\in\mathbb{R}^m$ 和 $\boldsymbol{z}\in\mathbb{R}^l$.

证　由于 $\boldsymbol{Bx}=\boldsymbol{0}$ 等价于

$$\begin{cases}\boldsymbol{Bx}\leqslant\boldsymbol{0},\\ \boldsymbol{Bx}\geqslant\boldsymbol{0}.\end{cases}$$

因此系统 1 有解，即

$$\begin{bmatrix}\boldsymbol{A}\\ \boldsymbol{B}\\ -\boldsymbol{B}\end{bmatrix}\boldsymbol{x}\leqslant\boldsymbol{0},\quad \boldsymbol{c}^{\mathrm{T}}\boldsymbol{x}>0\text{ 有解.}$$

根据 Farkas 定理，得

$$(\boldsymbol{A}^{\mathrm{T}}\quad \boldsymbol{B}^{\mathrm{T}}\quad -\boldsymbol{B}^{\mathrm{T}})\begin{bmatrix}\boldsymbol{y}\\ \boldsymbol{u}\\ \boldsymbol{v}\end{bmatrix}=\boldsymbol{c},\quad \begin{bmatrix}\boldsymbol{y}\\ \boldsymbol{u}\\ \boldsymbol{v}\end{bmatrix}\geqslant\boldsymbol{0}$$

无解. 记 $\boldsymbol{u}-\boldsymbol{v}=\boldsymbol{z}$，即得

$$\boldsymbol{A}^{\mathrm{T}}\boldsymbol{y}+\boldsymbol{B}^{\mathrm{T}}\boldsymbol{z}=\boldsymbol{c},\quad \boldsymbol{y}\geqslant\boldsymbol{0}$$

无解. 反之亦然.

6. 设 $\boldsymbol{A}$ 是 $m\times n$ 矩阵，$\boldsymbol{c}\in\mathbb{R}^n$，则下列两个系统恰有一个有解：

系统 1　$\boldsymbol{Ax}\leqslant\boldsymbol{0},\boldsymbol{x}\geqslant\boldsymbol{0},\boldsymbol{c}^{\mathrm{T}}\boldsymbol{x}>0$，对某些 $\boldsymbol{x}\in\mathbb{R}^n$.

系统 2　$\boldsymbol{A}^{\mathrm{T}}\boldsymbol{y}\geqslant\boldsymbol{c},\boldsymbol{y}\geqslant\boldsymbol{0}$，对某些 $\boldsymbol{y}\in\mathbb{R}^m$.

证　若系统 1 有解，即

$$\begin{bmatrix}\boldsymbol{A}\\ -\boldsymbol{I}\end{bmatrix}\boldsymbol{x}\leqslant\boldsymbol{0},\quad \boldsymbol{c}^{\mathrm{T}}\boldsymbol{x}>0$$

有解，则根据 Farkas 定理，有

$$(\boldsymbol{A}^{\mathrm{T}}\ -\boldsymbol{I})\begin{bmatrix}\boldsymbol{y}\\ \boldsymbol{u}\end{bmatrix}=\boldsymbol{c},\quad \begin{bmatrix}\boldsymbol{y}\\ \boldsymbol{u}\end{bmatrix}\geqslant\boldsymbol{0}$$

无解，即 $\boldsymbol{A}^{\mathrm{T}}\boldsymbol{y}-\boldsymbol{u}=\boldsymbol{c},\boldsymbol{y}\geqslant\boldsymbol{0},\boldsymbol{u}\geqslant\boldsymbol{0}$ 无解，亦即

$$\boldsymbol{A}^{\mathrm{T}}\boldsymbol{y}\geqslant\boldsymbol{c},\quad \boldsymbol{y}\geqslant\boldsymbol{0}$$

无解.

反之，若 $\boldsymbol{A}^{\mathrm{T}}\boldsymbol{y}\geqslant\boldsymbol{c},\quad \boldsymbol{y}\geqslant\boldsymbol{0}$ 有解，即

$$\boldsymbol{A}^{\mathrm{T}}\boldsymbol{y}-\boldsymbol{u}=\boldsymbol{c},\quad \boldsymbol{y}\geqslant\boldsymbol{0},\ \boldsymbol{u}\geqslant\boldsymbol{0}$$

有解，亦即

$$(\boldsymbol{A}^{\mathrm{T}}\ -\boldsymbol{I})\begin{bmatrix}\boldsymbol{y}\\ \boldsymbol{u}\end{bmatrix}=\boldsymbol{c},\quad \begin{bmatrix}\boldsymbol{y}\\ \boldsymbol{u}\end{bmatrix}\geqslant \boldsymbol{0}$$

有解.根据 Farkas 定理,有

$$\begin{bmatrix}\boldsymbol{A}\\ -\boldsymbol{I}\end{bmatrix}\boldsymbol{x}\leqslant \boldsymbol{0},\quad \boldsymbol{c}^{\mathrm{T}}\boldsymbol{x}>0$$

无解,即

$$\boldsymbol{Ax}\leqslant \boldsymbol{0},\quad \boldsymbol{x}\geqslant \boldsymbol{0},\quad \boldsymbol{c}^{\mathrm{T}}\boldsymbol{x}>0$$

无解.

7. 证明 $\boldsymbol{Ax}\leqslant\boldsymbol{0},\boldsymbol{c}^{\mathrm{T}}\boldsymbol{x}>0$ 有解.其中

$$\boldsymbol{A}=\begin{bmatrix}1 & -2 & 1\\ -1 & 1 & 1\end{bmatrix},\quad \boldsymbol{c}=\begin{bmatrix}2\\ 1\\ 0\end{bmatrix}.$$

证 根据 Farkas 定理,只需证明

$$\boldsymbol{A}^{\mathrm{T}}\boldsymbol{y}=\boldsymbol{c},\quad \boldsymbol{y}\geqslant\boldsymbol{0}$$

无解.事实上,$\boldsymbol{A}^{\mathrm{T}}\boldsymbol{y}=\boldsymbol{c}$,即

$$\begin{bmatrix}1 & -1\\ -2 & 1\\ 1 & 1\end{bmatrix}\begin{bmatrix}y_1\\ y_2\end{bmatrix}=\begin{bmatrix}2\\ 1\\ 0\end{bmatrix}.$$

对此线性方程组的增广矩阵做初等行变换:

$$\begin{bmatrix}1 & -1 & 2\\ -2 & 1 & 1\\ 1 & 1 & 0\end{bmatrix}\longrightarrow\begin{bmatrix}1 & -1 & 2\\ 0 & -1 & 5\\ 0 & 2 & -2\end{bmatrix}\longrightarrow\begin{bmatrix}1 & -1 & 2\\ 0 & 1 & -5\\ 0 & 0 & 8\end{bmatrix}.$$

此线性方程组 $\boldsymbol{A}^{\mathrm{T}}\boldsymbol{y}=\boldsymbol{c}$ 的系数矩阵与增广矩阵的秩不等,因此无解,即 $\boldsymbol{A}^{\mathrm{T}}\boldsymbol{y}=\boldsymbol{c},\boldsymbol{y}\geqslant\boldsymbol{0}$ 无解.根据 Farkas 定理,$\boldsymbol{Ax}\leqslant\boldsymbol{0},\boldsymbol{c}^{\mathrm{T}}\boldsymbol{x}>0$ 有解.

8. 证明下列不等式组无解:

$$\begin{cases}x_1+3x_2<0,\\ 3x_1-x_2<0,\\ 17x_1+11x_2>0.\end{cases}$$

证 将不等式组写作

$$\boldsymbol{Ax}<\boldsymbol{0},\quad 其中\quad \boldsymbol{A}=\begin{bmatrix}1 & 3\\ 3 & -1\\ -17 & -11\end{bmatrix}.$$

根据 Gordan 定理,只需证明 $\boldsymbol{A}^{\mathrm{T}}\boldsymbol{y}=\boldsymbol{0},\boldsymbol{y}\geqslant\boldsymbol{0},\boldsymbol{y}\neq\boldsymbol{0}$ 有解.对系数矩阵 $\boldsymbol{A}^{\mathrm{T}}$ 做初等行变换:

$$\begin{bmatrix}1 & 3 & -17\\ 3 & -1 & -11\end{bmatrix}\longrightarrow\begin{bmatrix}1 & 3 & -17\\ 0 & -10 & 40\end{bmatrix}\longrightarrow\begin{bmatrix}1 & 0 & -5\\ 0 & 1 & -4\end{bmatrix}.$$

$A^{\mathrm{T}}y=\mathbf{0}$ 的同解线性方程组为

$$\begin{cases} y_1 = 5y_3, \\ y_2 = 4y_3, y_3 \text{ 任意}. \end{cases}$$

显然 $A^{\mathrm{T}}y=\mathbf{0}, y\geqslant\mathbf{0}, y\neq\mathbf{0}$ 有解. 根据 Gordan 定理,原来的不等式组无解.

9. 判别下列函数是否为凸函数:

(1) $f(x_1,x_2)=x_1^2-2x_1x_2+x_2^2+x_1+x_2$;

(2) $f(x_1,x_2)=x_1^2-4x_1x_2+x_2^2+x_1+x_2$;

(3) $f(x_1,x_2)=(x_1-x_2)^2+4x_1x_2+e^{x_1+x_2}$;

(4) $f(x_1,x_2)=x_1e^{-(x_1+x_2)}$;

(5) $f(x_1,x_2,x_3)=x_1x_2+2x_1^2+x_2^2+2x_3^2-6x_1x_3$.

解 (1) $\nabla^2 f(\boldsymbol{x})=\begin{bmatrix} 2 & -2 \\ -2 & 2 \end{bmatrix}$为半正定矩阵,故 $f(x_1,x_2)$是凸函数.

(2) $\nabla^2 f(\boldsymbol{x})=\begin{bmatrix} 2 & -4 \\ -4 & 2 \end{bmatrix}$为不定矩阵,故 $f(x_1,x_2)$不是凸函数.

(3) $\dfrac{\partial f}{\partial x_1}=2(x_1-x_2)+4x_2+e^{x_1+x_2}$, $\dfrac{\partial f}{\partial x_2}=-2(x_1-x_2)+4x_1+e^{x_1+x_2}$,

$\dfrac{\partial^2 f}{\partial x_1^2}=2+e^{x_1+x_2}$, $\dfrac{\partial^2 f}{\partial x_1\partial x_2}=\dfrac{\partial^2 f}{\partial x_2\partial x_1}=2+e^{x_1+x_2}$, $\dfrac{\partial^2 f}{\partial x_2^2}=2+e^{x_1+x_2}$,

因此 Hesse 矩阵

$$\nabla^2 f(\boldsymbol{x}) = \begin{bmatrix} 2+e^{x_1+x_2} & 2+e^{x_1+x_2} \\ 2+e^{x_1+x_2} & 2+e^{x_1+x_2} \end{bmatrix} = (2+e^{x_1+x_2})\begin{bmatrix} 1 & 1 \\ 1 & 1 \end{bmatrix}$$

为半正定矩阵,因此 $f(\boldsymbol{x})$是凸函数.

(4) $\dfrac{\partial f}{\partial x_1}=e^{-(x_1+x_2)}-x_1e^{-(x_1+x_2)}=(1-x_1)e^{-(x_1+x_2)}$, $\dfrac{\partial f}{\partial x_2}=-x_1e^{-(x_1+x_2)}$,

$\dfrac{\partial^2 f}{\partial x_1^2} = (x_1-2)e^{-(x_1+x_2)}$, $\dfrac{\partial^2 f}{\partial x_1\partial x_2} = \dfrac{\partial^2 f}{\partial x_2\partial x_1} = (x_1-1)e^{-(x_1+x_2)}$, $\dfrac{\partial^2 f}{\partial x_2^2} = x_1e^{-(x_1+x_2)}$,

于是 Hesse 矩阵

$$\nabla^2 f(\boldsymbol{x}) = e^{-(x_1+x_2)}\begin{bmatrix} x_1-2 & x_1-1 \\ x_1-1 & x_1 \end{bmatrix}$$

为不定矩阵,故 $f(\boldsymbol{x})$不是凸函数.

(5) $f(\boldsymbol{x})$的 Hesse 矩阵为

$$\nabla^2 f(\boldsymbol{x}) = \begin{bmatrix} 4 & 1 & -6 \\ 1 & 2 & 0 \\ -6 & 0 & 4 \end{bmatrix}.$$

做合同变换:

$$\begin{bmatrix} 4 & 1 & -6 \\ 1 & 2 & 0 \\ -6 & 0 & 4 \end{bmatrix} \longrightarrow \begin{bmatrix} 4 & 0 & 0 \\ 0 & \frac{7}{4} & \frac{3}{2} \\ 0 & \frac{3}{2} & -5 \end{bmatrix} \longrightarrow \begin{bmatrix} 4 & 0 & 0 \\ 0 & 7 & 0 \\ 0 & 0 & -\frac{44}{7} \end{bmatrix}.$$

由此可得$\nabla^2 f(\boldsymbol{x})$为不定矩阵，因此 $f(\boldsymbol{x})$不是凸函数.

10. 设 $f(x_1,x_2)=10-2(x_2-x_1^2)^2$，

$$S=\{(x_1,x_2)\mid -11\leqslant x_1\leqslant 1,\ -1\leqslant x_2\leqslant 1\},$$

$f(x_1,x_2)$是否为 S 上的凸函数？

解 $\dfrac{\partial f}{\partial x_1}=8x_1(x_2-x_1^2)$， $\dfrac{\partial f}{\partial x_2}=-4(x_2-x_1^2)$，

$\dfrac{\partial^2 f}{\partial x_1^2}=8(x_2-3x_1^2)$， $\dfrac{\partial^2 f}{\partial x_1\partial x_2}=\dfrac{\partial^2 f}{\partial x_2\partial x_1}=8x_1$， $\dfrac{\partial^2 f}{\partial x_2^2}=-4$，

函数 $f(x_1,x_2)$的 Hesse 矩阵为

$$\nabla^2 f(\boldsymbol{x})=\begin{bmatrix} 8(x_2-3x_1^2) & 8x_1 \\ 8x_1 & -4 \end{bmatrix}.$$

易知$\nabla^2 f(\boldsymbol{x})$在集合 S 上不是半正定矩阵，如在点$(0,1)$处的 Hesse 矩阵是$\begin{bmatrix} 8 & 0 \\ 0 & -4 \end{bmatrix}$，是不定矩阵. 因此 $f(x_1,x_2)$不是 S 上的凸函数.

11. 证明 $f(\boldsymbol{x})=\dfrac{1}{2}\boldsymbol{x}^{\mathrm{T}}\boldsymbol{A}\boldsymbol{x}+\boldsymbol{b}^{\mathrm{T}}\boldsymbol{x}$ 为严格凸函数的充要条件是 Hesse 矩阵 $\boldsymbol{A}$ 正定.

证 先证必要性. 设 $f(\boldsymbol{x})=\dfrac{1}{2}\boldsymbol{x}^{\mathrm{T}}\boldsymbol{A}\boldsymbol{x}+\boldsymbol{b}^{\mathrm{T}}\boldsymbol{x}$ 是严格凸函数. 根据定理 1.4.14，对任意非零向量 $\boldsymbol{x}$ 及$\bar{\boldsymbol{x}}=\boldsymbol{0}$，必有

$$f(\boldsymbol{x})>f(\boldsymbol{0})+\nabla f(\boldsymbol{0})^{\mathrm{T}}\boldsymbol{x}. \tag{1}$$

将 $f(\boldsymbol{x})$在$\bar{\boldsymbol{x}}=\boldsymbol{0}$ 处展开，有

$$f(\boldsymbol{x})=f(\boldsymbol{0})+\nabla f(\boldsymbol{0})^{\mathrm{T}}\boldsymbol{x}+\frac{1}{2}\boldsymbol{x}^{\mathrm{T}}\nabla^2 f(\boldsymbol{0})\boldsymbol{x}+o(\|\boldsymbol{x}\|^2). \tag{2}$$

由(1)式和(2)式知

$$\frac{1}{2}\boldsymbol{x}^{\mathrm{T}}\nabla^2 f(\boldsymbol{0})\boldsymbol{x}+o(\|\boldsymbol{x}\|^2)>0.$$

由于 $f(\boldsymbol{x})$是二次凸函数，$\nabla^2 f(\boldsymbol{0})=\boldsymbol{A}$，$o(\|\boldsymbol{x}\|^2)=0$，因此 $\boldsymbol{x}^{\mathrm{T}}\boldsymbol{A}\boldsymbol{x}>0$，即 $\boldsymbol{A}$ 正定.

再证充分性. 设 $\boldsymbol{A}$ 正定，对任意两个不同点 $\boldsymbol{x}$ 和$\bar{\boldsymbol{x}}$，根据中值定理，有

$$\begin{aligned} f(\boldsymbol{x}) &= f(\bar{\boldsymbol{x}})+\nabla f(\bar{\boldsymbol{x}})^{\mathrm{T}}(\boldsymbol{x}-\bar{\boldsymbol{x}})+\frac{1}{2}(\boldsymbol{x}-\bar{\boldsymbol{x}})^{\mathrm{T}}\nabla^2 f(\hat{\boldsymbol{x}})(\boldsymbol{x}-\bar{\boldsymbol{x}}) \\ &= f(\bar{\boldsymbol{x}})+\nabla f(\bar{\boldsymbol{x}})^{\mathrm{T}}(\boldsymbol{x}-\bar{\boldsymbol{x}})+\frac{1}{2}(\boldsymbol{x}-\bar{\boldsymbol{x}})^{\mathrm{T}}\boldsymbol{A}(\boldsymbol{x}-\bar{\boldsymbol{x}}) \end{aligned}$$

$$> f(\bar{\boldsymbol{x}}) + \nabla f(\bar{\boldsymbol{x}})^{\mathrm{T}}(\boldsymbol{x} - \bar{\boldsymbol{x}}).$$

根据定理 1.4.14，$f(\boldsymbol{x}) = \dfrac{1}{2}\boldsymbol{x}^{\mathrm{T}}\boldsymbol{A}\boldsymbol{x} + \boldsymbol{b}^{\mathrm{T}}\boldsymbol{x}$ 是严格凸函数.

12. 设 f 是定义在$\mathbb{R}^n$上的凸函数，$\boldsymbol{x}^{(1)},\boldsymbol{x}^{(2)},\cdots,\boldsymbol{x}^{(k)}$ 是$\mathbb{R}^n$中的点，$\lambda_1,\lambda_2,\cdots,\lambda_k$ 是非负数，且满足 $\lambda_1+\lambda_2+\cdots+\lambda_k=1$，证明：

$$f(\lambda_1\boldsymbol{x}^{(1)} + \lambda_2\boldsymbol{x}^{(2)} + \cdots + \lambda_k\boldsymbol{x}^{(k)}) \leqslant \lambda_1 f(\boldsymbol{x}^{(1)}) + \lambda_2 f(\boldsymbol{x}^{(2)}) + \cdots + \lambda_k f(\boldsymbol{x}^{(k)}).$$

证 用数学归纳法. 当 $k=2$ 时，根据凸函数的定义，必有

$$f(\lambda_1\boldsymbol{x}^{(1)} + \lambda_2\boldsymbol{x}^{(2)}) \leqslant \lambda_1 f(\boldsymbol{x}^{(1)}) + \lambda_2 f(\boldsymbol{x}^{(2)}).$$

设 $k=m$ 时不等式成立. 当 $k=m+1$ 时，有

$$\begin{aligned} & f(\lambda_1\boldsymbol{x}^{(1)} + \lambda_2\boldsymbol{x}^{(2)} + \cdots + \lambda_m\boldsymbol{x}^{(m)} + \lambda_{m+1}\boldsymbol{x}^{(m+1)}) \\ = & f\left(\sum_{i=1}^{m}\lambda_i\left(\frac{\lambda_1}{\sum_{i=1}^{m}\lambda_i}\boldsymbol{x}^{(1)} + \frac{\lambda_2}{\sum_{i=1}^{m}\lambda_i}\boldsymbol{x}^{(2)} + \cdots + \frac{\lambda_m}{\sum_{i=1}^{m}\lambda_i}\boldsymbol{x}^{(m)}\right) + \lambda_{m+1}\boldsymbol{x}^{(m+1)}\right). \end{aligned}$$

记

$$\hat{\boldsymbol{x}} = \frac{\lambda_1}{\sum_{i=1}^{m}\lambda_i}\boldsymbol{x}^{(1)} + \frac{\lambda_2}{\sum_{i=1}^{m}\lambda_i}\boldsymbol{x}^{(2)} + \cdots + \frac{\lambda_m}{\sum_{i=1}^{m}\lambda_i}\boldsymbol{x}^{(m)}.$$

由于 $f(\boldsymbol{x})$ 是凸函数，$\sum_{i=1}^{m}\lambda_i + \lambda_{m+1} = 1, \lambda_i \geqslant 0$，根据凸函数定义，有

$$f\left(\left(\sum_{i=1}^{m}\lambda_i\right)\hat{\boldsymbol{x}} + \lambda_{m+1}\boldsymbol{x}^{(m+1)}\right) \leqslant \left(\sum_{i=1}^{m}\lambda_i\right)f(\hat{\boldsymbol{x}}) + \lambda_{m+1}f(\boldsymbol{x}^{(m+1)}).$$

根据归纳法假设，有

$$f(\hat{\boldsymbol{x}}) \leqslant \frac{\lambda_1}{\sum_{i=1}^{m}\lambda_i}f(\boldsymbol{x}^{(1)}) + \frac{\lambda_2}{\sum_{i=1}^{m}\lambda_i}f(\boldsymbol{x}^{(2)}) + \cdots + \frac{\lambda_m}{\sum_{i=1}^{m}\lambda_i}f(\boldsymbol{x}^{(m)}).$$

代入上式，则有

$$f(\lambda_1\boldsymbol{x}^{(1)} + \lambda_2\boldsymbol{x}^{(2)} + \cdots + \lambda_{m+1}\boldsymbol{x}^{(m+1)}) \leqslant \lambda_1 f(\boldsymbol{x}^{(1)}) + \lambda_2 f(\boldsymbol{x}^{(2)}) + \cdots + \lambda_{m+1} f(\boldsymbol{x}^{(m+1)}),$$

即 $k=m+1$ 时，不等式也成立. 从而得证.

13. 设 f 是$\mathbb{R}^n$上的凸函数，证明：如果 f 在某点 $\boldsymbol{x}\in\mathbb{R}^n$处具有全局极大值，则对一切点 $\boldsymbol{x}\in\mathbb{R}^n$，$f(\boldsymbol{x})$为常数.

证 用反证法. 设 $f(\boldsymbol{x})$在点$\bar{\boldsymbol{x}}$处具有全局极大值，且在点 $\boldsymbol{x}^{(1)}$处有 $f(\boldsymbol{x}^{(1)})<f(\bar{\boldsymbol{x}})$. 在过点 $\boldsymbol{x}^{(1)}$和$\bar{\boldsymbol{x}}$的直线上任取一点 $\boldsymbol{x}^{(2)}$，使得

$$\bar{\boldsymbol{x}} = \lambda\boldsymbol{x}^{(1)} + (1-\lambda)\boldsymbol{x}^{(2)}, \quad \lambda \in (0,1).$$

分两种情形讨论：

(1) 若 $f(\boldsymbol{x}^{(2)})\leqslant f(\boldsymbol{x}^{(1)})$，由于 $f(\boldsymbol{x})$是凸函数，必有

$$f(\bar{\boldsymbol{x}}) = f(\lambda\boldsymbol{x}^{(1)} + (1-\lambda)\boldsymbol{x}^{(2)})$$

$$\leqslant \lambda f(\boldsymbol{x}^{(1)}) + (1-\lambda) f(\boldsymbol{x}^{(2)})$$
$$\leqslant \lambda f(\boldsymbol{x}^{(1)}) + (1-\lambda) f(\boldsymbol{x}^{(1)}) = f(\boldsymbol{x}^{(1)}),\text{矛盾}.$$

(2) 若 $f(\boldsymbol{x}^{(2)}) > f(\boldsymbol{x}^{(1)})$，由于 $f(\boldsymbol{x})$是凸函数，必有

$$\begin{aligned} f(\bar{\boldsymbol{x}}) &= f(\lambda \boldsymbol{x}^{(1)} + (1-\lambda)\boldsymbol{x}^{(2)}) \\ &\leqslant \lambda f(\boldsymbol{x}^{(1)}) + (1-\lambda) f(\boldsymbol{x}^{(2)}) \\ &< \lambda f(\boldsymbol{x}^{(2)}) + (1-\lambda) f(\boldsymbol{x}^{(2)}) = f(\boldsymbol{x}^{(2)}),\text{矛盾}. \end{aligned}$$

综上，$f(\boldsymbol{x})$必为常数.

14. 设 f 是定义在$\mathbb{R}^n$上的函数，如果对每一点 $\boldsymbol{x}\in\mathbb{R}^n$及正数 t 均有 $f(t\boldsymbol{x}) = tf(\boldsymbol{x})$，则称 f 为**正齐次函数**. 证明$\mathbb{R}^n$上的正齐次函数 f 为凸函数的充要条件是，对任何 $\boldsymbol{x}^{(1)}$，$\boldsymbol{x}^{(2)}\in\mathbb{R}^n$，有

$$f(\boldsymbol{x}^{(1)} + \boldsymbol{x}^{(2)}) \leqslant f(\boldsymbol{x}^{(1)}) + f(\boldsymbol{x}^{(2)}).$$

证 先证必要性. 设正齐次函数 $f(\boldsymbol{x})$是凸函数，则对任意两点 $\boldsymbol{x}^{(1)}, \boldsymbol{x}^{(2)}\in\mathbb{R}^n$，必有

$$f\left(\frac{1}{2}\boldsymbol{x}^{(1)} + \frac{1}{2}\boldsymbol{x}^{(2)}\right) \leqslant \frac{1}{2} f(\boldsymbol{x}^{(1)}) + \frac{1}{2} f(\boldsymbol{x}^{(2)}).$$

由于 $f(\boldsymbol{x})$是正齐次函数，有

$$f\left(\frac{1}{2}\boldsymbol{x}^{(1)} + \frac{1}{2}\boldsymbol{x}^{(2)}\right) = \frac{1}{2} f(\boldsymbol{x}^{(1)} + \boldsymbol{x}^{(2)}).$$

代入前式得

$$\frac{1}{2} f(\boldsymbol{x}^{(1)} + \boldsymbol{x}^{(2)}) \leqslant \frac{1}{2} f(\boldsymbol{x}^{(1)}) + \frac{1}{2} f(\boldsymbol{x}^{(2)}),$$

即

$$f(\boldsymbol{x}^{(1)} + \boldsymbol{x}^{(2)}) \leqslant f(\boldsymbol{x}^{(1)}) + f(\boldsymbol{x}^{(2)}).$$

再证充分性. 设正齐次函数 $f(\boldsymbol{x})$对任意的 $\boldsymbol{x}^{(1)}, \boldsymbol{x}^{(2)}\in\mathbb{R}^n$满足

$$f(\boldsymbol{x}^{(1)} + \boldsymbol{x}^{(2)}) \leqslant f(\boldsymbol{x}^{(1)}) + f(\boldsymbol{x}^{(2)}),$$

则对任意的 $\boldsymbol{x}^{(1)}, \boldsymbol{x}^{(2)}\in\mathbb{R}^n$及每个数$\lambda\in(0,1)$，必有

$$f(\lambda\boldsymbol{x}^{(1)} + (1-\lambda)\boldsymbol{x}^{(2)}) \leqslant f(\lambda\boldsymbol{x}^{(1)}) + f((1-\lambda)\boldsymbol{x}^{(2)}) = \lambda f(\boldsymbol{x}^{(1)}) + (1-\lambda) f(\boldsymbol{x}^{(2)}).$$

因此 $f(\boldsymbol{x})$是$\mathbb{R}^n$上的凸函数.

15. 设 S 是$\mathbb{R}^n$中非空凸集，f 是定义在 S 上的实函数. 若对任意的 $\boldsymbol{x}^{(1)}, \boldsymbol{x}^{(2)}\in S$ 及每一个数$\lambda\in(0,1)$，均有

$$f(\lambda\boldsymbol{x}^{(1)} + (1-\lambda)\boldsymbol{x}^{(2)}) \leqslant \max\{f(\boldsymbol{x}^{(1)}), f(\boldsymbol{x}^{(2)})\},$$

则称 f 为**拟凸函数**.

试证明：若 $f(\boldsymbol{x})$是凸集 S 上的拟凸函数，$\bar{\boldsymbol{x}}$是 $f(\boldsymbol{x})$在 S 上的严格局部极小点，则$\bar{\boldsymbol{x}}$也是 $f(\boldsymbol{x})$在 S 上的严格全局极小点.

证 用反证法. 设$\bar{\boldsymbol{x}}$是严格局部极小点，即存在$\bar{\boldsymbol{x}}$的 δ 邻域 $N_\delta(\bar{\boldsymbol{x}})$，对于每个 $\boldsymbol{x}\in S\cap N_\delta(\bar{\boldsymbol{x}})$且 $\boldsymbol{x}\neq\bar{\boldsymbol{x}}$，有 $f(\boldsymbol{x}) > f(\bar{\boldsymbol{x}})$，但$\bar{\boldsymbol{x}}$不是严格全局极小点，即存在点$\hat{\boldsymbol{x}}\in S$，$\hat{\boldsymbol{x}}\neq\bar{\boldsymbol{x}}$，使得

$$f(\hat{\boldsymbol{x}}) \leqslant f(\bar{\boldsymbol{x}}).$$

由于 $f(\boldsymbol{x})$是凸集 S 上的拟凸函数，对每个 $\lambda\in(0,1)$有

$$f(\lambda\hat{\boldsymbol{x}}+(1-\lambda)\bar{\boldsymbol{x}}) \leqslant f(\bar{\boldsymbol{x}}).$$

对充分小的 λ，$\lambda\hat{\boldsymbol{x}}+(1-\lambda)\bar{\boldsymbol{x}}\in S\cap N_\delta(\bar{\boldsymbol{x}})$，这与$\bar{\boldsymbol{x}}$是严格局部极小点相矛盾.因此，$\bar{\boldsymbol{x}}$也是严格全局极小点.

16. 设 S 是$\mathbb{R}^n$中一个非空开凸集，f 是定义在 S 上的可微实函数.如果对任意两点 $\boldsymbol{x}^{(1)}$，$\boldsymbol{x}^{(2)}\in S$，有$(\boldsymbol{x}^{(1)}-\boldsymbol{x}^{(2)})^{\mathrm{T}}\nabla f(\boldsymbol{x}^{(2)})\geqslant 0$ 蕴含 $f(\boldsymbol{x}^{(1)})\geqslant f(\boldsymbol{x}^{(2)})$，则称 $f(\boldsymbol{x})$是**伪凸函数**.

试证明：若 $f(\boldsymbol{x})$是开凸集 S 上的伪凸函数，且对某个$\bar{\boldsymbol{x}}\in S$ 有$\nabla f(\bar{\boldsymbol{x}})=\boldsymbol{0}$，则$\bar{\boldsymbol{x}}$是$f(\boldsymbol{x})$在 S 上的全局极小点.

证　设存在$\bar{\boldsymbol{x}}\in S$ 使得$\nabla f(\bar{\boldsymbol{x}})=\boldsymbol{0}$.由于 $f(\boldsymbol{x})$是开凸集 S 上的伪凸函数，按伪凸函数的定义，对任意的 $\boldsymbol{x}\in S$，$(\boldsymbol{x}-\bar{\boldsymbol{x}})^{\mathrm{T}}\nabla f(\bar{\boldsymbol{x}})=0$ 蕴含 $f(\boldsymbol{x})\geqslant f(\bar{\boldsymbol{x}})$，因此$\bar{\boldsymbol{x}}$是 $f(\boldsymbol{x})$在 S 上的全局极小点.

第2章

CHAPTER 2

线性规划的基本性质题解

1. 用图解法解下列线性规划问题：

(1) $\min \quad 5x_1-6x_2$

$$\text{s.t.}\quad \begin{aligned} x_1+2x_2&\leqslant 10,\\ 2x_1-x_2&\leqslant 5,\\ x_1-4x_2&\leqslant 4,\\ x_1,x_2&\geqslant 0. \end{aligned}$$

(2) $\min \quad -x_1+x_2$

$$\text{s.t.}\quad \begin{aligned} 3x_1-7x_2&\geqslant 8,\\ x_1-x_2&\leqslant 5,\\ x_1,x_2&\geqslant 0. \end{aligned}$$

(3) $\min \quad 13x_1+5x_2$

$$\text{s.t.}\quad \begin{aligned} 7x_1+3x_2&\geqslant 19,\\ 10x_1+2x_2&\leqslant 11,\\ x_1,x_2&\geqslant 0. \end{aligned}$$

(4) $\max \quad -20x_1+10x_2$

$$\text{s.t.}\quad \begin{aligned} x_1+x_2&\geqslant 10,\\ -10x_1+x_2&\leqslant 10,\\ -5x_1+5x_2&\leqslant 25,\\ x_1+4x_2&\geqslant 20,\\ x_1,x_2&\geqslant 0. \end{aligned}$$

(5) $\min \quad -3x_1-2x_2$

$$\text{s.t.}\quad \begin{aligned} 3x_1+2x_2&\leqslant 6,\\ x_1-2x_2&\leqslant 1,\\ x_1+x_2&\geqslant 1,\\ -x_1+2x_2&\leqslant 1,\\ x_1,x_2&\geqslant 0. \end{aligned}$$

(6) $\max \quad 5x_1+4x_2$

$$\text{s.t.}\quad \begin{aligned} -2x_1+x_2&\geqslant -4,\\ x_1+2x_2&\leqslant 6,\\ 5x_1+3x_2&\leqslant 15,\\ x_1,x_2&\geqslant 0. \end{aligned}$$

(7) $\max \quad 3x_1+x_2$

$$\text{s.t.}\quad \begin{aligned} x_1-x_2&\geqslant 0,\\ x_1+x_2&\leqslant 5,\\ 6x_1+2x_2&\leqslant 21,\\ x_1,x_2&\geqslant 0. \end{aligned}$$

解 以上各题的可行域均为多边形界定的平面区域，对极小化问题沿负梯度方向移动目标函数的等值线，对极大化问题沿梯度方向移动目标函数的等值线，即可达到最优解，当最优解存在时. 下面只给出答案.

(1) 最优解$(x_1,x_2)=(0,5)$，最优值 $f_{\min}=-30$.

(2) 最优解$(x_1,x_2)=\left(\frac{27}{4},\frac{7}{4}\right)$，最优值 $f_{\min}=-5$.

实际上，本题最优解并不惟一，连结$(5,0)$与$\left(\frac{27}{4},\frac{7}{4}\right)$的线段上的点均为最优解.

(3) 可行域是空集，不存在极小点.

(4) 最优解$(x_1,x_2)=\left(\frac{5}{2},\frac{15}{2}\right)$，最优值 $f_{\max}=25$.

(5) 最优解$(x_1,x_2)=\left(\frac{7}{4},\frac{3}{8}\right)$，最优值 $f_{\min}=-6$.

实际上，本题最优解并不惟一，连结点$\left(\frac{7}{4},\frac{3}{8}\right)$和点$\left(\frac{5}{4},\frac{9}{8}\right)$的线段上的点都是最优解.

(6) 最优解$(x_1,x_2)=\left(\frac{12}{7},\frac{15}{7}\right)$，最优值 $f_{\max}=\frac{120}{7}$.

(7) 最优解$(x_1,x_2)=\left(\frac{11}{4},\frac{9}{4}\right)$，最优值 $f_{\max}=\frac{21}{2}$.

实际上，本题最优解并不惟一，连结点$\left(\frac{11}{4},\frac{9}{4}\right)$与点$\left(\frac{7}{2},0\right)$的线段上的点均为最优解.

2. 下列问题都存在最优解，试通过求基本可行解来确定各问题的最优解.

(1)
$$\begin{aligned}\max\quad & 2x_1+5x_2\\ \text{s.t.}\quad & x_1+2x_2+x_3=16,\\ & 2x_1+x_2+x_4=12,\\ & x_j\geqslant 0,\quad j=1,2,3,4.\end{aligned}$$

(2)
$$\begin{aligned}\min\quad & -2x_1+x_2+x_3+10x_4\\ \text{s.t.}\quad & -x_1+x_2+x_3+x_4=20,\\ & 2x_1-x_2+2x_4=10,\\ & x_j\geqslant 0,\quad j=1,2,3,4.\end{aligned}$$

(3)
$$\begin{aligned}\min\quad & x_1-x_2\\ \text{s.t.}\quad & x_1+x_2+x_3\leqslant 5,\\ & -x_1+x_2+2x_3\leqslant 6,\\ & x_1,x_2,x_3\geqslant 0.\end{aligned}$$

解 (1) 约束系数矩阵和约束右端向量分别为

$$\boldsymbol{A}=[\boldsymbol{p}_1\quad \boldsymbol{p}_2\quad \boldsymbol{p}_3\quad \boldsymbol{p}_4]=\begin{bmatrix}1&2&1&0\\2&1&0&1\end{bmatrix},\quad \boldsymbol{b}=\begin{bmatrix}16\\12\end{bmatrix}.$$

目标系数向量 $\boldsymbol{c}=(c_1,c_2,c_3,c_4)=(2,5,0,0)$.

令 $\boldsymbol{B}=[\boldsymbol{p}_1\ \boldsymbol{p}_2]=\begin{bmatrix}1&2\\2&1\end{bmatrix}$，则 $\boldsymbol{B}^{-1}=\begin{bmatrix}-\frac{1}{3}&\frac{2}{3}\\ \frac{2}{3}&-\frac{1}{3}\end{bmatrix}$，$\boldsymbol{c}_B=(c_1,c_2)=(2,5)$，

$$\boldsymbol{x}_B=\begin{bmatrix}x_1\\x_2\end{bmatrix}=\boldsymbol{B}^{-1}\boldsymbol{b}=\begin{bmatrix}-\frac{1}{3} & \frac{2}{3}\\ \frac{2}{3} & -\frac{1}{3}\end{bmatrix}\begin{bmatrix}16\\12\end{bmatrix}=\begin{bmatrix}\frac{8}{3}\\ \frac{20}{3}\end{bmatrix}.$$

相应的基本可行解及目标函数值分别为 $\boldsymbol{x}^{(1)}=\left(\frac{8}{3},\frac{20}{3},0,0\right)^{\mathrm{T}}$，$f=\boldsymbol{c}_B\boldsymbol{x}_B=\frac{116}{3}$.

令 $\boldsymbol{B}=[\boldsymbol{p}_1\ \boldsymbol{p}_3]=\begin{bmatrix}1 & 1\\2 & 0\end{bmatrix}$，则 $\boldsymbol{B}^{-1}=\begin{bmatrix}0 & \frac{1}{2}\\ 1 & -\frac{1}{2}\end{bmatrix}$，$\boldsymbol{c}_B=(c_1,c_3)=(2,0)$，

$$\boldsymbol{x}_B=\begin{bmatrix}x_1\\x_3\end{bmatrix}=\boldsymbol{B}^{-1}\boldsymbol{b}=\begin{bmatrix}0 & \frac{1}{2}\\ 1 & -\frac{1}{2}\end{bmatrix}\begin{bmatrix}16\\12\end{bmatrix}=\begin{bmatrix}6\\10\end{bmatrix}.$$

相应的基本可行解及目标函数值分别为 $\boldsymbol{x}^{(2)}=(6,0,10,0)^{\mathrm{T}}$，$f=\boldsymbol{c}_B\boldsymbol{x}_B=12$.

令 $\boldsymbol{B}=[\boldsymbol{p}_1\ \boldsymbol{p}_4]=\begin{bmatrix}1 & 0\\2 & 1\end{bmatrix}$，则 $\boldsymbol{B}^{-1}=\begin{bmatrix}1 & 0\\-2 & 1\end{bmatrix}$，$\boldsymbol{c}_B=(c_1,c_4)=(2,0)$，

$$\boldsymbol{x}_B=\begin{bmatrix}x_1\\x_4\end{bmatrix}=\boldsymbol{B}^{-1}\boldsymbol{b}=\begin{bmatrix}1 & 0\\-2 & 1\end{bmatrix}\begin{bmatrix}16\\12\end{bmatrix}=\begin{bmatrix}16\\-20\end{bmatrix};$$

令 $\boldsymbol{B}=[\boldsymbol{p}_2\ \boldsymbol{p}_3]=\begin{bmatrix}2 & 1\\1 & 0\end{bmatrix}$，则 $\boldsymbol{B}^{-1}=\begin{bmatrix}0 & 1\\1 & -2\end{bmatrix}$，$\boldsymbol{c}_B=(c_2,c_3)=(5,0)$，

$$\boldsymbol{x}_B=\begin{bmatrix}x_2\\x_3\end{bmatrix}=\boldsymbol{B}^{-1}\boldsymbol{b}=\begin{bmatrix}0 & 1\\1 & -2\end{bmatrix}\begin{bmatrix}16\\12\end{bmatrix}=\begin{bmatrix}12\\-8\end{bmatrix};$$

令 $\boldsymbol{B}=[\boldsymbol{p}_2\ \boldsymbol{p}_4]=\begin{bmatrix}2 & 0\\1 & 1\end{bmatrix}$，则 $\boldsymbol{B}^{-1}=\begin{bmatrix}\frac{1}{2} & 0\\ -\frac{1}{2} & 1\end{bmatrix}$，$\boldsymbol{c}_B=(c_2,c_4)=(5,0)$，

$$\boldsymbol{x}_B=\begin{bmatrix}x_2\\x_4\end{bmatrix}=\boldsymbol{B}^{-1}\boldsymbol{b}=\begin{bmatrix}\frac{1}{2} & 0\\ -\frac{1}{2} & 1\end{bmatrix}\begin{bmatrix}16\\12\end{bmatrix}=\begin{bmatrix}8\\4\end{bmatrix}.$$

基本可行解及相应的目标函数值分别为 $\boldsymbol{x}^{(3)}=(0,8,0,4)^{\mathrm{T}}$，$f=\boldsymbol{c}_B\boldsymbol{x}_B=40$.

令 $\boldsymbol{B}=[\boldsymbol{p}_3\ \boldsymbol{p}_4]=\begin{bmatrix}1 & 0\\0 & 1\end{bmatrix}$，则 $\boldsymbol{B}^{-1}=\begin{bmatrix}1 & 0\\0 & 1\end{bmatrix}$，

$$\boldsymbol{x}_B=\begin{bmatrix}x_3\\x_4\end{bmatrix}=\boldsymbol{B}^{-1}\boldsymbol{b}=\begin{bmatrix}1 & 0\\0 & 1\end{bmatrix}\begin{bmatrix}16\\12\end{bmatrix}=\begin{bmatrix}16\\12\end{bmatrix},\quad \boldsymbol{c}_B=(c_3,c_4)=(0,0).$$

相应的基本可行解及目标函数值分别为 $\boldsymbol{x}^{(4)}=(0,0,16,12)^{\mathrm{T}}$，$f=\boldsymbol{c}_B\boldsymbol{x}_B=0$.

综上，得最优解 $\bar{\boldsymbol{x}}=(0,8,0,4)^{\mathrm{T}}$，最优值 $f_{\max}=40$.

(2) 约束系数矩阵和约束右端向量分别为

$$\boldsymbol{A}=[\boldsymbol{p}_1\ \boldsymbol{p}_2\ \boldsymbol{p}_3\ \boldsymbol{p}_4]=\begin{bmatrix}-1 & 1 & 1 & 1\\ 2 & -1 & 0 & 2\end{bmatrix},\quad \boldsymbol{b}=\begin{bmatrix}20\\10\end{bmatrix}.$$

目标系数向量 $\boldsymbol{c}=(c_1,c_2,c_3,c_4)=(-2\ 1\ 1\ 10)$.

令 $\boldsymbol{B}=[\boldsymbol{p}_1\ \boldsymbol{p}_2]=\begin{bmatrix}-1 & 1\\ 2 & -1\end{bmatrix}$,则 $\boldsymbol{B}^{-1}=\begin{bmatrix}1 & 1\\ 2 & 1\end{bmatrix}$,$\boldsymbol{c}_{\boldsymbol{B}}=(c_1,c_2)=(-2,1)$,

$$\boldsymbol{x}_{\boldsymbol{B}}=\begin{bmatrix}x_1\\x_2\end{bmatrix}=\boldsymbol{B}^{-1}\boldsymbol{b}=\begin{bmatrix}1 & 1\\ 2 & 1\end{bmatrix}\begin{bmatrix}20\\10\end{bmatrix}=\begin{bmatrix}30\\50\end{bmatrix}.$$

相应的基本可行解及目标函数值分别为 $\boldsymbol{x}^{(1)}=(30,50,0,0)^{\mathrm{T}}$,$f=\boldsymbol{c}_{\boldsymbol{B}}\boldsymbol{x}_{\boldsymbol{B}}=-10$.

令 $\boldsymbol{B}=[\boldsymbol{p}_1\ \boldsymbol{p}_3]=\begin{bmatrix}-1 & 1\\ 2 & 0\end{bmatrix}$,则 $\boldsymbol{B}^{-1}=\begin{bmatrix}0 & \frac{1}{2}\\ 1 & \frac{1}{2}\end{bmatrix}$,$\boldsymbol{c}_{\boldsymbol{B}}=(c_1,c_3)=(-2,1)$,

$$\boldsymbol{x}_{\boldsymbol{B}}=\begin{bmatrix}x_1\\x_3\end{bmatrix}=\boldsymbol{B}^{-1}\boldsymbol{b}=\begin{bmatrix}0 & \frac{1}{2}\\ 1 & \frac{1}{2}\end{bmatrix}\begin{bmatrix}20\\10\end{bmatrix}=\begin{bmatrix}5\\25\end{bmatrix}.$$

相应的基本可行解及目标函数值分别为 $\boldsymbol{x}^{(2)}=(5,0,25,0)^{\mathrm{T}}$,$f=\boldsymbol{c}_{\boldsymbol{B}}\boldsymbol{x}_{\boldsymbol{B}}=15$.

令 $\boldsymbol{B}=[\boldsymbol{p}_1\ \boldsymbol{p}_4]=\begin{bmatrix}-1 & 1\\ 2 & 2\end{bmatrix}$,则 $\boldsymbol{B}^{-1}=\begin{bmatrix}-\frac{1}{2} & \frac{1}{4}\\ \frac{1}{2} & \frac{1}{4}\end{bmatrix}$,$\boldsymbol{c}_{\boldsymbol{B}}=(c_1,c_4)=(-2,10)$,

$$\boldsymbol{x}_{\boldsymbol{B}}=\begin{bmatrix}x_1\\x_4\end{bmatrix}=\boldsymbol{B}^{-1}\boldsymbol{b}=\begin{bmatrix}-\frac{1}{2} & \frac{1}{4}\\ \frac{1}{2} & \frac{1}{4}\end{bmatrix}\begin{bmatrix}20\\10\end{bmatrix}=\begin{bmatrix}-\frac{15}{2}\\ \frac{25}{2}\end{bmatrix};$$

令 $\boldsymbol{B}=[\boldsymbol{p}_2\ \boldsymbol{p}_3]=\begin{bmatrix}1 & 1\\ -1 & 0\end{bmatrix}$,则 $\boldsymbol{B}^{-1}=\begin{bmatrix}0 & -1\\ 1 & 1\end{bmatrix}$,$\boldsymbol{c}_{\boldsymbol{B}}=(c_2,c_3)=(1,1)$,

$$\boldsymbol{x}_{\boldsymbol{B}}=\begin{bmatrix}x_2\\x_3\end{bmatrix}=\boldsymbol{B}^{-1}\boldsymbol{b}=\begin{bmatrix}0 & -1\\ 1 & 1\end{bmatrix}\begin{bmatrix}20\\10\end{bmatrix}=\begin{bmatrix}-10\\30\end{bmatrix};$$

令 $\boldsymbol{B}=[\boldsymbol{p}_2\ \boldsymbol{p}_4]=\begin{bmatrix}1 & 1\\ -1 & 2\end{bmatrix}$,则 $\boldsymbol{B}^{-1}=\begin{bmatrix}\frac{2}{3} & -\frac{1}{3}\\ \frac{1}{3} & \frac{1}{3}\end{bmatrix}$,$\boldsymbol{c}_{\boldsymbol{B}}=(c_2,c_4)=(1,10)$,

$$\boldsymbol{x}_{\boldsymbol{B}}=\begin{bmatrix}x_2\\x_4\end{bmatrix}=\boldsymbol{B}^{-1}\boldsymbol{b}=\begin{bmatrix}\frac{2}{3} & -\frac{1}{3}\\ \frac{1}{3} & \frac{1}{3}\end{bmatrix}\begin{bmatrix}20\\10\end{bmatrix}=\begin{bmatrix}10\\10\end{bmatrix}.$$

相应的基本可行解和目标函数值分别为 $\boldsymbol{x}^{(3)}=(0,10,0,10)^{\mathrm{T}}, f=\boldsymbol{c}_B\boldsymbol{x}_B=110$.

令 $\boldsymbol{B}=[\boldsymbol{p}_3\ \boldsymbol{p}_4]=\begin{bmatrix}1 & 1\\ 0 & 2\end{bmatrix}$,则 $\boldsymbol{B}^{-1}=\begin{bmatrix}1 & -\dfrac{1}{2}\\ 0 & \dfrac{1}{2}\end{bmatrix}$, $\boldsymbol{c}_B=(c_3,c_4)=(1,10)$,

$$\boldsymbol{x}_B=\begin{bmatrix}x_3\\ x_4\end{bmatrix}=\boldsymbol{B}^{-1}\boldsymbol{b}=\begin{bmatrix}1 & -\dfrac{1}{2}\\ 0 & \dfrac{1}{2}\end{bmatrix}\begin{bmatrix}20\\ 10\end{bmatrix}=\begin{bmatrix}15\\ 5\end{bmatrix}.$$

相应的基本可行解及目标函数值分别为 $\boldsymbol{x}^{(4)}=(0,0,15,5)^{\mathrm{T}}, f=\boldsymbol{c}_B\boldsymbol{x}_B=65$.

综上,最优解 $\bar{\boldsymbol{x}}=(30,50,0,0)^{\mathrm{T}}$,最优值 $f_{\min}=-10$.

(3) 引进松弛变量 x_4,x_5,化为标准形式:

$$\begin{aligned}\min\quad & x_1-x_2\\ \text{s.t.}\quad & x_1+x_2+x_3+x_4=5,\\ & -x_1+x_2+2x_3+x_5=6,\\ & x_j\geqslant 0,\ j=1,2,\cdots,5,\end{aligned}$$

记作

$$\boldsymbol{A}=[\boldsymbol{p}_1\ \boldsymbol{p}_2\ \boldsymbol{p}_3\ \boldsymbol{p}_4\ \boldsymbol{p}_5]=\begin{bmatrix}1 & 1 & 1 & 1 & 0\\ -1 & 1 & 2 & 0 & 1\end{bmatrix},\quad \boldsymbol{b}=\begin{bmatrix}5\\ 6\end{bmatrix},$$
$$\boldsymbol{c}=(c_1,c_2,c_3,c_4,c_5)=(1,-1,0,0,0).$$

令 $\boldsymbol{B}=[\boldsymbol{p}_1\ \boldsymbol{p}_2]=\begin{bmatrix}1 & 1\\ -1 & 1\end{bmatrix}$,则 $\boldsymbol{c}_B=(c_1,c_2)=(1,-1)$,

$$\boldsymbol{B}^{-1}=\begin{bmatrix}\dfrac{1}{2} & -\dfrac{1}{2}\\ \dfrac{1}{2} & \dfrac{1}{2}\end{bmatrix},\quad \boldsymbol{x}_B=\begin{bmatrix}x_1\\ x_2\end{bmatrix}=\boldsymbol{B}^{-1}\boldsymbol{b}=\begin{bmatrix}\dfrac{1}{2} & -\dfrac{1}{2}\\ \dfrac{1}{2} & \dfrac{1}{2}\end{bmatrix}\begin{bmatrix}5\\ 6\end{bmatrix}=\begin{bmatrix}-\dfrac{1}{2}\\ \dfrac{11}{2}\end{bmatrix};$$

令 $\boldsymbol{B}=[\boldsymbol{p}_1\ \boldsymbol{p}_3]=\begin{bmatrix}1 & 1\\ -1 & 2\end{bmatrix}$,则 $\boldsymbol{c}_B=(c_1,c_3)=(1,0)$,

$$\boldsymbol{B}^{-1}=\begin{bmatrix}\dfrac{2}{3} & -\dfrac{1}{3}\\ \dfrac{1}{3} & \dfrac{1}{3}\end{bmatrix},\quad \boldsymbol{x}_B=\begin{bmatrix}x_1\\ x_3\end{bmatrix}=\boldsymbol{B}^{-1}\boldsymbol{b}=\begin{bmatrix}\dfrac{2}{3} & -\dfrac{1}{3}\\ \dfrac{1}{3} & \dfrac{1}{3}\end{bmatrix}\begin{bmatrix}5\\ 6\end{bmatrix}=\begin{bmatrix}\dfrac{4}{3}\\ \dfrac{11}{3}\end{bmatrix}.$$

得到相应的基本可行解和目标函数值分别为 $\boldsymbol{x}^{(1)}=\left(\dfrac{4}{3},0,\dfrac{11}{3},0,0\right)^{\mathrm{T}}, f=\boldsymbol{c}_B\boldsymbol{x}_B=\dfrac{4}{3}$.

令 $\boldsymbol{B}=[\boldsymbol{p}_1\ \boldsymbol{p}_4]=\begin{bmatrix}1 & 1\\ -1 & 0\end{bmatrix}$,则 $\boldsymbol{c}_B=(c_1,c_4)=(1,0)$,

$$B^{-1}=\begin{bmatrix}0 & -1\\ 1 & 1\end{bmatrix},\quad x_B=\begin{bmatrix}x_1\\ x_4\end{bmatrix}=B^{-1}b=\begin{bmatrix}0 & -1\\ 1 & 1\end{bmatrix}\begin{bmatrix}5\\ 6\end{bmatrix}=\begin{bmatrix}-6\\ 11\end{bmatrix};$$

令 $B=[p_1\ p_5]=\begin{bmatrix}1 & 0\\ -1 & 1\end{bmatrix}$,则 $c_B=(c_1,c_5)=(1,0)$,

$$B^{-1}=\begin{bmatrix}1 & 0\\ 1 & 1\end{bmatrix},\quad x_B=\begin{bmatrix}x_1\\ x_5\end{bmatrix}=B^{-1}b=\begin{bmatrix}1 & 0\\ 1 & 1\end{bmatrix}\begin{bmatrix}5\\ 6\end{bmatrix}=\begin{bmatrix}5\\ 11\end{bmatrix}.$$

得到相应的基本可行解及目标函数值分别为 $x^{(2)}=(5,0,0,0,11)^{\mathrm{T}}$,$f=c_Bx_B=5$.

令 $B=[p_2\ p_3]=\begin{bmatrix}1 & 1\\ 1 & 2\end{bmatrix}$,则 $c_B=(c_2,c_3)=(-1,0)$,

$$B^{-1}=\begin{bmatrix}2 & -1\\ -1 & 1\end{bmatrix},\quad x_B=\begin{bmatrix}x_2\\ x_3\end{bmatrix}=B^{-1}b=\begin{bmatrix}2 & -1\\ -1 & 1\end{bmatrix}\begin{bmatrix}5\\ 6\end{bmatrix}=\begin{bmatrix}4\\ 1\end{bmatrix}.$$

得到相应的基本可行解及目标函数值分别为 $x^{(3)}=(0,4,1,0,0)^{\mathrm{T}}$,$f=c_Bx_B=-4$.

令 $B=[p_2\ p_4]=\begin{bmatrix}1 & 1\\ 1 & 0\end{bmatrix}$,则 $c_B=(c_2,c_4)=(-1,0)$,

$$B^{-1}=\begin{bmatrix}0 & 1\\ 1 & -1\end{bmatrix},\quad x_B=\begin{bmatrix}x_2\\ x_4\end{bmatrix}=B^{-1}b=\begin{bmatrix}0 & 1\\ 1 & -1\end{bmatrix}\begin{bmatrix}5\\ 6\end{bmatrix}=\begin{bmatrix}6\\ -1\end{bmatrix};$$

令 $B=[p_2\ p_5]=\begin{bmatrix}1 & 0\\ 1 & 1\end{bmatrix}$,则 $c_B=(c_2,c_5)=(-1,0)$,

$$B^{-1}=\begin{bmatrix}1 & 0\\ -1 & 1\end{bmatrix},\quad x_B=\begin{bmatrix}x_2\\ x_5\end{bmatrix}=B^{-1}b=\begin{bmatrix}1 & 0\\ -1 & 1\end{bmatrix}\begin{bmatrix}5\\ 6\end{bmatrix}=\begin{bmatrix}5\\ 1\end{bmatrix}.$$

得到相应的基本可行解及目标函数值分别为 $x^{(4)}=(0,5,0,0,1)^{\mathrm{T}}$,$f=c_Bx_B=-5$.

令 $B=[p_3\ p_4]=\begin{bmatrix}1 & 1\\ 2 & 0\end{bmatrix}$,则 $c_B=(c_3,c_4)=(0,0)$,

$$B^{-1}=\begin{bmatrix}0 & \frac{1}{2}\\ 1 & -\frac{1}{2}\end{bmatrix},\quad x_B=\begin{bmatrix}x_3\\ x_4\end{bmatrix}=B^{-1}b=\begin{bmatrix}0 & \frac{1}{2}\\ 1 & -\frac{1}{2}\end{bmatrix}\begin{bmatrix}5\\ 6\end{bmatrix}=\begin{bmatrix}3\\ 2\end{bmatrix}.$$

得到相应的基本可行解及目标函数值分别为 $x^{(5)}=(0,0,3,2,0)^{\mathrm{T}}$,$f=c_Bx_B=0$.

令 $B=[p_3\ p_5]=\begin{bmatrix}1 & 0\\ 2 & 1\end{bmatrix}$,则 $c_B=(c_3,c_5)=(0,0)$,

$$B^{-1}=\begin{bmatrix}1 & 0\\ -2 & 1\end{bmatrix},\quad x_B=\begin{bmatrix}x_3\\ x_5\end{bmatrix}=B^{-1}b=\begin{bmatrix}1 & 0\\ -2 & 1\end{bmatrix}\begin{bmatrix}5\\ 6\end{bmatrix}=\begin{bmatrix}5\\ -4\end{bmatrix};$$

令 $B=[p_4\ p_5]=\begin{bmatrix}1 & 0\\ 0 & 1\end{bmatrix}$,则 $c_B=(c_4,c_5)=(0,0)$,

$$B^{-1}=\begin{bmatrix}1 & 0\\ 0 & 1\end{bmatrix},\quad x_B=\begin{bmatrix}x_4\\ x_5\end{bmatrix}=B^{-1}b=\begin{bmatrix}1 & 0\\ 0 & 1\end{bmatrix}\begin{bmatrix}5\\ 6\end{bmatrix}=\begin{bmatrix}5\\ 6\end{bmatrix},$$

得到相应的基本可行解及目标函数值分别为 $\boldsymbol{x}^{(6)}=(0,0,0,5,6)^{\mathrm{T}}, f=\boldsymbol{c}_{\boldsymbol{B}}\boldsymbol{x}_{\boldsymbol{B}}=0$.

综上,最优解 $\bar{\boldsymbol{x}}=(0,5,0,0,1)^{\mathrm{T}}$,最优值 $f_{\min}=-5$.

3. 设 $\boldsymbol{x}^{(0)}=(x_1^{(0)},x_2^{(0)},\cdots,x_n^{(0)})^{\mathrm{T}}$ 是 $\boldsymbol{Ax}=\boldsymbol{b}$ 的一个解,其中 $\boldsymbol{A}=(\boldsymbol{p}_1,\boldsymbol{p}_2,\cdots,\boldsymbol{p}_n)$ 是 $m\times n$ 矩阵,$\boldsymbol{A}$ 的秩为 m. 证明 $\boldsymbol{x}^{(0)}$ 是基本解的充要条件为 $\boldsymbol{x}^{(0)}$ 的非零分量 $x_{i_1}^{(0)},x_{i_2}^{(0)},\cdots,x_{i_s}^{(0)}$,对应的列 $\boldsymbol{p}_{i_1},\boldsymbol{p}_{i_2},\cdots,\boldsymbol{p}_{i_s}$ 线性无关.

证 先证必要性. 设

$$\boldsymbol{x}^{(0)}=\begin{bmatrix}\boldsymbol{B}^{-1}\boldsymbol{b}\\ \boldsymbol{0}\end{bmatrix}$$

是基本解,记 $\boldsymbol{B}=[\boldsymbol{p}_{\boldsymbol{B}_1}\ \ \boldsymbol{p}_{\boldsymbol{B}_2}\cdots\ \boldsymbol{p}_{\boldsymbol{B}_m}]$,则 $\boldsymbol{x}^{(0)}$ 非零分量对应的列 $\{\boldsymbol{p}_{i_1},\boldsymbol{p}_{i_2},\cdots,\boldsymbol{p}_{i_s}\}\subset\{\boldsymbol{p}_{\boldsymbol{B}_1}\ \ \boldsymbol{p}_{\boldsymbol{B}_2}\cdots\ \boldsymbol{p}_{\boldsymbol{B}_m}\}$. 由于 $\boldsymbol{p}_{\boldsymbol{B}_1},\boldsymbol{p}_{\boldsymbol{B}_2},\cdots,\boldsymbol{p}_{\boldsymbol{B}_m}$ 线性无关,因此 $\boldsymbol{p}_{i_1},\boldsymbol{p}_{i_2},\cdots,\boldsymbol{p}_{i_s}$ 线性无关.

再证充分性. 设 $\boldsymbol{x}^{(0)}$ 的非零分量对应的列 $\boldsymbol{p}_{i_1},\boldsymbol{p}_{i_2},\cdots,\boldsymbol{p}_{i_s}$ 线性无关. 由于 $\boldsymbol{A}$ 的秩为 m,因此 $S\leqslant m$. $\boldsymbol{p}_{i_1},\boldsymbol{p}_{i_2},\cdots,\boldsymbol{p}_{i_s}$ 可扩充成一组基 $\boldsymbol{p}_{i_1},\cdots,\boldsymbol{p}_{i_s},\boldsymbol{p}_{i_{s+1}},\cdots,\boldsymbol{p}_{i_m}$. 记

$$\boldsymbol{B}=(\boldsymbol{p}_{i_1},\boldsymbol{p}_{i_2},\cdots,\boldsymbol{p}_{i_{s+1}},\cdots,\boldsymbol{p}_{i_m}),$$

于是 $\boldsymbol{x}^{(0)}$ 可记作:$\begin{bmatrix}\boldsymbol{x}_B^{(0)}\\ \boldsymbol{x}_N^{(0)}\end{bmatrix}=\begin{bmatrix}\boldsymbol{B}^{-1}\boldsymbol{b}\\ \boldsymbol{0}\end{bmatrix}$,即 $\boldsymbol{x}^{(0)}$ 是基本解.

4. 设 $S=\{\boldsymbol{x}\mid\boldsymbol{Ax}\geqslant\boldsymbol{b}\}$,其中 $\boldsymbol{A}$ 是 $m\times n$ 矩阵,$m>n$,$\boldsymbol{A}$ 的秩为 n. 证明 $\boldsymbol{x}^{(0)}$ 是 S 的极点的充要条件是 $\boldsymbol{A}$ 和 $\boldsymbol{b}$ 可作如下分解:

$$\boldsymbol{A}=\begin{bmatrix}\boldsymbol{A}_1\\ \boldsymbol{A}_2\end{bmatrix},\quad \boldsymbol{b}=\begin{bmatrix}\boldsymbol{b}_1\\ \boldsymbol{b}_2\end{bmatrix},$$

其中,$\boldsymbol{A}_1$ 有 n 个行,且 $\boldsymbol{A}_1$ 的秩为 n,$\boldsymbol{b}_1$ 是 n 维列向量,使得 $\boldsymbol{A}_1\boldsymbol{x}^{(0)}=\boldsymbol{b}_1$,$\boldsymbol{A}_2\boldsymbol{x}^{(0)}\geqslant\boldsymbol{b}_2$.

证 先证必要性. 设 $\boldsymbol{x}^{(0)}$ 是 S 的极点. 用反证法. 设 $\boldsymbol{A},\boldsymbol{b}$ 在点 $\boldsymbol{x}^{(0)}$ 分解如下:

$$\boldsymbol{A}=\begin{bmatrix}\boldsymbol{A}_1\\ \boldsymbol{A}_2\end{bmatrix},\quad \boldsymbol{b}=\begin{bmatrix}\boldsymbol{b}_1\\ \boldsymbol{b}_2\end{bmatrix},\quad \boldsymbol{A}_1\boldsymbol{x}^{(0)}=\boldsymbol{b}_1,\quad \boldsymbol{A}_2\boldsymbol{x}^{(0)}>\boldsymbol{b}_2,$$

$\boldsymbol{A}_1$ 的秩 $\mathrm{R}(\boldsymbol{A}_1)<n$. $\boldsymbol{A}_1\boldsymbol{x}=\boldsymbol{b}_1$ 的同解线性方程组记作

$$\hat{\boldsymbol{A}}_1\boldsymbol{x}=\hat{\boldsymbol{b}}_1.$$

$\hat{\boldsymbol{A}}_1$ 是行满秩矩阵,$\mathrm{R}(\hat{\boldsymbol{A}}_1)=\mathrm{R}(\boldsymbol{A}_1)<n$. 不妨假设 $\hat{\boldsymbol{A}}_1$ 的前 $\mathrm{R}(\hat{\boldsymbol{A}}_1)$ 个列线性无关,记作 $\hat{\boldsymbol{A}}_1=[\boldsymbol{B}\quad\boldsymbol{N}]$,其中 $\boldsymbol{B}$ 是可逆矩阵. 相应地记

$$\boldsymbol{x}=\begin{bmatrix}\boldsymbol{x}_B\\ \boldsymbol{x}_N\end{bmatrix},\quad \boldsymbol{x}_B=\boldsymbol{B}^{-1}\hat{\boldsymbol{b}}_1-\boldsymbol{B}^{-1}\boldsymbol{N}\boldsymbol{x}_N.$$

$\boldsymbol{A}_1\boldsymbol{x}=\boldsymbol{b}_1$ 的解为

$$\boldsymbol{x}=\begin{bmatrix}\boldsymbol{x}_B\\ \boldsymbol{x}_N\end{bmatrix}=\begin{bmatrix}\boldsymbol{B}^{-1}\hat{\boldsymbol{b}}_1-\boldsymbol{B}^{-1}\boldsymbol{N}\boldsymbol{x}_N\\ \boldsymbol{x}_N\end{bmatrix},\tag{1}$$

其中,$\boldsymbol{x}_N$ 是自由未知量,是 $n-\mathrm{R}(\boldsymbol{A}_1)$ 维向量. S 的极点

$$x^{(0)}=\begin{bmatrix}x_B^{(0)}\\x_N^{(0)}\end{bmatrix}=\begin{bmatrix}B^{-1}\hat{b}_1-B^{-1}Nx_N^{(0)}\\x_N^{(0)}\end{bmatrix}. \tag{2}$$

由于 $A_2x^{(0)}>b_2$，则存在 $x_N^{(0)}$ 的 δ 邻域 $N_\delta(x_N^{(0)})$，使得当 $x_N\in N_\delta(x_N^{(0)})$ 时，解(1)同时满足 $A_1x=b_1$ 和 $A_2x\geqslant b_2$. 在过 $x_N^{(0)}$ 的直线上取不同点 $x_N^{(1)},x_N^{(2)}\in N_\delta(x_N^{(0)})$，使 $\lambda x_N^{(1)}+(1-\lambda)x_N^{(2)}=x_N^{(0)}$，$\lambda\in(0,1)$，代入(2)式，得到

$$x^{(0)}=\begin{bmatrix}B^{-1}\hat{b}_1-B^{-1}N(\lambda x_N^{(1)}+(1-\lambda)x_N^{(2)})\\\lambda x_N^{(1)}+(1-\lambda)x_N^{(2)}\end{bmatrix}$$

$$=\lambda\begin{bmatrix}B^{-1}\hat{b}_1-B^{-1}Nx_N^{(1)}\\x_N^{(1)}\end{bmatrix}+(1-\lambda)\begin{bmatrix}B^{-1}\hat{b}_1-B^{-1}Nx_N^{(2)}\\x_N^{(2)}\end{bmatrix},$$

这样，可将 $x^{(0)}$ 表示成集合 S 中两个不同点的凸组合，矛盾.

再证充分性. 设在点 $x^{(0)}$，A，b 可作如下分解(其中 A_1 是 n 阶方阵)：

$$A=\begin{bmatrix}A_1\\A_2\end{bmatrix},\quad b=\begin{bmatrix}b_1\\b_2\end{bmatrix},\quad A_1x^{(0)}=b_1,\quad A_2x^{(0)}\geqslant b_2,\quad \mathrm{R}(A_1)=n.$$

又设存在 $x^{(1)},x^{(2)}\in S$，使得

$$x^{(0)}=\lambda x^{(1)}+(1-\lambda)x^{(2)},\quad \lambda\in(0,1). \tag{3}$$

用可逆矩阵 A_1 乘(3)式两端，得

$$A_1x^{(0)}=\lambda A_1x^{(1)}+(1-\lambda)A_1x^{(2)}. \tag{4}$$

由于 $A_1x^{(0)}=b_1$，$A_1x^{(1)}\geqslant b_1$，$A_1x^{(2)}\geqslant b_1$ 及 $\lambda,1-\lambda>0$，代入(4)式，则得

$$b_1=A_1x^{(0)}=\lambda A_1x^{(1)}+(1-\lambda)A_1x^{(2)}\geqslant\lambda b_1+(1-\lambda)b_1=b_1,$$

因此有

$$\lambda A_1x^{(1)}+(1-\lambda)A_1x^{(2)}=\lambda b_1+(1-\lambda)b_1,$$

移项整理，即

$$\lambda(A_1x^{(1)}-b_1)+(1-\lambda)(A_1x^{(2)}-b_1)=\mathbf{0}.$$

由于 $\lambda,1-\lambda>0$，$A_1x^{(1)}-b_1\geqslant\mathbf{0}$，$A_1x^{(2)}-b_1\geqslant\mathbf{0}$，因此 $A_1x^{(1)}-b_1=\mathbf{0}$，$A_1x^{(2)}-b_1=\mathbf{0}$，从而得到

$$A_1x^{(0)}=A_1x^{(1)}=A_1x^{(2)}=b_1.$$

左乘 A_1^{-1}，则

$$x^{(0)}=x^{(1)}=x^{(2)}.$$

因此 $x^{(0)}$ 是极点.

第3章

CHAPTER 3

单纯形方法题解

1. 用单纯形方法解下列线性规划问题：

(1) $\min \quad -9x_1-16x_2$

$$\begin{aligned}\text{s. t.}\quad & x_1+4x_2+x_3=80,\\ & 2x_1+3x_2+x_4=90,\\ & x_j\geqslant 0,\quad j=1,2,3,4.\end{aligned}$$

(2) $\max \quad x_1+3x_2$

$$\begin{aligned}\text{s. t.}\quad & 2x_1+3x_2+x_3=6,\\ & -x_1+x_2+x_4=1,\\ & x_j\geqslant 0,\quad j=1,2,3,4.\end{aligned}$$

(3) $\max \quad -x_1+3x_2+x_3$

$$\begin{aligned}\text{s. t.}\quad & 3x_1-x_2+2x_3\leqslant 7,\\ & -2x_1+4x_2\leqslant 12,\\ & -4x_1+3x_2+8x_3\leqslant 10,\\ & x_1,\quad x_2,\quad x_3\geqslant 0.\end{aligned}$$

(4) $\min \quad 3x_1-5x_2-2x_3-x_4$

$$\begin{aligned}\text{s. t.}\quad & x_1+x_2+x_3\leqslant 4,\\ & 4x_1-x_2+x_3+2x_4\leqslant 6,\\ & -x_1+x_2+2x_3+3x_4\leqslant 12,\\ & x_j\geqslant 0,\quad j=1,2,3,4.\end{aligned}$$

(5) $\min \quad -3x_1-x_2$

$$\begin{aligned}\text{s. t.}\quad & 3x_1+3x_2+x_3=30,\\ & 4x_1-4x_2+x_4=16,\\ & 2x_1-x_2\leqslant 12,\\ & x_j\geqslant 0,\quad j=1,2,3,4.\end{aligned}$$

解 (1) 用单纯形方法求解过程如下：

	x_1	x_2	x_3	x_4	
x_3	1	④	1	0	80
x_4	2	3	0	1	90
	9	16	0	0	0

	x_1	x_2	x_3	x_4	
x_2	$\frac{1}{4}$	1	$\frac{1}{4}$	0	20
x_4	($\frac{5}{4}$)	0	$-\frac{3}{4}$	1	30
	5	0	-4	0	-320
x_2	0	1	$\frac{2}{5}$	$-\frac{1}{5}$	14
x_1	1	0	$-\frac{3}{5}$	$\frac{4}{5}$	24
	0	0	-1	-4	-440

最优解$\bar{\boldsymbol{x}}=(24,14,0,0)$，最优值 $f_{\min}=-440$.

(2) 用单纯形方法求解过程如下：

	x_1	x_2	x_3	x_4	
x_3	2	3	1	0	6
x_4	-1	①	0	1	1
	-1	-3	0	0	0
x_3	⑤	0	1	-3	3
x_2	-1	1	0	1	1
	-4	0	0	3	3
x_1	1	0	$\frac{1}{5}$	$-\frac{3}{5}$	$\frac{3}{5}$
x_2	0	1	$\frac{1}{5}$	$\frac{2}{5}$	$\frac{8}{5}$
	0	0	$\frac{4}{5}$	$\frac{3}{5}$	$\frac{27}{5}$

最优解$\bar{\boldsymbol{x}}=\left(\frac{3}{5},\frac{8}{5},0,0\right)$，最优值 $f_{\max}=\frac{27}{5}$.

(3) 引入松弛变量 x_4,x_5,x_6，化成标准形式：

$$
\begin{aligned}
\max\quad & -x_1+3x_2+x_3 \\
\text{s.t.}\quad & 3x_1-x_2+2x_3+x_4=7, \\
& -2x_1+4x_2+x_5=12, \\
& -4x_1+3x_2+8x_3+x_6=10, \\
& x_j\geqslant 0,\ j=1,2,\cdots,6.
\end{aligned}
$$

用单纯形方法求解过程如下：

	x_1	x_2	x_3	x_4	x_5	x_6	
x_4	3	-1	2	1	0	0	7
x_5	-2	④	0	0	1	0	12
x_6	-4	3	8	0	0	1	10
	1	-3	-1	0	0	0	0

x_4	$\frac{5}{2}$	0	2	1	$\frac{1}{4}$	0	10
x_2	$-\frac{1}{2}$	1	0	0	$\frac{1}{4}$	0	3
x_6	$-\frac{5}{2}$	0	⑧	0	$-\frac{3}{4}$	1	1
	$-\frac{1}{2}$	0	-1	0	$\frac{3}{4}$	0	9

x_4	$\textcircled{\frac{25}{8}}$	0	0	1	$\frac{7}{16}$	$-\frac{1}{4}$	$\frac{39}{4}$
x_2	$-\frac{1}{2}$	1	0	0	$\frac{1}{4}$	0	3
x_3	$-\frac{5}{16}$	0	1	0	$-\frac{3}{32}$	$\frac{1}{8}$	$\frac{1}{8}$
	$-\frac{13}{16}$	0	0	0	$\frac{21}{32}$	$\frac{1}{8}$	$\frac{73}{8}$

x_1	1	0	0	$\frac{8}{25}$	$\frac{7}{50}$	$-\frac{2}{25}$	$\frac{78}{25}$
x_2	0	1	0	$\frac{4}{25}$	$\frac{8}{25}$	$-\frac{1}{25}$	$\frac{114}{25}$
x_3	0	0	1	$\frac{1}{10}$	$-\frac{1}{20}$	$\frac{1}{10}$	$\frac{11}{10}$
	0	0	0	$\frac{13}{50}$	$\frac{77}{100}$	$\frac{3}{50}$	$\frac{583}{50}$

最优解$\bar{\boldsymbol{x}}=\left(\frac{78}{25},\frac{114}{25},\frac{11}{10},0,0,0\right)$，最优值 $f_{\max}=\frac{583}{50}$.

(4) 引入松弛变量 x_5,x_6,x_7，化成标准形式：

$$
\begin{aligned}
\min\quad & 3x_1-5x_2-2x_3-x_4\\
\text{s. t.}\quad & x_1+x_2+x_3+x_5=4,\\
& 4x_1-x_2+x_3+2x_4+x_6=6,\\
& -x_1+x_2+2x_3+3x_4+x_7=12,\\
& x_j\geqslant 0,\ j=1,2,\cdots,7.
\end{aligned}
$$

用单纯形方法求解过程如下：

	x_1	x_2	x_3	x_4	x_5	x_6	x_7	
x_5	1	①	1	0	1	0	0	4
x_6	4	-1	1	2	0	1	0	6
x_7	-1	1	2	3	0	0	1	12
	-3	5	2	1	0	0	0	0
x_2	1	1	1	0	1	0	0	4
x_6	5	0	2	2	1	1	0	10
x_7	-2	0	1	③	-1	0	1	8
	-8	0	-3	1	-5	0	0	-20
x_2	1	1	1	0	1	0	0	4
x_6	$\frac{19}{3}$	0	$\frac{4}{3}$	0	$\frac{5}{3}$	1	$-\frac{2}{3}$	$\frac{14}{3}$
x_4	$-\frac{2}{3}$	0	$\frac{1}{3}$	1	$-\frac{1}{3}$	0	$\frac{1}{3}$	$\frac{8}{3}$
	$-\frac{22}{3}$	0	$-\frac{10}{3}$	0	$-\frac{14}{3}$	0	$-\frac{1}{3}$	$-\frac{68}{3}$

最优解$\bar{\boldsymbol{x}}=\left(0,4,0,\frac{8}{3},0,\frac{14}{3},0\right)$，最优值 $f_{\min}=-\frac{68}{3}$.

(5) 引入松弛变量 x_5，化成标准形式：

$$\begin{aligned}
\min\quad & -3x_1-x_2 \\
\text{s.t.}\quad & 3x_1+3x_2+x_3=30, \\
& 4x_1-4x_2+x_4=16, \\
& 2x_1-x_2+x_5=12, \\
& x_j\geqslant 0,\ j=1,2,\cdots,5.
\end{aligned}$$

用单纯形方法求解过程如下：

	x_1	x_2	x_3	x_4	x_5	
x_3	3	3	1	0	0	30
x_4	④	-4	0	1	0	16
x_5	2	-1	0	0	1	12
	3	1	0	0	0	0
x_3	0	⑥	1	$-\frac{3}{4}$	0	18
x_1	1	-1	0	$\frac{1}{4}$	0	4
x_5	0	1	0	$-\frac{1}{2}$	1	4
	0	4	0	$-\frac{3}{4}$	0	-12

	x_1	x_2	x_3	x_4	x_5	
x_2	0	1	$\frac{1}{6}$	$-\frac{3}{24}$	0	3
x_1	1	0	$\frac{1}{6}$	$\frac{3}{24}$	0	7
x_5	0	0	$-\frac{1}{6}$	$\frac{3}{8}$	1	1
	0	0	$-\frac{2}{3}$	$-\frac{1}{4}$	0	-24

最优解$\bar{\boldsymbol{x}}=(7,3,0,0,1)$，最优值 $f_{\min}=-24$.

2. 求解下列线性规划问题：

(1) $\min\ 4x_1+6x_2+18x_3$

s. t. $x_1+3x_3\geqslant 3$,

$x_2+2x_3\geqslant 5$,

$x_1,x_2,x_3\geqslant 0$.

(2) $\max\ 2x_1+x_2$

s. t. $x_1+x_2\leqslant 5$,

$x_1-x_2\geqslant 0$,

$6x_1+2x_2\leqslant 21$,

$x_1,x_2\geqslant 0$.

(3) $\max\ 3x_1-5x_2$

s. t. $-x_1+2x_2+4x_3\leqslant 4$,

$x_1+x_2+2x_3\leqslant 5$,

$-x_1+2x_2+x_3\geqslant 1$,

$x_1,x_2,x_3\geqslant 0$.

(4) $\min\ x_1-3x_2+x_3$

s. t. $2x_1-x_2+x_3=8$,

$2x_1+x_2\geqslant 2$,

$x_1+2x_2\leqslant 10$,

$x_1,x_2,x_3\geqslant 0$.

(5) $\max\ -3x_1+2x_2-x_3$

s. t. $2x_1+x_2-x_3\leqslant 5$,

$4x_1+3x_2+x_3\geqslant 3$,

$-x_1+x_2+x_3=2$,

$x_1,x_2,x_3\geqslant 0$.

(6) $\min\ 2x_1-3x_2+4x_3$

s. t. $x_1+x_2+x_3\leqslant 9$,

$-x_1+2x_2-x_3\geqslant 5$,

$2x_1-x_2\leqslant 7$,

$x_1,x_2,x_3\geqslant 0$.

(7) $\min\ 3x_1-2x_2+x_3$

s. t. $2x_1-3x_2+x_3=1$,

$2x_1+3x_2\geqslant 8$,

$x_1,x_2,x_3\geqslant 0$.

(8) $\min\ 2x_1-3x_2$

s. t. $2x_1-x_2-x_3\geqslant 3$,

$x_1-x_2+x_3\geqslant 2$,

$x_1,x_2,x_3\geqslant 0$.

(9) $\min\ 2x_1+x_2-x_3-x_4$

s. t. $x_1-x_2+2x_3-x_4=2$,

$2x_1+x_2-3x_3+x_4=6$,

$x_1+x_2+x_3+x_4=7$,

$x_j\geqslant 0,\quad j=1,2,3,4$.

(10) $\max\ 3x_1-x_2-3x_3+x_4$

s. t. $x_1+2x_2-x_3+x_4=0$,

$x_1-x_2+2x_3-x_4=6$,

$2x_1-2x_2+3x_3+3x_4=9$,

$x_j\geqslant 0,\quad j=1,2,3,4$.

解 (1) 引入松弛变量 x_4,x_5,x_6，化为标准形式：

$$\min\ 4x_1+6x_2+18x_3$$

$$\text{s. t.}\quad x_1+3x_3-x_4=3,$$

$$x_2 + 2x_3 \quad - x_5 = 5,$$
$$x_j \geqslant 0, \quad j = 1,2,\cdots,5.$$

用单纯形方法求解过程如下：

	x_1	x_2	x_3	x_4	x_5	
x_1	1	0	③	-1	0	3
x_2	0	1	2	0	-1	5
	0	0	6	-4	-6	42
x_3	$\frac{1}{3}$	0	1	$-\frac{1}{3}$	0	1
x_2	$-\frac{2}{3}$	1	0	$\frac{2}{3}$	-1	3
	-2	0	0	-2	-6	36

最优解$\bar{\boldsymbol{x}}=(0,3,1,0,0)$，最优值 $f_{\min}=36$.

(2) 引入松弛变量 x_3, x_4, x_5，化成标准形式：

$$\begin{aligned} \max \quad & 2x_1 + x_2 \\ \text{s.t.} \quad & x_1 + x_2 + x_3 = 5, \\ & x_1 - x_2 - x_4 = 0, \\ & 6x_1 + 2x_2 + x_5 = 21, \\ & x_j \geqslant 0, \quad j = 1,2,\cdots,5. \end{aligned}$$

用两阶段法求解. 先求一个基本可行解，为此引入人工变量 y，解下列线性规划：

$$\begin{aligned} \min \quad & y \\ \text{s.t.} \quad & x_1 + x_2 + x_3 = 5, \\ & x_1 - x_2 - x_4 + y = 0, \\ & 6x_1 + 2x_2 + x_5 = 21, \\ & x_j \geqslant 0, \quad j = 1,2,\cdots,5, \quad y \geqslant 0. \end{aligned}$$

	x_1	x_2	x_3	x_4	x_5	y	
x_3	1	1	1	0	0	0	5
y	①	-1	0	-1	0	1	0
x_5	6	2	0	0	1	0	21
	1	-1	0	-1	0	0	0
x_3	0	2	1	1	0	-1	5
x_1	1	-1	0	-1	0	1	0
x_5	0	8	0	6	1	-6	21
	0	0	0	0	0	-1	0

得到原线性规划的一个基本可行解.由此出发求最优解,过程如下:

	x_1	x_2	x_3	x_4	x_5	
x_3	0	②	1	1	0	5
x_1	1	-1	0	-1	0	0
x_5	0	8	0	6	1	21
	0	-3	0	-2	0	0
x_2	0	1	$\frac{1}{2}$	$\frac{1}{2}$	0	$\frac{5}{2}$
x_1	1	0	$\frac{1}{2}$	$-\frac{1}{2}$	0	$\frac{5}{2}$
x_5	0	0	-4	②	1	1
	0	0	$\frac{3}{2}$	$-\frac{1}{2}$	0	$\frac{15}{2}$
x_2	0	1	$\frac{3}{2}$	0	$-\frac{1}{4}$	$\frac{9}{4}$
x_1	1	0	$-\frac{1}{2}$	0	$\frac{1}{4}$	$\frac{11}{4}$
x_4	0	0	-2	1	$\frac{1}{2}$	$\frac{1}{2}$
	0	0	$\frac{1}{2}$	0	$\frac{1}{4}$	$\frac{31}{4}$

最优解$\bar{\boldsymbol{x}}=\left(\frac{11}{4},\frac{9}{4},0,\frac{1}{2},0\right)$,最优值 $f_{\max}=\frac{31}{4}$.

(3) 引入松弛变量 x_4,x_5,x_6,化成标准形式:

$$
\begin{aligned}
\max\quad & 3x_1-5x_2\\
\text{s.t.}\quad & -x_1+2x_2+4x_3+x_4=4,\\
& x_1+x_2+2x_3+x_5=5,\\
& -x_1+2x_2+x_3-x_6=1,\\
& x_j\geqslant 0,\quad j=1,2,\cdots,6.
\end{aligned}
$$

用两阶段法求解,为此引入人工变量 y,解下列线性规划:

$$
\begin{aligned}
\min\quad & y\\
\text{s.t.}\quad & -x_1+2x_2+4x_3+x_4=4,\\
& x_1+x_2+2x_3+x_5=5,\\
& -x_1+2x_2+x_3-x_6+y=1,\\
& x_j\geqslant 0,\quad j=1,2,\cdots,6,\quad y\geqslant 0.
\end{aligned}
$$

	x_1	x_2	x_3	x_4	x_5	x_6	y	
x_4	-1	2	4	1	0	0	0	4
x_5	1	1	2	0	1	0	0	5
y	-1	②	1	0	0	-1	1	1
	-1	2	1	0	0	-1	0	1
x_4	0	0	3	1	0	1	-1	3
x_5	$\frac{3}{2}$	0	$\frac{3}{2}$	0	1	$\frac{1}{2}$	$-\frac{1}{2}$	$\frac{9}{2}$
x_2	$-\frac{1}{2}$	1	$\frac{1}{2}$	0	0	$-\frac{1}{2}$	$\frac{1}{2}$	$\frac{1}{2}$
	0	0	0	0	0	0	-1	0

得到原线性规划的一个基本可行解$\hat{\boldsymbol{x}}=\left(0,\frac{1}{2},0,3,\frac{9}{2},0\right)$.

由此出发求最优解,过程如下:

	x_1	x_2	x_3	x_4	x_5	x_6	
x_4	0	0	③	1	0	1	3
x_5	$\frac{3}{2}$	0	$\frac{3}{2}$	0	1	$\frac{1}{2}$	$\frac{9}{2}$
x_2	$-\frac{1}{2}$	1	$\frac{1}{2}$	0	0	$-\frac{1}{2}$	$\frac{1}{2}$
	$-\frac{1}{2}$	0	$-\frac{5}{2}$	0	0	$\frac{5}{2}$	$-\frac{5}{2}$
x_3	0	0	1	$\frac{1}{3}$	0	$\frac{1}{3}$	1
x_5	($\frac{3}{2}$)	0	0	$-\frac{1}{2}$	1	0	3
x_2	$-\frac{1}{2}$	1	0	$-\frac{1}{6}$	0	$-\frac{2}{3}$	0
	$-\frac{1}{2}$	0	0	$\frac{5}{6}$	0	$\frac{10}{3}$	0
x_3	0	0	1	$\frac{1}{3}$	0	$\frac{1}{3}$	1
x_1	1	0	0	$-\frac{1}{3}$	$\frac{2}{3}$	0	2
x_2	0	1	0	$-\frac{1}{3}$	$\frac{1}{3}$	$-\frac{2}{3}$	1
	0	0	0	$\frac{2}{3}$	$\frac{1}{3}$	$\frac{10}{3}$	1

最优解$\bar{\boldsymbol{x}}=(2,1,1,0,0)$,最优值 $f_{\max}=1$.

(4) 引入松弛变量 x_4,x_5,化为标准形式:

$$
\begin{aligned}
\min\quad & x_1 - 3x_2 + x_3 \\
\text{s.t.}\quad & 2x_1 - x_2 + x_3 = 8, \\
& 2x_1 + x_2 - x_4 = 2, \\
& x_1 + 2x_2 + x_5 = 10, \\
& x_j \geqslant 0,\quad j = 1,2,\cdots,5.
\end{aligned}
$$

用两阶段法求解.

引入人工变量 y,解下列线性规划:

$$
\begin{aligned}
\min\quad & y \\
\text{s.t.}\quad & 2x_1 - x_2 + x_3 = 8, \\
& 2x_1 + x_2 - x_4 + y = 2, \\
& x_1 + 2x_2 + x_5 = 10, \\
& x_j \geqslant 0,\quad j = 1,2,\cdots,5,\quad y \geqslant 0.
\end{aligned}
$$

求解过程如下:

	x_1	x_2	x_3	x_4	x_5	y	
x_3	2	-1	1	0	0	0	8
y	②	1	0	-1	0	1	2
x_5	1	2	0	0	1	0	10
	2	1	0	-1	0	0	2
x_3	0	-2	1	1	0	-1	6
x_1	1	$\frac{1}{2}$	0	$-\frac{1}{2}$	0	$\frac{1}{2}$	1
x_5	0	$\frac{3}{2}$	0	$\frac{1}{2}$	1	$-\frac{1}{2}$	9
	0	0	0	0	0	-1	0

得原线性规划的一个基本可行解$\hat{\boldsymbol{x}}=(1,0,6,0,9)$.

从求得的基本可行解出发,求最优解.求解过程如下:

	x_1	x_2	x_3	x_4	x_5	
x_3	0	-2	1	1	0	6
x_1	1	$\textcircled{\frac{1}{2}}$	0	$-\frac{1}{2}$	0	1
x_5	0	$\frac{3}{2}$	0	$\frac{1}{2}$	1	9
	0	$\frac{3}{2}$	0	$\frac{1}{2}$	0	7

	x_1	x_2	x_3	x_4	x_5	
x_3	4	0	1	-1	0	10
x_2	2	1	0	-1	0	2
x_5	-3	0	0	②	1	6
	-3	0	0	2	0	4

	x_1	x_2	x_3	x_4	x_5	
x_3	$\frac{5}{2}$	0	1	0	$\frac{1}{2}$	13
x_2	$\frac{1}{2}$	1	0	0	$\frac{1}{2}$	5
x_4	$-\frac{3}{2}$	0	0	1	$\frac{1}{2}$	3
	0	0	0	0	-1	-2

最优解$\bar{\boldsymbol{x}}=(0,5,13,3,0)$，最优值 $f_{\min}=-2$.

(5) 引入松弛变量 x_4,x_5，化成标准形式：

$$
\begin{aligned}
\max\quad & -3x_1+2x_2-x_3 \\
\text{s.t.}\quad & 2x_1+x_2-x_3+x_4=5, \\
& 4x_1+3x_2+x_3-x_5=3, \\
& -x_1+x_2+x_3=2, \\
& x_j\geqslant 0,\quad j=1,2,\cdots,5.
\end{aligned}
$$

先引入人工变量 y_1,y_2，解下列线性规划：

$$
\begin{aligned}
\min\quad & y_1+y_2 \\
\text{s.t.}\quad & 2x_1+x_2-x_3+x_4=5, \\
& 4x_1+3x_2+x_3-x_5+y_1=3, \\
& -x_1+x_2+x_3+y_2=2, \\
& x_j\geqslant 0, j=1,2,\cdots,5, y_1,y_2\geqslant 0.
\end{aligned}
$$

求解过程如下：

	x_1	x_2	x_3	x_4	x_5	y_1	y_2	
x_4	2	1	-1	1	0	0	0	5
y_1	4	③	1	0	-1	1	0	3
y_2	-1	1	1	0	0	0	1	2
	3	4	2	0	-1	0	0	5

	x_1	x_2	x_3	x_4	x_5	y_1	y_2	
x_4	$\frac{2}{3}$	0	$-\frac{4}{3}$	1	$\frac{1}{3}$	$-\frac{1}{3}$	0	4
x_2	$\frac{4}{3}$	1	$\frac{1}{3}$	0	$-\frac{1}{3}$	$\frac{1}{3}$	0	1
y_2	$-\frac{7}{3}$	0	$\boxed{\frac{2}{3}}$	0	$\frac{1}{3}$	$-\frac{1}{3}$	1	1
	$-\frac{7}{3}$	0	$\frac{2}{3}$	0	$\frac{1}{3}$	$-\frac{4}{3}$	0	1

	x_1	x_2	x_3	x_4	x_5	y_1	y_2	
x_4	-4	0	0	1	1	-1	2	6
x_2	$\frac{5}{2}$	1	0	0	$-\frac{1}{2}$	$\frac{1}{2}$	$-\frac{1}{2}$	$\frac{1}{2}$
x_3	$-\frac{7}{2}$	0	1	0	$\frac{1}{2}$	$-\frac{1}{2}$	$\frac{3}{2}$	$\frac{3}{2}$
	0	0	0	0	0	0	-1	0

得到一个基本可行解$\hat{\boldsymbol{x}}=\left(0,\frac{1}{2},\frac{3}{2},6,0\right)$.

从求得的基本可行解出发求最优解，过程如下：

	x_1	x_2	x_3	x_4	x_5	
x_4	-4	0	0	1	1	6
x_2	$\frac{5}{2}$	1	0	0	$-\frac{1}{2}$	$\frac{1}{2}$
x_3	$-\frac{7}{2}$	0	1	0	$\textcircled{\frac{1}{2}}$	$\frac{3}{2}$
	$\frac{23}{2}$	0	0	0	$-\frac{3}{2}$	$-\frac{1}{2}$
x_4	3	0	-2	1	0	3
x_2	-1	1	1	0	0	2
x_5	-7	0	2	0	1	3
	1	0	3	0	0	4

最优解$\bar{\boldsymbol{x}}=(0,2,0,3,3)$，最优值 $f_{\max}=4$.

(6) 引入松弛变量 x_4,x_5,x_6，化成标准形式：

$$
\begin{aligned}
\min \quad & 2x_1-3x_2+4x_3 \\
\text{s.t.} \quad & x_1+x_2+x_3+x_4=9, \\
& -x_1+2x_2-x_3-x_5=5, \\
& 2x_1-x_2+x_6=7, \\
& x_j\geqslant 0,\quad j=1,2,\cdots,6.
\end{aligned}
$$

用大 M 法求解.

引入人工变量 y，取大正数 M，解下列线性规划：

$$
\begin{aligned}
\min \quad & 2x_1-3x_2+4x_3+My \\
\text{s.t.} \quad & x_1+x_2+x_3+x_4=9, \\
& -x_1+2x_2-x_3-x_5+y=5, \\
& 2x_1-x_2+x_6=7, \\
& x_j\geqslant 0,\quad j=1,2,\cdots,6,\quad y\geqslant 0.
\end{aligned}
$$

求解过程如下：

	x_1	x_2	x_3	x_4	x_5	x_6	y	
x_4	1	1	1	1	0	0	0	9
y	-1	②	-1	0	-1	0	1	5
x_6	2	-1	0	0	0	1	0	7
	$-M-2$	$2M+3$	$-M-4$	0	$-M$	0	0	$5M$
x_4	$\frac{3}{2}$	0	$\frac{3}{2}$	1	$\left(\frac{1}{2}\right)$	0	$-\frac{1}{2}$	$\frac{13}{2}$
x_2	$-\frac{1}{2}$	1	$-\frac{1}{2}$	0	$-\frac{1}{2}$	0	$\frac{1}{2}$	$\frac{5}{2}$
x_6	$\frac{3}{2}$	0	$-\frac{1}{2}$	0	$-\frac{1}{2}$	1	$\frac{1}{2}$	$\frac{19}{2}$
	$-\frac{1}{2}$	0	$-\frac{5}{2}$	0	$\frac{3}{2}$	0	$-M-\frac{3}{2}$	$-\frac{15}{2}$
x_5	3	0	3	2	1	0	-1	13
x_2	1	1	1	1	0	0	0	9
x_6	3	0	1	1	0	1	0	16
	-5	0	-7	-3	0	0	$-M$	-27

最优解$\bar{\boldsymbol{x}}=(0,9,0,0,13,16)$，最优值 $f_{\min}=-27$.

(7) 引入松弛变量 x_4，化成标准形式：

$$\begin{aligned}\min\quad & 3x_1-2x_2+x_3\\ \text{s. t.}\quad & 2x_1-3x_2+x_3=1,\\ & 2x_1+3x_2-x_4=8,\\ & x_j\geqslant 0,\quad j=1,2,3,4.\end{aligned}$$

用大 M 法求解.

引进人工变量 y，取大正数 M，解下列线性规划：

$$\begin{aligned}\min\quad & 3x_1-2x_2+x_3+My\\ \text{s. t.}\quad & 2x_1-3x_2+x_3=1,\\ & 2x_1+3x_2-x_4+y=8,\\ & x_j\geqslant 0,\quad j=1,2,3,4,\quad y\geqslant 0.\end{aligned}$$

求解过程如下：

	x_1	x_2	x_3	x_4	y	
x_3	2	-3	1	0	0	1
y	2	③	0	-1	1	8
	$2M-1$	$3M-1$	0	$-M$	0	$8M+1$

	x_1	x_2	x_3	x_4	y	
x_3	4	0	1	-1	1	9
x_2	$\frac{2}{3}$	1	0	$-\frac{1}{3}$	$\frac{1}{3}$	$\frac{8}{3}$
	$-\frac{1}{3}$	0	0	$-\frac{1}{3}$	$-M+\frac{1}{3}$	$\frac{11}{3}$

最优解$\bar{\boldsymbol{x}}=\left(0,\frac{8}{3},9,0\right)$,最优值 $f_{\min}=\frac{11}{3}$.

(8) 引入松弛变量 x_4,x_5,化成标准形式:

$$\begin{aligned}\min\quad & 2x_1-3x_2\\ \text{s. t.}\quad & 2x_1-x_2-x_3-x_4=3,\\ & x_1-x_2+x_3-x_5=2,\\ & x_j\geqslant 0,\quad j=1,2,\cdots,5.\end{aligned}$$

用大 M 法求解.引进人工变量 y_1,y_2,取大正数 M,解下列线性规划:

$$\begin{aligned}\min\quad & 2x_1-3x_2+M(y_1+y_2)\\ \text{s. t.}\quad & 2x_1-x_2-x_3-x_4+y_1=3,\\ & x_1-x_2+x_3-x_5+y_2=2,\\ & x_j\geqslant 0,\quad j=1,2,\cdots,5,y_1,y_2\geqslant 0.\end{aligned}$$

	x_1	x_2	x_3	x_4	x_5	y_1	y_2	
y_1	②	-1	-1	-1	0	1	0	3
y_2	1	-1	1	0	-1	0	1	2
	$3M-2$	$-2M+3$	0	$-M$	$-M$	0	0	$5M$
x_1	1	$-\frac{1}{2}$	$-\frac{1}{2}$	$-\frac{1}{2}$	0	$\frac{1}{2}$	0	$\frac{3}{2}$
y_2	0	$-\frac{1}{2}$	$\left(\frac{3}{2}\right)$	$\frac{1}{2}$	-1	$-\frac{1}{2}$	1	$\frac{1}{2}$
	0	$-\frac{1}{2}M+2$	$\frac{3}{2}M-1$	$\frac{1}{2}M-1$	$-M$	$-\frac{3}{2}M+1$	0	$\frac{1}{2}M+3$
x_1	1	$-\frac{2}{3}$	0	$-\frac{1}{3}$	$-\frac{1}{3}$	$\frac{1}{3}$	$\frac{1}{3}$	$\frac{5}{3}$
x_3	0	$-\frac{1}{3}$	1	$\frac{1}{3}$	$-\frac{2}{3}$	$-\frac{1}{3}$	$\frac{2}{3}$	$\frac{1}{3}$
	0	$\frac{5}{3}$	0	$-\frac{2}{3}$	$-\frac{2}{3}$	$\frac{2}{3}-M$	$\frac{2}{3}-M$	$\frac{10}{3}$

现行基本可行解下,对应 x_2 的判别数大于 0,约束系数第 2 列无正元,人工变量均为非基变量,取值为 0,因此不存在有限最优解.

（9）用修正单纯形法求解．初始基本可行解未知，用两阶段法．

$$\begin{aligned}\min\quad & y_1+y_2+y_3\\ \text{s.t.}\quad & x_1-x_2+2x_3-x_4+y_1=2,\\ & 2x_1+x_2-3x_3+x_4+y_2=6,\\ & x_1+x_2+x_3+x_4+y_3=7,\end{aligned}$$

$$x_j\geqslant 0,\quad j=1,2,3,4;\quad y_j\geqslant 0, j=1,2,3.$$

记约束系数矩阵、约束右端和费用系数向量如下：

$$\boldsymbol{A}=[\boldsymbol{p}_1\ \boldsymbol{p}_2\ \boldsymbol{p}_3\ \boldsymbol{p}_4\ \boldsymbol{p}_5\ \boldsymbol{p}_6\ \boldsymbol{p}_7]=\begin{bmatrix}1&-1&2&-1&1&0&0\\2&1&-3&1&0&1&0\\1&1&1&1&0&0&1\end{bmatrix},$$

$$\boldsymbol{b}=\begin{bmatrix}\boldsymbol{b}_1\\\boldsymbol{b}_2\\\boldsymbol{b}_3\end{bmatrix}=\begin{bmatrix}2\\6\\7\end{bmatrix},\quad \boldsymbol{c}=(c_1,c_2,c_3,c_4,c_5,c_6,c_7)=(0,0,0,0,1,1,1).$$

取初始可行基

$$\boldsymbol{B}=[\boldsymbol{p}_5\ \boldsymbol{p}_6\ \boldsymbol{p}_7]=\begin{bmatrix}1&0&0\\0&1&0\\0&0&1\end{bmatrix},$$

约束右端向量

$$\bar{\boldsymbol{b}}=\boldsymbol{B}^{-1}\boldsymbol{b}=\begin{bmatrix}1&0&0\\0&1&0\\0&0&1\end{bmatrix}\begin{bmatrix}2\\6\\7\end{bmatrix}=\begin{bmatrix}2\\6\\7\end{bmatrix},$$

基变量费用系数向量 $\boldsymbol{c}_B=(c_5,c_6,c_7)=(1,1,1)$，单纯形乘子 $\boldsymbol{w}=\boldsymbol{c}_B\boldsymbol{B}^{-1}=(1,1,1)$，目标函数值 $f=\boldsymbol{c}_B\bar{\boldsymbol{b}}=15$．构造初表：

	1	1	1	15
y_1	1	0	0	2
y_2	0	1	0	6
y_3	0	0	1	7

第 1 次迭代：

计算现行基下对应各变量的判别数：

$$z_1-c_1=\boldsymbol{wp}_1-c_1=4,\quad z_2-c_2=\boldsymbol{wp}_2-c_2=1,$$
$$z_3-c_3=\boldsymbol{wp}_3-c_3=0,\quad z_4-c_4=\boldsymbol{wp}_4-c_4=1,$$
$$z_5-c_5=z_6-c_6=z_7-c_7=0,$$

$$z_1-c_1=\max_j\{z_j-c_j\}=4,\text{因此 } x_1 \text{ 进基}.$$

主列

$$\boldsymbol{B}^{-1}\boldsymbol{p}_1=\begin{bmatrix}1\\2\\1\end{bmatrix}.$$

作主元消去运算：

					x_1
	1	1	1	15	4
y_1	1	0	0	2	①
y_2	0	1	0	6	2
y_3	0	0	1	7	1

	−3	1	1	7
x_1	1	0	0	2
y_2	−2	1	0	2
y_3	−1	0	1	5

第 2 次迭代：

由上表知，单纯形乘子 $\boldsymbol{w}=(-3,1,1)$，计算现行基下对应各变量的判别数：

$$z_2-c_2=\boldsymbol{wp}_2-c_2=5,\quad z_3-c_3=\boldsymbol{wp}_3-c_3=-8,$$

$$z_4-c_4=\boldsymbol{wp}_4-c_4=5,\quad z_5-c_5=\boldsymbol{wp}_5-c_5=-4,$$

$$z_1-c_1=z_6-c_6=z_7-c_7=0,\quad z_2-c_2=\max_j\{z_j-c_j\}=5.$$

计算主列

$$\boldsymbol{B}^{-1}\boldsymbol{p}_2=\begin{bmatrix}1&0&0\\-2&1&0\\-1&0&1\end{bmatrix}\begin{bmatrix}-1\\1\\1\end{bmatrix}=\begin{bmatrix}-1\\3\\2\end{bmatrix}.$$

作主元消去运算：

					x_2
	−3	1	1	7	5
x_1	1	0	0	2	−1
y_2	−2	1	0	2	③
y_3	−1	0	1	5	2

	$\frac{1}{3}$	$-\frac{2}{3}$	1	$\frac{11}{3}$
x_1	$\frac{1}{3}$	$\frac{1}{3}$	0	$\frac{8}{3}$
x_2	$-\frac{2}{3}$	$\frac{1}{3}$	0	$\frac{2}{3}$
y_3	$\frac{1}{3}$	$-\frac{2}{3}$	1	$\frac{11}{3}$

第 3 次迭代：

由前表知，单纯形乘子 $\boldsymbol{w}=\left(\frac{1}{3},-\frac{2}{3},1\right)$，计算现行基下对应各变量的判别数：

$$z_3-c_3=\boldsymbol{wp}_3-c_3=\frac{11}{3},\quad z_4-c_4=\boldsymbol{wp}_4-c_4=0,$$

$$z_5-c_5=\boldsymbol{wp}_5-c_5=-\frac{2}{3},\quad z_6-c_6=\boldsymbol{wp}_6-c_6=-\frac{5}{3},$$

$$z_1-c_1=z_2-c_2=z_7-c_7=0,\quad z_3-c_3=\max_j\{z_j-c_j\}=\frac{11}{3}.$$

计算主列：

$$\boldsymbol{B}^{-1}\boldsymbol{p}_3=\begin{bmatrix}\frac{1}{3} & \frac{1}{3} & 0\\ -\frac{2}{3} & \frac{1}{3} & 0\\ \frac{1}{3} & -\frac{2}{3} & 1\end{bmatrix}\begin{bmatrix}2\\-3\\1\end{bmatrix}=\begin{bmatrix}-\frac{1}{3}\\-\frac{7}{3}\\\frac{11}{3}\end{bmatrix}.$$

作主元消去运算：

					x_3
	$\frac{1}{3}$	$-\frac{2}{3}$	1	$\frac{11}{3}$	$\frac{11}{3}$
x_1	$\frac{1}{3}$	$\frac{1}{3}$	0	$\frac{8}{3}$	$-\frac{1}{3}$
x_2	$-\frac{2}{3}$	$\frac{1}{3}$	0	$\frac{2}{3}$	$-\frac{7}{3}$
y_3	$\frac{1}{3}$	$-\frac{2}{3}$	1	$\frac{11}{3}$	$\frac{11}{3}$ (circled)

	0	0	0	0
x_1	$\frac{4}{11}$	$\frac{3}{11}$	$\frac{1}{11}$	3
x_2	$-\frac{5}{11}$	$-\frac{1}{11}$	$\frac{7}{11}$	3
x_3	$\frac{1}{11}$	$-\frac{2}{11}$	$\frac{3}{11}$	1

显然，$\forall j$，有 $z_j-c_j\leqslant 0$，一阶段已达最优. 下面进行第 2 阶段. 从求得的基本可行解

$$\hat{\boldsymbol{x}}=(3,3,1,0)^{\mathrm{T}}$$

出发，求线性规划的最优解. 记 $(c_1,c_2,c_3,c_4)=(2,1,-1,-1)$.

第 1 次迭代：

基变量为 x_1,x_2,x_3. 先计算单纯形乘子：

$$\boldsymbol{w}=\boldsymbol{c}_B\boldsymbol{B}^{-1}=(2,1,-1)\begin{bmatrix}\frac{4}{11} & \frac{3}{11} & \frac{1}{11}\\ -\frac{5}{11} & -\frac{1}{11} & \frac{7}{11}\\ \frac{1}{11} & -\frac{2}{11} & \frac{3}{11}\end{bmatrix}=\left(\frac{2}{11},\frac{7}{11},\frac{6}{11}\right).$$

目标函数值 $f=\boldsymbol{c}_B\boldsymbol{x}_B=8$. 现行基下对应各变量的判别数：$z_1-c_1=z_2-c_2=z_3-c_3=0$，$z_4-c_4=\boldsymbol{w}\boldsymbol{p}_4-c_4=2$. 计算主列：

$$\boldsymbol{B}^{-1}\boldsymbol{p}_4=\begin{bmatrix}\frac{4}{11} & \frac{3}{11} & \frac{1}{11}\\ -\frac{5}{11} & -\frac{1}{11} & \frac{7}{11}\\ \frac{1}{11} & -\frac{2}{11} & \frac{3}{11}\end{bmatrix}\begin{bmatrix}-1\\ 1\\ 1\end{bmatrix}=\begin{bmatrix}0\\ 1\\ 0\end{bmatrix}.$$

作主元消去运算：

					x_4
	$\frac{2}{11}$	$\frac{7}{11}$	$\frac{6}{11}$	8	2
x_1	$\frac{4}{11}$	$\frac{3}{11}$	$\frac{1}{11}$	3	0
x_2	$-\frac{5}{11}$	$-\frac{1}{11}$	$\frac{7}{11}$	3	1
x_3	$\frac{1}{11}$	$-\frac{2}{11}$	$\frac{3}{11}$	1	0

	$\frac{12}{11}$	$\frac{9}{11}$	$-\frac{8}{11}$	2
x_1	$\frac{4}{11}$	$\frac{3}{11}$	$\frac{1}{11}$	3
x_4	$-\frac{5}{11}$	$-\frac{1}{11}$	$\frac{7}{11}$	3
x_3	$\frac{1}{11}$	$-\frac{2}{11}$	$\frac{3}{11}$	1

第 2 次迭代：

计算对应各变量的判别数. 因为只有 1 个非基变量 x_2，只需计算对应 x_2 的判别数.

$$z_2-c_2=\boldsymbol{wp}_2-c_2=-2<0,$$

已经达到最优. 最优解$\bar{\boldsymbol{x}}=(3,0,1,3)$，最优值 $f_{\min}=2$.

(10) 用修正单纯形法求解.

初始基本可行解未知，下面用大 M 法. 引入人工变量 y_1,y_2,y_3，取一个大正数 M，解下列线性规划：

$$\begin{aligned}
\max\quad & 3x_1-x_2-3x_3+x_4-M(y_1+y_2+y_3)\\
\text{s.t.}\quad & x_1+2x_2-x_3+x_4+y_1=0,\\
& x_1-x_2+2x_3-x_4+y_2=6,\\
& 2x_1-2x_2+3x_3+3x_4+y_3=9,\\
& x_j\geqslant 0,\quad j=1,2,3,4,\quad y_j\geqslant 0,\quad j=1,2,3.
\end{aligned}$$

记约束系数矩阵、右端向量及目标系数向量如下：

$$\boldsymbol{A}=[\boldsymbol{p}_1\ \boldsymbol{p}_2\ \boldsymbol{p}_3\ \boldsymbol{p}_4\ \boldsymbol{p}_5\ \boldsymbol{p}_6\ \boldsymbol{p}_7]=\begin{bmatrix}1&2&-1&1&1&0&0\\1&-1&2&-1&0&1&0\\2&-2&3&3&0&0&1\end{bmatrix},$$

$$\boldsymbol{b}=[0,6,9]^{\mathrm{T}},\quad \boldsymbol{c}=(c_1,c_2,c_3,c_4,c_5,c_6,c_7)=(3,-1,-3,1,-M,-M,-M).$$

取初始基：

$$\boldsymbol{B}=[\boldsymbol{p}_5\ \boldsymbol{p}_6\ \boldsymbol{p}_7]=\begin{bmatrix}1&0&0\\0&1&0\\0&0&1\end{bmatrix},$$

单纯形乘子 $\boldsymbol{w}=\boldsymbol{c}_B\boldsymbol{B}^{-1}=[-M,-M,-M]$，目标函数值 $f=\boldsymbol{c}_B\boldsymbol{B}^{-1}\boldsymbol{b}=-15M$. 构造初表：

	$-M$	$-M$	$-M$	$-15M$
y_1	1	0	0	0
y_2	0	1	0	6
y_3	0	0	1	9

第 1 次迭代：

计算现行基下对应各变量的判别数：

$$z_1-c_1=\boldsymbol{wp}_1-c_1=-4M-3,\quad z_2-c_2=\boldsymbol{wp}_2-c_2=M+1,$$

$$z_3-c_3=\boldsymbol{wp}_3-c_3=-4M+3,\quad z_4-c_4=\boldsymbol{wp}_4-c_4=-3M-1,$$

$$z_5-c_5=z_6-c_6=z_7-c_7=0,\quad z_1-c_1=\min_j\{z_j-c_j\}=-4M-3.$$

计算主列：

$$\boldsymbol{B}^{-1}\boldsymbol{p}_1=\begin{bmatrix}1&0&0\\0&1&0\\0&0&1\end{bmatrix}\begin{bmatrix}1\\1\\2\end{bmatrix}=\begin{bmatrix}1\\1\\2\end{bmatrix}.$$

作主元消去运算：

						x_1
	$-M$	$-M$	$-M$	$-15M$		$-4M-3$
y_1	1	0	0	0		①
y_2	0	1	0	6		1
y_3	0	0	1	9		2

	$3M+3$	$-M$	$-M$	$-15M$
x_1	1	0	0	0
y_2	-1	1	0	6
y_3	-2	0	1	9

第 2 次迭代：

计算现行基下对应各变量的判别数：

$$z_2-c_2=\boldsymbol{wp}_2-c_2=9M+7,\quad z_3-c_3=\boldsymbol{wp}_3-c_3=-8M,$$
$$z_4-c_4=\boldsymbol{wp}_4-c_4=M+2,\quad z_5-c_5=\boldsymbol{wp}_5-c_5=4M+3,$$
$$z_1-c_1=z_6-c_6=z_7-c_7=0,\quad z_3-c_3=\min_j\{z_j-c_j\}=-8M.$$

计算主列：

$$\boldsymbol{B}^{-1}\boldsymbol{p}_3=\begin{bmatrix}1&0&0\\-1&1&0\\-2&0&1\end{bmatrix}\begin{bmatrix}-1\\2\\3\end{bmatrix}=\begin{bmatrix}-1\\3\\5\end{bmatrix}.$$

作主元消去运算：

						x_3
	$3M+3$	$-M$	$-M$	$-15M$		$-8M$
x_1	1	0	0	0		-1
y_2	-1	1	0	6		3
y_3	-2	0	1	9		⑤

	$-\frac{1}{5}M+3$	$-M$	$\frac{3}{5}M$	$-\frac{3}{5}M$
x_1	$\frac{3}{5}$	0	$\frac{1}{5}$	$\frac{9}{5}$
y_2	$\frac{1}{5}$	1	$-\frac{3}{5}$	$\frac{3}{5}$
x_3	$-\frac{2}{5}$	0	$\frac{1}{5}$	$\frac{9}{5}$

第 3 次迭代：

计算现行基下对应各变量的判别数：

$$z_2-c_2=\boldsymbol{w}\boldsymbol{p}_2-c_2=-\frac{3}{5}M+7,\quad z_4-c_4=\boldsymbol{w}\boldsymbol{p}_4-c_4=\frac{13}{5}M+2,$$

$$z_5-c_5=\boldsymbol{w}\boldsymbol{p}_5-c_5=\frac{4}{5}M+3,\quad z_7-c_7=\boldsymbol{w}\boldsymbol{p}_7-c_7=\frac{8}{5}M,$$

$$z_1-c_1=z_3-c_3=z_6-c_6=0.$$

计算主列：

$$\boldsymbol{B}^{-1}\boldsymbol{p}_2=\begin{bmatrix}\frac{3}{5} & 0 & \frac{1}{5}\\ \frac{1}{5} & 1 & -\frac{3}{5}\\ -\frac{2}{5} & 0 & \frac{1}{5}\end{bmatrix}\begin{bmatrix}2\\-1\\-2\end{bmatrix}=\begin{bmatrix}\frac{4}{5}\\ \frac{3}{5}\\ -\frac{6}{5}\end{bmatrix}.$$

作主元消去运算：

					x_2
	$-\frac{1}{5}M+3$	$-M$	$\frac{3}{5}M$	$-\frac{3}{5}M$	$-\frac{3}{5}M+7$
x_1	$\frac{3}{5}$	0	$\frac{1}{5}$	$\frac{9}{5}$	$\frac{4}{5}$
y_2	$\frac{1}{5}$	1	$-\frac{3}{5}$	$\frac{3}{5}$	$\left(\frac{3}{5}\right)$
x_3	$-\frac{2}{5}$	0	$\frac{1}{5}$	$\frac{9}{5}$	$-\frac{6}{5}$

	$\frac{2}{3}$	$-\frac{35}{3}$	7	-7
x_1	$\frac{1}{3}$	$-\frac{4}{3}$	1	1
x_2	$\frac{1}{3}$	$\frac{5}{3}$	-1	1
x_3	0	2	-1	3

第 4 次迭代：

$$z_4-c_4=\boldsymbol{w}\boldsymbol{p}_4-c_4=\frac{97}{3},\quad z_5-c_5=\boldsymbol{w}\boldsymbol{p}_5-c_5=M+\frac{2}{3},$$

$$z_6-c_6=\boldsymbol{w}\boldsymbol{p}_6-c_6=M-\frac{35}{3},\quad z_7-c_7=\boldsymbol{w}\boldsymbol{p}_7-c_7=M+7.$$

判别数均非负，已达到最优解. 最优解和最优值分别是$\bar{\boldsymbol{x}}=(1,1,3,0)$和 $f_{\max}=-7$.

3. 证明用单纯形方法求解线性规划问题时，在主元消去前后对应同一变量的判别数有下列关系：

$$(z_j-c_j)'=(z_j-c_j)-\frac{y_{rj}}{y_{rk}}(z_k-c_k),$$

其中$(z_j-c_j)'$是主元消去后的判别数，其余是主元消去前的数据，y_{rk}为主元.

证 约束矩阵记作$\boldsymbol{A}=[\boldsymbol{p}_1\ \boldsymbol{p}_2\ \cdots\ \boldsymbol{p}_n]$，主元消去前后的基分别记作$\boldsymbol{B}$和$\hat{\boldsymbol{B}}$，基变量的费用系数向量分别记作$\boldsymbol{c}_B$和$\boldsymbol{c}_{\hat{B}}$，同时记$\boldsymbol{B}^{-1}\boldsymbol{p}_j=\boldsymbol{y}_j$及$\hat{\boldsymbol{B}}^{-1}\boldsymbol{p}_j=\hat{\boldsymbol{y}}_j$. 主元消去前后，单纯形方法中第$i$行$j$列元素分别记为$y_{ij}$和$\hat{y}_{ij}$，主元记作$y_{rk}$，则有下列关系：

$$\begin{cases}\hat{y}_{ij}=y_{ij}-\dfrac{y_{ik}}{y_{rk}}y_{rj}, & i\neq r,\\[2ex] \hat{y}_{rj}=\dfrac{y_{rj}}{y_{rk}}.\end{cases}$$

因此，主元消去前后的判别数z_j-c_j与$(z_j-c_j)'$必有下列关系：

$$\begin{aligned}(z_j-c_j)'&=\boldsymbol{c}_{\hat{B}}\hat{\boldsymbol{B}}^{-1}\boldsymbol{p}_j-c_j\\&=\boldsymbol{c}_{\hat{B}}\hat{\boldsymbol{y}}_j-c_j\\&=\sum_{i\neq r}c_{B_i}\left(y_{ij}-\frac{y_{ik}}{y_{rk}}y_{rj}\right)+c_k\frac{y_{rj}}{y_{rk}}-c_j\\&=(z_j-c_j)-c_{B_r}y_{rj}-\sum_{i\neq r}c_{B_i}\frac{y_{ik}}{y_{rk}}y_{rj}+c_k\frac{y_{rj}}{y_{rk}}\\&=(z_j-c_j)-c_{B_r}y_{rj}-\frac{y_{rj}}{y_{rk}}\sum_{i\neq r}c_{B_i}y_{ik}+c_k\frac{y_{rj}}{y_{rk}}\\&=(z_j-c_j)-\frac{y_{rj}}{y_{rk}}\sum_{i=1}^{m}c_{B_i}y_{ik}+c_k\frac{y_{rj}}{y_{rk}}\\&=(z_j-c_j)-\frac{y_{rj}}{y_{rk}}\left(\sum_{i=1}^{m}c_{B_i}y_{ik}-c_k\right)\\&=(z_j-c_j)-\frac{y_{rj}}{y_{rk}}(z_k-c_k).\end{aligned}$$

4. 假设一个线性规划问题存在有限的最小值f_0. 现在用单纯形方法求它的最优解(最小值点)，设在第k次迭代得到一个退化的基本可行解，且只有一个基变量为零($x_j=0$)，此时目标函数值$f_k>f_0$，试证这个退化的基本可行解在以后各次迭代中不会重新出现.

证 设现行基本可行解中，基变量$x_{B_r}=x_j=0$，其他基变量均取正值. 目标函数值为f_k. 若下次迭代中，x_p进基，x_j离基，则迭代后对应非基变量x_j的判别数为负数，后续迭代中x_j不进基. 若下次迭代中，x_p进基，x_j仍为基变量，则x_p进基后的取值$x_p=\min\limits_k\left\{\dfrac{\bar{b}_i}{y_{ik}}\,\middle|\,y_{ik}>0,i\neq r\right\}>0$，新的基本可行解处，目标函数值$f=f_k-(z_p-c_p)x_p<f_k$，由于单纯形方法得到的函数值序列单调减小，因此原退化的基本可行解不会重复出现.

5. 假设给定一个线性规划问题及其一个基本可行解. 在此线性规划中，变量之和的上

界为 σ,在已知的基本可行解处,目标函数值为 f,最大判别数是 z_k-c_k,又设目标函数值的允许误差为 ε,用 f_0 表示未知的目标函数的最小值.证明:若

$$z_k - c_k \leqslant \varepsilon/\sigma,$$

则

$$f - f_0 \leqslant \varepsilon.$$

证 考虑线性规划:

$$\begin{aligned} \min \quad & f \overset{\text{def}}{=\!=\!=} \boldsymbol{cx} \\ \text{s. t.} \quad & \boldsymbol{Ax} = \boldsymbol{b}, \\ & \boldsymbol{x} \geqslant \boldsymbol{0}. \end{aligned}$$

在已知基本可行解 x 处的目标函数值 f 与最小值 f_0 有如下关系:

$$f_0 = f - \sum_{j\in R}(z_j - c_j)x_j,$$

其中 R 是非基变量的下标集. z_j-c_j 是对应非基变量 x_j 的判别数.显然有

$$f - f_0 = \sum_{j\in R}(z_j - c_j)x_j \leqslant \sum_{j\in R}(z_k - c_k)x_j \leqslant \frac{\varepsilon}{\sigma}\sum_{j\in R}x_j \leqslant \frac{\varepsilon}{\sigma}\cdot\sigma = \varepsilon.$$

6. 假设用单纯形方法解线性规划问题

$$\begin{aligned} \min \quad & \boldsymbol{cx} \\ \text{s. t.} \quad & \boldsymbol{Ax} = \boldsymbol{b}, \\ & \boldsymbol{x} \geqslant \boldsymbol{0}. \end{aligned}$$

在某次迭代中对应变量 x_j 的判别数 $z_j-c_j>0$,且单纯形表中相应的列 $\boldsymbol{y}_j=\boldsymbol{B}^{-1}\boldsymbol{p}_j\leqslant\boldsymbol{0}$.证明

$$\boldsymbol{d} = \begin{bmatrix} -\boldsymbol{y}_j \\ 0 \\ \vdots \\ 1 \\ \vdots \\ 0 \end{bmatrix}$$

是可行域的极方向.其中分量 1 对应 x_j.

证 不妨设 $\boldsymbol{A}$ 是 $m\times n$ 矩阵,并记作

$$\boldsymbol{A} = [\boldsymbol{p}_1\ \boldsymbol{p}_2\ \cdots\ \boldsymbol{p}_m\ \cdots\ \boldsymbol{p}_n] = [\boldsymbol{B}\ \boldsymbol{p}_{m+1}\ \cdots\ \boldsymbol{p}_n].$$

由于

$$\boldsymbol{Ad} = [\boldsymbol{B}\ \boldsymbol{p}_{m+1}\ \cdots\ \boldsymbol{p}_j\ \cdots\ \boldsymbol{p}_n]\begin{bmatrix} -\boldsymbol{B}^{-1}\boldsymbol{p}_j \\ 0 \\ \vdots \\ 1 \\ \vdots \\ 0 \end{bmatrix} = -\boldsymbol{p}_j + \boldsymbol{p}_j = \boldsymbol{0},$$

且 $\boldsymbol{d}\geqslant\boldsymbol{0}$，因此 $\boldsymbol{d}$ 是可行域的方向.

下面证明 $\boldsymbol{d}$ 是极方向. 设 $\boldsymbol{d}$ 可表示成可行域的两个方向 $\boldsymbol{d}^{(1)}$ 和 $\boldsymbol{d}^{(2)}$ 的正线性组合，即

$$\boldsymbol{d}=\lambda\boldsymbol{d}^{(1)}+\mu\boldsymbol{d}^{(2)}, \tag{1}$$

其中 $\lambda,\mu>0$，$\boldsymbol{d}^{(1)}\geqslant\boldsymbol{0}$，$\boldsymbol{d}^{(2)}\geqslant\boldsymbol{0}$，比较(1)式两端的各分量，易知 $\boldsymbol{d}^{(1)}$ 和 $\boldsymbol{d}^{(2)}$ 有下列形式：

$$\boldsymbol{d}^{(1)}=\begin{bmatrix}\boldsymbol{d}_B^{(1)}\\0\\\vdots\\a_j\\\vdots\\0\end{bmatrix},\quad \boldsymbol{d}^{(2)}=\begin{bmatrix}\boldsymbol{d}_B^{(2)}\\0\\\vdots\\b_j\\\vdots\\0\end{bmatrix},\quad a_j,b_j>0.$$

由于 $\boldsymbol{d}^{(1)}$ 是可行域的方向，因此 $\boldsymbol{A}\boldsymbol{d}^{(1)}=\boldsymbol{0}$，$\boldsymbol{d}^{(1)}\geqslant\boldsymbol{0}$，即

$$\boldsymbol{B}\boldsymbol{d}_B^{(1)}+a_j\boldsymbol{p}_j=\boldsymbol{0}. \tag{2}$$

同理，由 $\boldsymbol{A}\boldsymbol{d}^{(2)}=\boldsymbol{0}$，知

$$\boldsymbol{B}\boldsymbol{d}_B^{(2)}+b_j\boldsymbol{p}_j=\boldsymbol{0}. \tag{3}$$

由(2)式及(3)式得到

$$\frac{1}{a_j}\boldsymbol{B}\boldsymbol{d}_B^{(1)}=\frac{1}{b_j}\boldsymbol{B}\boldsymbol{d}_B^{(2)}.$$

两端左乘 $\boldsymbol{B}^{-1}$，则有

$$\boldsymbol{d}_B^{(2)}=\frac{b_j}{a_j}\boldsymbol{d}_B^{(1)}.$$

代入方向 $\boldsymbol{d}^{(2)}$，从而得到

$$\boldsymbol{d}^{(2)}=\frac{b_j}{a_j}\boldsymbol{d}^{(1)},\quad 其中\ a_j,b_j>0,$$

即 $\boldsymbol{d}^{(1)}$，$\boldsymbol{d}^{(2)}$ 是同向非零向量. 因此方向 $\boldsymbol{d}$ 不能表示成两个不同方向的正线性组合，$\boldsymbol{d}$ 是可行域的极方向.

7. 用关于变量有界情形的单纯形方法解下列问题：

(1) $\min\ 3x_1-x_2$

s. t. $x_1+x_2\leqslant 9$,

$0\leqslant x_j\leqslant 6,\quad j=1,2$.

(2) $\max\ -x_1-3x_3$

s. t. $2x_1-2x_2+x_3=6$,

$x_1+2x_2+x_3+x_4=10$,

$0\leqslant x_1\leqslant 4$,

$0\leqslant x_2\leqslant 4$,

$0\leqslant x_3\leqslant 4$,

$0\leqslant x_4\leqslant 12$.

(3) $\min\ x_1+2x_2+3x_3-x_4$

s. t. $x_1-x_2+x_3-2x_4\leqslant 6$,

$2x_1+x_2-x_3\geqslant 2$,

(4) $\max\ 4x_1+6x_2$

s. t. $2x_1+x_2\leqslant 4$,

$3x_1-x_2\leqslant 9$,

$-x_1+x_2-x_3+\ x_4\leqslant 8$, $\qquad$ $0\leqslant x_1\leqslant 4$,

$0\leqslant x_1\leqslant 3$, $\qquad$ $0\leqslant x_2\leqslant 3$.

$1\leqslant x_2\leqslant 4$,

$0\leqslant x_3\leqslant 10$,

$2\leqslant x_4\leqslant 5$.

解 (1) 引进松弛变量 x_3,写成下列形式:

$$\begin{aligned}&\min \quad 3x_1 - x_2\\&\text{s.t.}\quad x_1 + x_2 + x_3 = 9,\\&\qquad\quad 0 \leqslant x_i \leqslant 6,\quad i = 1,2,\quad x_3 \geqslant 0.\end{aligned}$$

取初始基本可行解:

$$x_B = x_3 = 9,\quad \boldsymbol{x}_{N_1} = \begin{bmatrix}x_1\\x_2\end{bmatrix} = \begin{bmatrix}0\\0\end{bmatrix},\text{目标函数值 } f_0 = 0.$$

单纯形表如下:

	x_1	x_2	x_3	
x_3	1	①	1	9
	−3	1	0	0
	l	l		

取下界的非基变量下标集 $R_1=\{1,2\}$,取上界的非基变量下标集 $R_2=\varnothing$. 已用符号 l 标注在表下.

选择 x_2 作为进基变量,令 $x_2=0+\Delta_2=\Delta_2$,计算 Δ_2:

$$\beta_1 = \frac{9-0}{1} = 9,\quad \beta_2 = \infty,\quad \beta_3 = 6-0 = 6,$$

令 $\Delta_2=\min\{9,\infty,6\}=6$,因此,$x_2=6$,取值上界,仍为非基变量,基变量是 x_3,取值改变:

$$x_B = x_3 = \hat{b} - y_2\Delta_2 = 9-6 = 3,\quad f = f_0 - (z_2 - c_2)x_2 = 0 - 1\times 6 = -6.$$

修改单纯形表如下:

	x_1	x_2	x_3	
x_3	1	1	1	3
	−3	1	0	−6
	l	u		

已经达到最优,最优解 $\bar{\boldsymbol{x}}=(0,6,3)$,最优值 $f_{\min}=-6$.

(2) 用两阶段法求解. 先求一个基本可行解,为此解下列线性规划:

$$\begin{aligned}
\min\quad & y \\
\text{s.t.}\quad & 2x_1-2x_2+x_3 \qquad\qquad +y=6, \\
& x_1+2x_2+x_3+x_4 \qquad\qquad =10, \\
& 0\leqslant x_1\leqslant 4, \\
& 0\leqslant x_2\leqslant 4, \\
& 0\leqslant x_3\leqslant 4, \\
& 0\leqslant x_4\leqslant 12, \\
& \qquad\quad y\geqslant 0.
\end{aligned}$$

取初始基本可行解:

$$\boldsymbol{x_B}=\begin{bmatrix}y\\x_4\end{bmatrix}=\begin{bmatrix}6\\10\end{bmatrix},\quad \boldsymbol{x_{N_1}}=\begin{bmatrix}x_1\\x_2\\x_3\end{bmatrix}=\begin{bmatrix}0\\0\\0\end{bmatrix}.$$

单纯形表如下:

	x_1	x_2	x_3	x_4	y	
y	②	-2	1	0	1	6
x_4	1	2	1	1	0	10
	2	-2	1	0	0	6
	1	1	1			

选择变量 x_1,令 $x_1=0+\Delta_1=\Delta_1$,下面计算增量 Δ_1:

$$\beta_1=\min\left\{\frac{6-0}{2},\frac{10-0}{1}\right\}=3,\quad \beta_2=\infty,\quad \beta_3=4.$$

令 $\Delta_1=\min\{3,\infty,4\}=3$,因此 $x_1=3$. 未达 x_1 的上界,作为进基变量.

$$\begin{bmatrix}y\\x_4\end{bmatrix}=\begin{bmatrix}6\\10\end{bmatrix}-3\begin{bmatrix}2\\1\end{bmatrix}=\begin{bmatrix}0\\7\end{bmatrix},\quad f=f_0-(z_1-c_1)x_1=6-2\times 3=0,$$

y 离基,修改单纯形表如下:

	x_1	x_2	x_3	x_4	y	
x_1	1	-1	$\frac{1}{2}$	0	$\frac{1}{2}$	3
x_4	0	3	$\frac{1}{2}$	1	$-\frac{1}{2}$	7
	0	0	0	0	-1	0
		1	1		1	

一阶段问题已经达到最优，修改单纯形表，进行第二阶段：

	x_1	x_2	x_3	x_4	
x_1	1	-1	$\frac{1}{2}$	0	3
x_4	0	3	$\frac{1}{2}$	1	7
	0	1	$\frac{5}{2}$	0	-3
		1	1		

已经达到最优，最优解 $\bar{\boldsymbol{x}}=(3,0,0,7)$，最优值 $f_{\max}=-3$.

(3) 用两阶段法求解. 先解下列线性规划，求一个基本可行解：

$$
\begin{aligned}
\min \quad & y \\
\text{s.t.} \quad & x_1 - x_2 + x_3 - 2x_4 + x_5 = 6, \\
& 2x_1 + x_2 - x_3 - x_6 + y = 2, \\
& -x_1 + x_2 - x_3 + x_4 + x_7 = 8, \\
& 0 \leqslant x_1 \leqslant 3, \\
& 1 \leqslant x_2 \leqslant 4, \\
& 0 \leqslant x_3 \leqslant 10, \\
& 2 \leqslant x_4 \leqslant 5, \\
& x_5, x_6, x_7, y \geqslant 0.
\end{aligned}
$$

取初始基本可行解：

$$
\boldsymbol{x}_{N_1} = \begin{bmatrix} x_1 \\ x_2 \\ x_3 \\ x_4 \\ x_6 \end{bmatrix} = \begin{bmatrix} 0 \\ 1 \\ 0 \\ 2 \\ 0 \end{bmatrix}, \quad \boldsymbol{x}_B = \begin{bmatrix} x_5 \\ y \\ x_7 \end{bmatrix} = \begin{bmatrix} 11 \\ 1 \\ 5 \end{bmatrix}, \quad f = 1.
$$

单纯形表如下：

	x_1	x_2	x_3	x_4	x_5	x_6	x_7	y	
x_5	1	-1	1	-2	1	0	0	0	11
y	(2)	1	-1	0	0	-1	0	1	1
x_7	-1	1	-1	1	0	0	1	0	5
	2	1	-1	0	0	-1	0	0	1
	1	1	1	1		1			

选择变量 x_1，令 $x_1=\Delta_1$，计算 Δ_1 的取值：

$$\beta_1 = \min\left\{\frac{11-0}{1}, \frac{1-0}{2}\right\} = \frac{1}{2}, \quad \beta_2 = \infty, \quad \beta_3 = 3-0 = 3.$$

令 $\Delta_1 = \min\left\{\frac{1}{2}, \infty, 3\right\} = \frac{1}{2}$. 修改右端列，取 $x_1 = \frac{1}{2}$，原来基变量的取值为

$$\begin{bmatrix} x_5 \\ y \\ x_7 \end{bmatrix} = \begin{bmatrix} 11 \\ 1 \\ 5 \end{bmatrix} - \frac{1}{2}\begin{bmatrix} 1 \\ 2 \\ -1 \end{bmatrix} = \begin{bmatrix} \frac{21}{2} \\ 0 \\ \frac{11}{2} \end{bmatrix},$$

y 离基，x_1 进基，新基下目标值 $f = f_0 - (z_1 - c_1)\Delta_1 = 1 - 2\times\frac{1}{2} = 0$. 修改后单纯形表如下：

	x_1	x_2	x_3	x_4	x_5	x_6	x_7	y	
x_5	0	$-\frac{3}{2}$	$\frac{3}{2}$	-2	1	$\frac{1}{2}$	0	$-\frac{1}{2}$	$\frac{21}{2}$
x_1	1	$\frac{1}{2}$	$-\frac{1}{2}$	0	0	$-\frac{1}{2}$	0	$\frac{1}{2}$	$\frac{1}{2}$
x_7	0	$\frac{3}{2}$	$-\frac{3}{2}$	1	0	$-\frac{1}{2}$	1	$\frac{1}{2}$	$\frac{11}{2}$
	0	0	0	0	0	0	0	-1	0
		1	1	1		1		1	

得到原来线性规划的一个基本可行解.

下面进行第二阶段，从求得的基本可行解出发，求最优解. 为此，先修改上面单纯形表.

	x_1	x_2	x_3	x_4	x_5	x_6	x_7	
x_5	0	$-\frac{3}{2}$	$\frac{3}{2}$	-2	1	$\frac{1}{2}$	0	$\frac{21}{2}$
x_1	1	$\frac{1}{2}$	$-\frac{1}{2}$	0	0	$-\frac{1}{2}$	0	$\frac{1}{2}$
x_7	0	$\frac{3}{2}$	$-\frac{3}{2}$	1	0	$-\frac{1}{2}$	1	$\frac{11}{2}$
	0	$-\frac{3}{2}$	$-\frac{7}{2}$	1	0	$-\frac{1}{2}$	0	$\frac{1}{2}$
		1	1	1		1		

选择变量 x_4，令 $x_4 = 2 + \Delta_4$，下面求 Δ_4：

$$\beta_1 = \frac{11}{2} - 0 = \frac{11}{2}, \quad \beta_2 = \infty, \quad \beta_3 = 5-2 = 3.$$

令 $\Delta_4 = \min\left\{\frac{11}{2}, \infty, 3\right\} = 3$，$x_4$ 取上界值.

$$\begin{bmatrix} x_5 \\ x_1 \\ x_7 \end{bmatrix} = \begin{bmatrix} \frac{21}{2} \\ \frac{1}{2} \\ \frac{11}{2} \end{bmatrix} - 3\begin{bmatrix} -2 \\ 0 \\ 1 \end{bmatrix} = \begin{bmatrix} \frac{33}{2} \\ \frac{1}{2} \\ \frac{5}{2} \end{bmatrix}, \quad f = f_0 - (z_4 - c_4)\Delta_4 = \frac{1}{2} - 1 \times 3 = -\frac{5}{2}.$$

修改单纯形表右端列，得下表：

	x_1	x_2	x_3	x_4	x_5	x_6	x_7	
x_5	0	$-\frac{3}{2}$	$\frac{3}{2}$	-2	1	$\frac{1}{2}$	0	$\frac{33}{2}$
x_1	1	$\frac{1}{2}$	$-\frac{1}{2}$	0	0	$-\frac{1}{2}$	0	$\frac{1}{2}$
x_7	0	$\frac{3}{2}$	$-\frac{3}{2}$	1	0	$-\frac{1}{2}$	1	$\frac{5}{2}$
	0	$-\frac{3}{2}$	$-\frac{7}{2}$	1	0	$-\frac{1}{2}$	0	$-\frac{5}{2}$
		l	l	u		l		

求得最优解 $\bar{\boldsymbol{x}} = \left(\frac{1}{2}, 1, 0, 5, \frac{33}{2}, 0, \frac{5}{2}\right)$，最优值 $f_{\min} = -\frac{5}{2}$.

(4) 引入松弛变量 x_3, x_4，化成

$$\begin{aligned} \max \quad & 4x_1 + 6x_2 \\ \text{s. t.} \quad & 2x_1 + x_2 + x_3 = 4, \\ & 3x_1 - x_2 + x_4 = 9, \\ & 0 \leqslant x_1 \leqslant 4, \\ & 0 \leqslant x_2 \leqslant 3, \\ & x_3, x_4 \geqslant 0. \end{aligned}$$

$$\boldsymbol{x}_B = \begin{bmatrix} x_3 \\ x_4 \end{bmatrix} = \begin{bmatrix} 4 \\ 9 \end{bmatrix}, \quad \boldsymbol{x}_{N_1} = \begin{bmatrix} x_1 \\ x_2 \end{bmatrix} = \begin{bmatrix} 0 \\ 0 \end{bmatrix}.$$

目标函数值 $f_0 = 0$. 列表如下：

	x_1	x_2	x_3	x_4	
x_3	2	1	1	0	4
x_4	3	-1	0	1	9
	-4	-6	0	0	0
	l	l			

选择 x_2，令 $x_2 = 0 + \Delta_2$. 下面求 Δ_2：

$$\beta_1=\frac{4-0}{1}=4,\quad \beta_2=\infty,\quad \beta_3=3-0=3,\quad \Delta_2=\min\{4,\infty,3\}=3.$$

非基变量 x_2 改为取值上界,令 $x_2=3$. 仍取 x_3,x_4 作为基变量. 修改右端列:

$$\begin{bmatrix}x_3\\x_4\end{bmatrix}=\begin{bmatrix}4\\9\end{bmatrix}-3\begin{bmatrix}1\\-1\end{bmatrix}=\begin{bmatrix}1\\12\end{bmatrix},\quad f=f_0-(z_2-c_2)\Delta_2=18,$$

得下列单纯形表:

	x_1	x_2	x_3	x_4	
x_3	(2)	1	1	0	1
x_4	3	−1	0	1	12
	−4	−6	0	0	18
	l	u			

还未达到最优.

选择变量 x_1,令 $x_1=0+\Delta_1$ 计算 Δ_1:

$$\beta_1=\min\left\{\frac{1-0}{2},\frac{12-0}{3}\right\}=\frac{1}{2},\quad \beta_2=\infty,\quad \beta_3=4-0=4.$$

令 $\Delta_1=\min\left\{\frac{1}{2},\infty,4\right\}=\frac{1}{2}$. 取

$$x_1=\frac{1}{2},\quad \begin{bmatrix}x_3\\x_4\end{bmatrix}=\begin{bmatrix}1\\12\end{bmatrix}-\frac{1}{2}\begin{bmatrix}2\\3\end{bmatrix}=\begin{bmatrix}0\\\frac{21}{2}\end{bmatrix},\quad f=f_0-(z_1-c_1)\Delta_1=18-(-4)\times\frac{1}{2}=20.$$

x_1 进基,x_3 离基取下界. 经迭代得到新单纯形表:

	x_1	x_2	x_3	x_4	
x_1	1	$\frac{1}{2}$	$\frac{1}{2}$	0	$\frac{1}{2}$
x_4	0	$-\frac{5}{2}$	$-\frac{3}{2}$	1	$\frac{21}{2}$
	0	−4	2	0	20
		u	l		

已经达到最优,最优解 $\bar{\boldsymbol{x}}=\left(\frac{1}{2},3,0,\frac{21}{2}\right)$,最优值 $f_{\max}=20$.

8. 用分解算法解下列线性规划问题:

(1) max $\quad x_1+3x_2-x_3+x_4$

s. t. $\quad x_1+x_2+x_3+x_4\leqslant 8,$

$\quad x_1+x_2\leqslant 6,$

(2) max $\quad 5x_1-2x_3+x_4$

s. t. $\quad x_1+x_2+x_3+x_4\leqslant 30,$

$\quad x_1+x_2\leqslant 12,$

$$\begin{aligned} x_3+2x_4&\leqslant 10,\\ -x_3+x_4&\leqslant 4,\\ x_j\geqslant 0,\quad & j=1,2,3,4. \end{aligned}$$

$$\begin{aligned} 2x_1-x_2&\leqslant 9,\\ -x_3+x_4&\leqslant 2,\\ x_3+2x_4&\leqslant 10,\\ x_j\geqslant 0,\quad & j=1,2,3,4. \end{aligned}$$

(3) $$\begin{aligned} \max\quad & x_1+2x_2+x_3\\ \text{s. t.}\quad & x_1+x_2+x_3\leqslant 12,\\ & -x_1+x_2\leqslant 2,\\ & -x_1+2x_2\leqslant 8,\\ & x_3\leqslant 3,\\ & x_1,x_2,x_3\geqslant 0. \end{aligned}$$

(4) $$\begin{aligned} \min\quad & -2x_1+4x_2-x_3+x_4\\ \text{s. t.}\quad & x_1+2x_2+4x_3+x_4\leqslant 20,\\ & -x_1+x_2\leqslant 3,\\ & x_1\leqslant 4,\\ & x_3-5x_4\leqslant 5,\\ & -x_3+2x_4\leqslant 2,\\ & x_j\geqslant 0,\quad j=1,2,3,4. \end{aligned}$$

(5) $$\begin{aligned} \min\quad & -x_1-8x_2-5x_3-6x_4\\ \text{s. t.}\quad & x_1+4x_2+5x_3+2x_4\leqslant 7,\\ & 2x_1+3x_2\leqslant 6,\\ & 5x_1+x_2\leqslant 5,\\ & 3x_3+4x_4\geqslant 12,\\ & x_3\leqslant 4,\\ & x_4\leqslant 3,\\ & x_j\geqslant 0,\quad j=1,2,3,4. \end{aligned}$$

解 (1) 把线性规划写为下列形式：

$$\begin{aligned} \max\quad & \boldsymbol{cx}\\ \text{s. t.}\quad & \boldsymbol{Ax}\leqslant \boldsymbol{b},\\ & \boldsymbol{x}\in S, \end{aligned}$$

其中，$\boldsymbol{x}=(x_1,x_2,x_3,x_4)^{\mathrm{T}}$，$\boldsymbol{c}=(1,3,-1,1)$，$\boldsymbol{A}=(1,1,1,1)$，$\boldsymbol{b}=8$，

$$S=\left\{\boldsymbol{x}\left|\begin{array}{l} x_1+x_2\leqslant 6\\ x_3+2x_4\leqslant 10\\ -x_3+x_4\leqslant 4\\ x_j\geqslant 0,\quad j=1,2,3,4 \end{array}\right.\right\}.$$

引入松弛变量 $\boldsymbol{v}\geqslant\boldsymbol{0}$. 设集合 S 有 t 个极点，有 l 个极方向，则每个 $\boldsymbol{x}\in S$ 可表示为

$$\boldsymbol{x}=\sum_{j=1}^{t}\lambda_j\boldsymbol{x}^{(j)}+\sum_{j=1}^{l}\mu_j\boldsymbol{d}^{(j)},$$

$$\sum_{j=1}^{t}\lambda_j=1,$$

$$\lambda_j \geqslant 0, \quad j=1,2,\cdots,t,$$
$$\mu_j \geqslant 0, \quad j=1,2,\cdots,l.$$

主规划为

$$\begin{aligned}
\max \quad & \sum_{j=1}^{t}(\boldsymbol{c}\boldsymbol{x}^{(j)})\lambda_j+\sum_{j=1}^{l}(\boldsymbol{c}\boldsymbol{d}^{(j)})\mu_j \\
\text{s. t.} \quad & \sum_{j=1}^{t}(\boldsymbol{A}\boldsymbol{x}^{(j)})\lambda_j+\sum_{j=1}^{l}(\boldsymbol{A}\boldsymbol{d}^{(j)})\mu_j+\boldsymbol{v}=\boldsymbol{b}, \\
& \sum_{j=1}^{t}\lambda_j=1, \\
& \lambda_j \geqslant 0, \quad j=1,2,\cdots,t, \\
& \mu_j \geqslant 0, \quad j=1,2,\cdots,l, \quad \boldsymbol{v} \geqslant 0.
\end{aligned}$$

下面用修正单纯形法解主规划.

取集 S 一个极点 $\boldsymbol{x}^{(1)}=(0,0,0,0)^{\mathrm{T}}$,将其对应的变量 λ_1 和松弛变量 v 作为初始基变量,初始基

$$\boldsymbol{B}=\begin{bmatrix}1 & 0\\ 0 & 1\end{bmatrix}, \quad \boldsymbol{B}^{-1}=\begin{bmatrix}1 & 0\\ 0 & 1\end{bmatrix}.$$

在主规划中,基变量的目标系数 $\hat{\boldsymbol{c}}_B=(0,\boldsymbol{c}\boldsymbol{x}^{(1)})=(0,0)$. 在基 $\boldsymbol{B}$ 下,单纯形乘子 $(w,\alpha)=\hat{\boldsymbol{c}}_B\boldsymbol{B}^{-1}=(0,0)$,约束右端 $\bar{\boldsymbol{b}}=\begin{bmatrix}8\\1\end{bmatrix}$,目标函数值 $f=\hat{\boldsymbol{c}}_B\,\bar{\boldsymbol{b}}=0$. 修正单纯形法中,初表如下:

	0	0	0
v	1	0	8
λ_1	0	1	1

第 1 次迭代:

解子规划,求最小判别数:

$$\begin{aligned}
\min \quad & (w\boldsymbol{A}-\boldsymbol{c})\boldsymbol{x}+\alpha \\
\text{s. t.} \quad & \boldsymbol{x}\in S.
\end{aligned}$$

即

$$\begin{aligned}
\min \quad & -x_1-3x_2+x_3-x_4 \\
\text{s. t.} \quad & x_1+x_2 \leqslant 6 \\
& x_3+2x_4 \leqslant 10, \\
& -x_3+x_4 \leqslant 4, \\
& x_j \geqslant 0, \quad j=1,2,3,4.
\end{aligned}$$

化为标准形式:

$$
\begin{aligned}
\min \quad & -x_1 - 3x_2 + x_3 - x_4 \\
\text{s.t.} \quad & x_1 + x_2 + x_5 = 6, \\
& x_3 + 2x_4 + x_6 = 10, \\
& -x_3 + x_4 + x_7 = 4, \\
& x_j \geqslant 0, \quad j = 1,2,\cdots,7.
\end{aligned}
$$

用单纯形法求解如下：

	x_1	x_2	x_3	x_4	x_5	x_6	x_7	
x_5	1	(1)	0	0	1	0	0	6
x_6	0	0	1	2	0	1	0	10
x_7	0	0	−1	1	0	0	1	4
	1	3	−1	1	0	0	0	0

	x_1	x_2	x_3	x_4	x_5	x_6	x_7	
x_2	1	1	0	0	1	0	0	6
x_6	0	0	1	2	0	1	0	10
x_7	0	0	−1	(1)	0	0	1	4
	−2	0	−1	1	−3	0	0	−18

	x_1	x_2	x_3	x_4	x_5	x_6	x_7	
x_2	1	1	0	0	1	0	0	6
x_6	0	0	3	0	0	1	−2	2
x_4	0	0	−1	1	0	0	1	4
	−2	0	0	0	−3	0	−1	−22

主规划的最小判别数 $z_2 - c_2 = -22$，集合 S 的一个极点 $\boldsymbol{x}^{(2)} = (0,6,0,4)^{\mathrm{T}}$. 计算主列：

$$
\boldsymbol{y}_2 = \boldsymbol{B}^{-1}\begin{bmatrix}\boldsymbol{Ax}^{(2)} \\ 1\end{bmatrix} = \begin{bmatrix}10 \\ 1\end{bmatrix}.
$$

作主元消去运算：

				λ_2
	0	0	0	−22
v	1	0	8	(10)
λ_1	0	1	1	1

	$\frac{11}{5}$	0	$\frac{88}{5}$
λ_2	$\frac{1}{10}$	0	$\frac{4}{5}$
λ_1	$-\frac{1}{10}$	1	$\frac{1}{5}$

第 2 次迭代：

先解子规划，求最小判别数：

由第 1 次迭代结果知，在新基下单纯形乘子 $w=\frac{11}{5}$，$\alpha=0$. $w\boldsymbol{A}-\boldsymbol{c}=\left(\frac{6}{5},-\frac{4}{5},\frac{16}{5},\frac{6}{5}\right)$.

$$\begin{aligned}\min\quad & (w\boldsymbol{A}-\boldsymbol{c})\boldsymbol{x}+\alpha\\ \text{s.t.}\quad & \boldsymbol{x}\in S.\end{aligned}$$

即

$$\begin{aligned}\min\quad & \frac{6}{5}x_1-\frac{4}{5}x_2+\frac{16}{5}x_3+\frac{6}{5}x_4\\ \text{s.t.}\quad & \boldsymbol{x}\in S.\end{aligned}$$

修改第 1 次迭代中子规划最优表最后一行，然后用单纯形法求子规划最优解：

	x_1	x_2	x_3	x_4	x_5	x_6	x_7	
x_2	1	1	0	0	1	0	0	6
x_6	0	0	3	0	0	1	-2	2
x_4	0	0	-1	1	0	0	(1)	4
	-2	0	$-\frac{22}{5}$	0	$-\frac{4}{5}$	0	$\frac{6}{5}$	0
x_2	1	1	0	0	1	0	0	6
x_6	0	0	1	2	0	1	0	10
x_7	0	0	-1	1	0	0	1	4
	-2	0	$-\frac{16}{5}$	$-\frac{6}{5}$	$-\frac{4}{5}$	0	0	$-\frac{24}{5}$

得到集合 S 的一个极点 $\boldsymbol{x}^{(3)}=(0,6,0,0)$，现行主规划最小判别数 $z_3-c_3=-\frac{24}{5}$，λ_3 进基.

$$\boldsymbol{y}_3=\boldsymbol{B}^{-1}\begin{bmatrix}\boldsymbol{Ax}^{(3)}\\ 1\end{bmatrix}=\begin{bmatrix}\frac{1}{10} & 0\\ -\frac{1}{10} & 1\end{bmatrix}\begin{bmatrix}6\\ 1\end{bmatrix}=\begin{bmatrix}\frac{3}{5}\\ \frac{2}{5}\end{bmatrix}.$$

作主元消去运算：

				λ_3
	$\frac{11}{5}$	0	$\frac{88}{5}$	$-\frac{24}{5}$
λ_2	$\frac{1}{10}$	0	$\frac{4}{5}$	$\frac{3}{5}$
λ_1	$-\frac{1}{10}$	1	$\frac{1}{5}$	($\frac{2}{5}$)

	1	12	20
λ_2	$\frac{1}{4}$	$-\frac{3}{2}$	$\frac{1}{2}$
λ_3	$-\frac{1}{4}$	$\frac{5}{2}$	$\frac{1}{2}$

第 3 次迭代：

解子规划求最小判别数：

$$\boldsymbol{wA}-\boldsymbol{c}=1\cdot(1,1,1,1)-(1,3,-1,1)=(0,-2,2,0).$$

$$\begin{aligned}&\min\quad (\boldsymbol{wA}-\boldsymbol{c})\boldsymbol{x}+\alpha\\&\text{s. t.}\quad \boldsymbol{x}\in S.\end{aligned}$$

即

$$\begin{aligned}&\min\quad -2x_2+2x_3+12\\&\text{s. t.}\quad \boldsymbol{x}\in S.\end{aligned}$$

	x_1	x_2	x_3	x_4	x_5	x_6	x_7	
x_2	1	1	0	0	1	0	0	6
x_6	0	0	1	2	0	1	0	10
x_7	0	0	−1	1	0	0	1	4
	−2	0	−2	0	−2	0	0	0

子规划的最小值为 0，即主规划在现行基下最小判别数为 0，因此达到最优. 最优解是

$$\bar{\boldsymbol{x}}=\lambda_2\boldsymbol{x}^{(2)}+\lambda_3\boldsymbol{x}^{(3)}=\frac{1}{2}\begin{bmatrix}0\\6\\0\\4\end{bmatrix}+\frac{1}{2}\begin{bmatrix}0\\6\\0\\0\end{bmatrix}=\begin{bmatrix}0\\6\\0\\2\end{bmatrix}.$$

最优值 $f_{\max}=20$.

(2) 第一个约束记作 $\boldsymbol{A}_1\boldsymbol{x}_1+\boldsymbol{A}_2\boldsymbol{x}_2\leqslant b$，其中 $\boldsymbol{A}_1=(1,1)$，$\boldsymbol{A}_2=(1,1)$，$b=30$. 相应地，记 $\boldsymbol{c}=(\boldsymbol{c}_1,\boldsymbol{c}_2)$，$\boldsymbol{c}_1=(5,0)$，$\boldsymbol{c}_2=(-2,1)$，$S_1=\left\{\boldsymbol{x}_1=\begin{bmatrix}x_1\\x_2\end{bmatrix}\middle|\begin{array}{l}x_1+x_2\leqslant 12\\2x_1-x_2\leqslant 9\\x_1,x_2\geqslant 0\end{array}\right\}$，$S_2=\left\{\boldsymbol{x}_2=\begin{bmatrix}x_3\\x_4\end{bmatrix}\middle|\begin{array}{l}-x_3+x_4\leqslant 2\\x_3+2x_4\leqslant 10\\x_3,x_4\geqslant 0\end{array}\right\}$.

线性规划记为：

$$\begin{aligned}&\max\quad \boldsymbol{c}_1\boldsymbol{x}_1+\boldsymbol{c}_2\boldsymbol{x}_2\\&\text{s. t.}\quad \boldsymbol{A}_1\boldsymbol{x}_1+\boldsymbol{A}_2\boldsymbol{x}_2\leqslant b,\\&\qquad\ \ \boldsymbol{x}_1\in S_1,\\&\qquad\ \ \boldsymbol{x}_2\in S_2.\end{aligned}$$

由于 S_1，S_2 均是有界集，不存在方向，设 S_1 的极点为 $\boldsymbol{x}_1^{(j)}$，$j=1,2,\cdots,t_1$，S_2 的极点为 $\boldsymbol{x}_2^{(j)}$，

$j=1,2,\cdots,t_2$，引入松弛变量 $v\geqslant 0$.

主规划如下：

$$\begin{aligned}
\max \quad & \sum_{j=1}^{t_1}(\boldsymbol{c}_1\boldsymbol{x}_1^{(j)})\lambda_{1j}+\sum_{j=1}^{t_2}(\boldsymbol{c}_2\boldsymbol{x}_2^{(j)})\lambda_{2j} \\
\text{s. t.} \quad & \sum_{j=1}^{t_1}(\boldsymbol{A}_1\boldsymbol{x}_1^{(j)})\lambda_{1j}+\sum_{j=1}^{t_2}(\boldsymbol{A}_2\boldsymbol{x}_2^{(j)})\lambda_{2j}+v=b, \\
& \sum_{j=1}^{t_1}\lambda_{1j}=1, \\
& \sum_{j=1}^{t_2}\lambda_{2j}=1, \\
& \lambda_{1j}\geqslant 0,\quad j=1,2,\cdots,t_1, \\
& \lambda_{2j}\geqslant 0,\quad j=1,2,\cdots,t_2.
\end{aligned}$$

分别取 S_1 和 S_2 的极点

$$\boldsymbol{x}^{(1)}=\begin{bmatrix}x_1\\x_2\end{bmatrix}=\begin{bmatrix}0\\0\end{bmatrix},\quad \boldsymbol{x}^{(2)}=\begin{bmatrix}x_3\\x_4\end{bmatrix}=\begin{bmatrix}0\\0\end{bmatrix}.$$

初始基变量 $v,\lambda_{11},\lambda_{21}$，初始基矩阵 $\boldsymbol{B}$ 为三阶单位矩阵. 单纯形乘子和约束右端向量分别是

$$(w,\boldsymbol{\alpha})=\hat{\boldsymbol{c}}_B\boldsymbol{B}^{-1}=(0,0,0)\begin{bmatrix}1&0&0\\0&1&0\\0&0&1\end{bmatrix}=(0,0,0),\quad \bar{\boldsymbol{b}}=\boldsymbol{B}^{-1}\begin{bmatrix}b\\1\\1\end{bmatrix}=\begin{bmatrix}30\\1\\1\end{bmatrix}.$$

用修正单纯形方法解主规划，初表如下：

	0	0	0	0
v	1	0	0	30
λ_{11}	0	1	0	1
λ_{21}	0	0	1	1

第 1 次迭代：

为确定进基变量，分别求解下列两个子规划. 先解第一个子规划：

$$\begin{aligned}
\min \quad & (w\boldsymbol{A}_1-\boldsymbol{c}_1)\boldsymbol{x}_1+\alpha_1 \\
\text{s. t.} \quad & \boldsymbol{x}_1\in S_1.
\end{aligned}\tag{1}$$

即

$$\begin{aligned}
\min \quad & -5x_1 \\
\text{s. t.} \quad & x_1+x_2\leqslant 12, \\
& 2x_1-x_2\leqslant 9,
\end{aligned}$$

$$x_1, x_2 \geqslant 0.$$

子规划的最优解和最优值分别是 $\boldsymbol{x}_1^{(2)} = \begin{bmatrix} x_1 \\ x_2 \end{bmatrix} = \begin{bmatrix} 7 \\ 5 \end{bmatrix}, Z_{1,\min} = -35.$

再解第二个子规划：

$$\begin{aligned} \min \quad & (w\boldsymbol{A}_2 - \boldsymbol{c}_2)\boldsymbol{x}_2 + \alpha_2 \\ \text{s.t.} \quad & \boldsymbol{x}_2 \in S_2. \end{aligned} \tag{2}$$

即

$$\begin{aligned} \min \quad & 2x_3 - x_4 \\ \text{s.t.} \quad & -x_3 + x_4 \leqslant 2, \\ & x_3 + 2x_4 \leqslant 10, \\ & x_3, x_4 \geqslant 0. \end{aligned}$$

子规划最优解和最优值分别是 $\boldsymbol{x}_2^{(2)} = \begin{bmatrix} x_3 \\ x_4 \end{bmatrix} = \begin{bmatrix} 0 \\ 2 \end{bmatrix}, Z_{2,\min} = -2.$

对应 λ_{12} 的判别数 $\boldsymbol{x}_{12} - c_{12} = -35$，最小，因此 λ_{12} 作为进基变量. 主列是

$$\boldsymbol{y}_1^{(2)} = \boldsymbol{B}^{-1} \begin{bmatrix} \boldsymbol{A}_1 \boldsymbol{x}_1^{(2)} \\ 1 \\ 0 \end{bmatrix} = \begin{bmatrix} 12 \\ 1 \\ 0 \end{bmatrix}.$$

下面作主元消去运算：

					λ_{12}
	0	0	0	0	−35
v	1	0	0	30	12
λ_{11}	0	1	0	1	①
λ_{21}	0	0	1	1	0

	0	35	0	35
v	1	−12	0	18
λ_{12}	0	1	0	1
λ_{21}	0	0	1	1

第 2 次迭代：

先解子规划确定进基变量.

解子规划(1)：

$$\begin{aligned} \min \quad & -5x_1 + 35 \\ \text{s.t.} \quad & x_1 + x_2 \leqslant 12, \end{aligned}$$

$$2x_1 - x_2 \leqslant 9,$$
$$x_1, x_2 \geqslant 0.$$

子规划的最优解和最优值分别是 $\boldsymbol{x}_1^{(3)} = \begin{bmatrix} x_1 \\ x_2 \end{bmatrix} = \begin{bmatrix} 7 \\ 5 \end{bmatrix}$, $Z_{1,\min} = 0$.

解子规划(2)：

$$\begin{aligned} \min \quad & 2x_3 - x_4 \\ \text{s. t.} \quad & -x_3 + x_4 \leqslant 2, \\ & x_3 + 2x_4 \leqslant 10, \\ & x_3, x_4 \geqslant 0. \end{aligned}$$

子规划的最优解和最优值分别是 $\boldsymbol{x}_2^{(3)} = \begin{bmatrix} x_3 \\ x_4 \end{bmatrix} = \begin{bmatrix} 0 \\ 2 \end{bmatrix}$, $Z_{2,\min} = -2$.

λ_{23}进基，计算主列：

$$\boldsymbol{y}_2^{(3)} = \boldsymbol{B}^{-1} \begin{bmatrix} \boldsymbol{A}_2 \boldsymbol{x}_2^{(3)} \\ 0 \\ 1 \end{bmatrix} = \begin{bmatrix} 1 & -12 & 0 \\ 0 & 1 & 0 \\ 0 & 0 & 1 \end{bmatrix} \begin{bmatrix} 2 \\ 0 \\ 1 \end{bmatrix} = \begin{bmatrix} 2 \\ 0 \\ 1 \end{bmatrix}.$$

					λ_{23}
	0	35	0	35	−2
v	1	−12	0	18	2
λ_{12}	0	1	0	1	0
λ_{21}	0	0	1	1	①

	0	35	2	37
v	1	−12	−2	16
λ_{12}	0	1	0	1
λ_{23}	0	0	1	1

第 3 次迭代：

子规划(1)计算结果同前.

子规划(2)，即

$$\begin{aligned} \min \quad & 2x_3 - x_4 + 2 \\ \text{s. t.} \quad & -x_3 + x_4 \leqslant 2, \\ & x_3 + 2x_4 \leqslant 10, \\ & x_1, x_2 \geqslant 0. \end{aligned}$$

子规划(2)的最优值 $Z_{3,\min} = 0$.

经两次迭代，在现行基下，对应各变量的判别数均大于或等于 0，因此达到最优. 最优解

$$\bar{\boldsymbol{x}} = \begin{bmatrix} \lambda_{12}\boldsymbol{x}_1^{(2)} \\ \lambda_{23}\boldsymbol{x}_2^{(3)} \end{bmatrix} = \begin{bmatrix} 7 \\ 5 \\ 0 \\ 2 \end{bmatrix}, \quad f_{\max} = 37.$$

(3) 将线性规划记为

$$\begin{aligned} \max \quad & \boldsymbol{cx} \\ \text{s. t.} \quad & \boldsymbol{Ax} \leqslant 12, \\ & \boldsymbol{x} \in S, \end{aligned}$$

其中 $\boldsymbol{x}=(x_1,x_2,x_3)^{\mathrm{T}}$，$\boldsymbol{c}=(1,2,1)$，$\boldsymbol{A}=(1,1,1)$，

$$S = \left\{ \boldsymbol{x} \;\middle|\; \begin{aligned} -x_1 + x_2 &\leqslant 2 \\ -x_1 + 2x_2 &\leqslant 8 \\ x_3 &\leqslant 3 \\ x_1, x_2, x_3 &\geqslant 0 \end{aligned} \right\}.$$

设 S 有 t 个极点 $\boldsymbol{x}^{(j)}$，$j=1,2,\cdots,t$，有 l 个极方向 $\boldsymbol{d}^{(j)}$，$j=1,2,\cdots,l$. 引入松弛变量 $v\geqslant 0$. 主规划如下：

$$\begin{aligned} \max \quad & \sum_{j=1}^{t} (\boldsymbol{cx}^{(j)})\lambda_j + \sum_{j=1}^{l} (\boldsymbol{cd}^{(j)})\mu_j \\ \text{s. t.} \quad & \sum_{j=1}^{t} (\boldsymbol{Ax}^{(j)})\lambda_j + \sum_{j=1}^{l} (\boldsymbol{Ad}^{(j)})\mu_j + v = 12, \\ & \sum_{j=1}^{t} \lambda_j = 1, \\ & \lambda_j \geqslant 0, \quad j = 1,2,\cdots,t, \\ & \mu_j \geqslant 0, \quad j = 1,2,\cdots,l, \quad v \geqslant 0. \end{aligned}$$

下面用修正单纯形方法解主规划：

取集合 S 的一个极点 $\boldsymbol{x}^{(1)}=(0,0,0)^{\mathrm{T}}$，初始基变量为 v 和 λ_1，初始基 $\boldsymbol{B}$ 是二阶单位矩阵. 单纯形乘子 $(w,\alpha)=\boldsymbol{c_B B}^{-1}=(0,0)$，约束右端 $\boldsymbol{b}=\begin{bmatrix} 12 \\ 1 \end{bmatrix}$ 现行基本可行解下的目标函数值 $f=0$. 初表为

	0	0	0
v	1	0	12
λ_1	0	1	1

第 1 次迭代：

解子规划，求最小判别数：

$$\begin{aligned}\min \quad & (\boldsymbol{wA}-\boldsymbol{c})\boldsymbol{x}+\alpha \\ \text{s.t.} \quad & \boldsymbol{x}\in S,\end{aligned}$$

其中 $\boldsymbol{wA}-\boldsymbol{c}=(-1,-2,-1)$，上式即

$$\begin{aligned}\min \quad & -x_1-2x_2-x_3 \\ \text{s.t.} \quad & -x_1+x_2 \leqslant 2, \\ & -x_1+2x_2 \leqslant 8, \\ & x_3 \leqslant 3, \\ & x_j \geqslant 0, \quad j=1,2,3.\end{aligned}$$

用单纯形方法求解，求得集合 S 的一个极方向，$\boldsymbol{d}^{(1)}=(2,1,0)^{\mathrm{T}}$.

主规划中，对应 μ_1 的判别数 $(\boldsymbol{wA}-\boldsymbol{c})\boldsymbol{d}^{(1)}=-4$，$\mu_1$ 进基，主列

$$\boldsymbol{y}_1=\boldsymbol{B}^{-1}\begin{bmatrix}\boldsymbol{Ad}^{(1)}\\0\end{bmatrix}=\begin{bmatrix}1&0\\0&1\end{bmatrix}\begin{bmatrix}3\\0\end{bmatrix}=\begin{bmatrix}3\\0\end{bmatrix}.$$

用表格形式计算如下：

				μ_1
	0	0	0	-4
v	1	0	12	③
λ_1	0	1	1	0

	$\frac{4}{3}$	0	16
μ_1	$\frac{1}{3}$	0	4
λ_1	0	1	1

第 2 次迭代：

先解子规划，求判别数：

$$\boldsymbol{wA}-\boldsymbol{c}=\frac{4}{3}(1,1,1)-(1,2,1)=\left(\frac{1}{3},-\frac{2}{3},\frac{1}{3}\right).$$

子规划为

$$\begin{aligned}\min \quad & \frac{1}{3}x_1-\frac{2}{3}x_2+\frac{1}{3}x_3 \\ \text{s.t.} \quad & -x_1+x_2 \leqslant 2, \\ & -x_1+2x_2 \leqslant 8, \\ & x_3 \leqslant 3,\end{aligned}$$

$$x_1, x_2, x_3 \geqslant 0.$$

用单纯形方法求得子规划最优解 $\boldsymbol{x}^{(2)}=(4,6,0)^{\mathrm{T}}$，最小值 $z=-\frac{8}{3}$. λ_2 为进基变量，主列

$$\boldsymbol{y}_2=\boldsymbol{B}^{-1}\begin{bmatrix}\boldsymbol{A}\boldsymbol{x}^{(2)}\\ 1\end{bmatrix}=\begin{bmatrix}\frac{1}{3} & 0\\ 0 & 1\end{bmatrix}\begin{bmatrix}10\\ 1\end{bmatrix}=\begin{bmatrix}\frac{10}{3}\\ 1\end{bmatrix}.$$

用表格形式计算如下：

				λ_2
	$\frac{4}{3}$	0	16	$-\frac{8}{3}$
μ_1	$\frac{1}{3}$	0	4	$\frac{10}{3}$
λ_1	0	1	1	①

	$\frac{4}{3}$	$\frac{8}{3}$	$\frac{56}{3}$
μ_1	$\frac{1}{3}$	$-\frac{10}{3}$	$\frac{2}{3}$
λ_2	0	1	1

第 3 次迭代：

$\boldsymbol{w}\boldsymbol{A}-\boldsymbol{c}=\frac{4}{3}(1,1,1)-(1,2,1)=\left(\frac{1}{3},-\frac{2}{3},\frac{1}{3}\right)$，$w=\frac{4}{3}$，$\alpha=\frac{8}{3}$. 子规划如下：

$$\begin{aligned}\min\quad & \frac{1}{3}x_1-\frac{2}{3}x_2+\frac{1}{3}x_3+\frac{8}{3}\\ \text{s.t.}\quad & -x_1+x_2\leqslant 2,\\ & -x_1+2x_2\leqslant 8,\\ & x_3\leqslant 3,\\ & x_1,x_2,x_3\geqslant 0.\end{aligned}$$

子规划最优解 $\boldsymbol{x}^{(3)}=(4,6,0)^{\mathrm{T}}$，最优值 $z=0$. 结果表明，主规划已达最优解. 原问题的最优解为

$$\bar{\boldsymbol{x}}=\lambda_2\boldsymbol{x}^{(2)}+\mu_1\boldsymbol{d}^{(1)}=1\cdot\begin{bmatrix}4\\ 6\\ 0\end{bmatrix}+\frac{2}{3}\cdot\begin{bmatrix}2\\ 1\\ 0\end{bmatrix}=\begin{bmatrix}\frac{16}{3}\\ \frac{20}{3}\\ 0\end{bmatrix},$$

最优值 $f_{\max}=\frac{56}{3}$.

(4) 将线性规划写成下列形式：

$$\begin{aligned} \min \quad & \boldsymbol{c}_1 \boldsymbol{x}_1 + \boldsymbol{c}_2 \boldsymbol{x}_2 \\ \text{s. t.} \quad & \boldsymbol{A}_1 \boldsymbol{x}_1 + \boldsymbol{A}_2 \boldsymbol{x}_2 \leqslant 20, \\ & \boldsymbol{x}_1 \in S_1, \\ & \boldsymbol{x}_2 \in S_2, \end{aligned}$$

其中，$\boldsymbol{x}_1=\begin{bmatrix} x_1 \\ x_2 \end{bmatrix}$，$\boldsymbol{x}_2=\begin{bmatrix} x_3 \\ x_4 \end{bmatrix}$，$\boldsymbol{c}_1=(-2,4)$，$\boldsymbol{c}_2=(-1,1)$，$\boldsymbol{A}_1=(1,2)$，$\boldsymbol{A}_2=(4,1)$.

$$S_1 = \left\{ \boldsymbol{x}_1 \middle| \begin{array}{r} -x_1+x_2 \leqslant 3 \\ x_1 \quad\quad \leqslant 4 \\ x_1, x_2 \geqslant 0 \end{array} \right\}, \quad S_2 = \left\{ \boldsymbol{x}_2 \middle| \begin{array}{r} x_3 - 5x_4 \leqslant 5 \\ -x_3 + 2x_4 \leqslant 2 \\ x_3, x_4 \geqslant 0 \end{array} \right\}.$$

S_1 是有界集，设有 t_1 个极点 $\boldsymbol{x}_1^{(1)}, \boldsymbol{x}_1^{(2)}, \cdots, \boldsymbol{x}_1^{(t_1)}$. S_2 是无界集，设有 t_2 个极点，有 l 个极方向. 引入松弛变量 v. 主规划如下：

$$\begin{aligned} \min \quad & \sum_{j=1}^{t_1} (\boldsymbol{c}_1 \boldsymbol{x}_1^{(j)}) \lambda_{1j} + \sum_{j=1}^{t_2} (\boldsymbol{c}_2 \boldsymbol{x}_2^{(j)}) \lambda_{2j} + \sum_{j=1}^{l} (\boldsymbol{c}_2 \boldsymbol{d}^{(j)}) \mu_j \\ \text{s. t.} \quad & \sum_{j=1}^{t_1} (\boldsymbol{A}_1 \boldsymbol{x}_1^{(j)}) \lambda_{1j} + \sum_{j=1}^{t_2} (\boldsymbol{A}_2 \boldsymbol{x}_2^{(j)}) \lambda_{2j} + \sum_{j=1}^{l} (\boldsymbol{A}_2 \boldsymbol{d}^{(j)}) \mu_j + v = 20, \\ & \sum_{j=1}^{t_1} \lambda_{1j} = 1, \\ & \sum_{j=1}^{t_2} \lambda_{2j} = 1, \\ & \lambda_{1j} \geqslant 0, j = 1,2,\cdots,t_1, \\ & \lambda_{2j} \geqslant 0, j = 1,2,\cdots,t_2, \\ & \mu_j \geqslant 0, j = 1,2,\cdots,l, v \geqslant 0. \end{aligned}$$

取 S_1 的极点 $\boldsymbol{x}_1^{(1)}=\begin{bmatrix} x_1 \\ x_2 \end{bmatrix}=\begin{bmatrix} 0 \\ 0 \end{bmatrix}$，$S_2$ 的极点 $\boldsymbol{x}_2^{(1)}=\begin{bmatrix} x_3 \\ x_4 \end{bmatrix}=\begin{bmatrix} 0 \\ 0 \end{bmatrix}$. 初始基变量取 $v, \lambda_{11}, \lambda_{21}$. 初始基 $\boldsymbol{B}$ 是三阶单位矩阵，单纯形乘子 $(w, \alpha_1, \alpha_2)=(0,0,0)$，目标值 $z=0$，初始单纯形表如下：

	0	0	0	0
v	1	0	0	20
λ_{11}	0	1	0	1
λ_{21}	0	0	1	1

第 1 次迭代：

解下列子规划：

$$\begin{aligned}&\max \quad (wA_1 - c_1)x_1 + \alpha_1\\&\text{s. t.} \quad x_1 \in S_1.\end{aligned}$$

即

$$\begin{aligned}&\max \quad 2x_1 - 4x_2\\&\text{s. t.} \quad -x_1 + x_2 \leqslant 3,\\&\qquad\quad x_1 \leqslant 4,\\&\qquad\quad x_1, x_2 \geqslant 0.\end{aligned}$$

子规划的最优解 $x_1^{(2)} = \begin{bmatrix} x_1 \\ x_2 \end{bmatrix} = \begin{bmatrix} 4 \\ 0 \end{bmatrix}$，最优值 $z_1 = 8$，即主规划中对应 λ_{12} 的判别数是 8. λ_{12} 进基，主列

$$y_{12} = B^{-1}\begin{bmatrix} A_1 x_1^{(2)} \\ 1 \\ 0 \end{bmatrix} = \begin{bmatrix} 4 \\ 1 \\ 0 \end{bmatrix}.$$

用表格形式计算如下：

					λ_{12}
	0	0	0	0	8
v	1	0	0	20	4
λ_{11}	0	1	0	1	①
λ_{21}	0	0	1	1	0

	0	−8	0	−8
v	1	−4	0	16
λ_{12}	0	1	0	1
λ_{21}	0	0	1	1

第 2 次迭代：

解下列子规划：

$$\begin{aligned}&\max \quad (wA_1 - c_1)x_1 + \alpha_1\\&\text{s. t.} \quad x_1 \in S_1.\end{aligned}$$

即

$$\begin{aligned} \max \quad & 2x_1 - 4x_2 - 8 \\ \text{s. t.} \quad & -x_1 + x_2 \leqslant 3, \\ & x_1 \leqslant 4, \\ & x_1, x_2 \geqslant 0. \end{aligned}$$

子规划的最优解同第 1 次迭代，最优值 $z_1=0$. 现行解下，对应 λ_{1j} 的判别数均小于或等于 0.

再解子规划：

$$\begin{aligned} \max \quad & (\boldsymbol{wA}_2 - \boldsymbol{c}_2)\boldsymbol{x}_2 + \alpha_2 \\ \text{s. t.} \quad & \boldsymbol{x}_2 \in S_2, \end{aligned}$$

即

$$\begin{aligned} \max \quad & x_3 - x_4 \\ \text{s. t.} \quad & x_3 - 5x_4 \leqslant 5, \\ & -x_3 + 2x_4 \leqslant 2, \\ & x_3, x_4 \geqslant 0. \end{aligned}$$

用单纯形方法解子规划，可知无界. S_2 的一个极方向 $\boldsymbol{d}^{(1)}=\begin{bmatrix}5\\1\end{bmatrix}$. 在主规划中，对应于 μ_1 的判别数 $(\boldsymbol{wA}_2-\boldsymbol{c}_2)\boldsymbol{d}^{(1)}=(1,-1)\begin{bmatrix}5\\1\end{bmatrix}=4$，$\mu_1$ 进基，主列

$$\boldsymbol{y}=\boldsymbol{B}^{-1}\begin{bmatrix}\boldsymbol{A}_2\boldsymbol{d}^{(1)}\\0\\0\end{bmatrix}=\begin{bmatrix}1 & -4 & 0\\0 & 1 & 0\\0 & 0 & 1\end{bmatrix}\begin{bmatrix}21\\0\\0\end{bmatrix}=\begin{bmatrix}21\\0\\0\end{bmatrix}.$$

用表格形式计算如下：

					μ_1
	0	−8	0	−8	4
v	1	−4	0	16	(21)
λ_{12}	0	1	0	1	0
λ_{21}	0	0	1	1	0

	$-\frac{4}{21}$	$-\frac{152}{21}$	0	$-\frac{232}{21}$
μ_1	$\frac{1}{21}$	$-\frac{4}{21}$	0	$\frac{16}{21}$
λ_{12}	0	1	0	1
λ_{21}	0	0	1	1

第 3 次迭代：

解子规则

$$\begin{aligned}\max\quad & (w\boldsymbol{A}_1-\boldsymbol{c}_1)\boldsymbol{x}_1+\alpha_1\\ \text{s. t.}\quad & \boldsymbol{x}_1\in S_1,\end{aligned}$$

即

$$\begin{aligned}\max\quad & \frac{38}{21}x_1-\frac{92}{21}x_2-\frac{152}{21}\\ \text{s. t.}\quad & -x_1+x_2\leqslant 3,\\ & x_1\qquad\leqslant 4,\\ & x_1,x_2\geqslant 0.\end{aligned}$$

子规划的最优解 $\boldsymbol{x}_1^{(3)}=\begin{bmatrix}x_1\\ x_2\end{bmatrix}=\begin{bmatrix}4\\ 0\end{bmatrix}=\boldsymbol{x}_1^{(2)}$，最优值 $z_1=0$.

再解子规划：

$$\begin{aligned}\max\quad & (w\boldsymbol{A}_2-\boldsymbol{c}_2)\boldsymbol{x}_2+\alpha_2\\ \text{s. t.}\quad & \boldsymbol{x}_2\in S_2,\end{aligned}$$

即

$$\begin{aligned}\max\quad & \frac{5}{21}x_3-\frac{25}{21}x_4\\ \text{s. t.}\quad & x_3-5x_4\leqslant 5,\\ & -x_3+2x_4\leqslant 2,\\ & x_3,x_4\geqslant 0.\end{aligned}$$

子规划最优解 $\boldsymbol{x}_2^{(2)}=\begin{bmatrix}x_3\\ x_4\end{bmatrix}=\begin{bmatrix}5\\ 0\end{bmatrix}$，最优值 $z_2=\dfrac{25}{21}$.

主规划中，对应 λ_{22} 的判别数为$\dfrac{25}{21}$，主列

$$\boldsymbol{y}=\boldsymbol{B}^{-1}\begin{bmatrix}\boldsymbol{A}_2\boldsymbol{x}_2^{(2)}\\ 0\\ 1\end{bmatrix}=\begin{bmatrix}\frac{1}{21} & -\frac{4}{21} & 0\\ 0 & 1 & 0\\ 0 & 0 & 1\end{bmatrix}\begin{bmatrix}20\\ 0\\ 1\end{bmatrix}=\begin{bmatrix}\frac{20}{21}\\ 0\\ 1\end{bmatrix}.$$

用表格形式计算如下：

					λ_{22}
	$-\frac{4}{21}$	$-\frac{152}{21}$	0	$-\frac{232}{21}$	$\frac{25}{21}$
μ_1	$\frac{1}{21}$	$-\frac{4}{21}$	0	$\frac{16}{21}$	$\frac{20}{21}$ (circled)
λ_{12}	0	1	0	1	0
λ_{21}	0	0	1	1	1

	$-\frac{1}{4}$	-7	0	-12
λ_{22}	$\frac{1}{20}$	$-\frac{4}{20}$	0	$\frac{16}{20}$
λ_{12}	0	1	0	1
λ_{21}	$-\frac{1}{20}$	$\frac{4}{20}$	1	$\frac{4}{20}$

第 4 次迭代：

解子规划：

$$\begin{aligned} \max \quad & (w\boldsymbol{A}_1 - \boldsymbol{c}_1)\boldsymbol{x}_1 + \alpha_1 \\ \text{s.t.} \quad & \boldsymbol{x}_1 \in S_1, \end{aligned}$$

即

$$\begin{aligned} \max \quad & \frac{7}{4}x_1 - \frac{9}{2}x_2 - 7 \\ \text{s.t.} \quad & -x_1 + x_2 \leqslant 3, \\ & x_1 \leqslant 4, \\ & x_1, x_2 \geqslant 0. \end{aligned}$$

子规划最优解 $\boldsymbol{x}_1^{(4)} = \begin{bmatrix} x_1 \\ x_2 \end{bmatrix} = \begin{bmatrix} 4 \\ 0 \end{bmatrix} = \boldsymbol{x}_1^{(2)}$，最优值 $z_1 = 0$.

解子规划：

$$\begin{aligned} \max \quad & (w\boldsymbol{A}_2 - \boldsymbol{c}_2)\boldsymbol{x}_2 + \alpha_2 \\ \text{s.t.} \quad & \boldsymbol{x}_2 \in S_2, \end{aligned}$$

即

$$\begin{aligned} \max \quad & -\frac{5}{4}x_4 \\ \text{s.t.} \quad & x_3 - 5x_4 \leqslant 5, \\ & -x_3 + 2x_4 \leqslant 2, \\ & x_3, x_4 \geqslant 0. \end{aligned}$$

子规划最优解 $\boldsymbol{x}_2^{(3)}=\begin{bmatrix}x_3\\x_4\end{bmatrix}=\begin{bmatrix}5\\0\end{bmatrix}=\boldsymbol{x}_2^{(2)}$，最优值 $z_2=0$.

主规划对应各变量的判别数均小于或等于0，因此达到最优. 主规划的最优解是 $\lambda_{12}=1$，$\lambda_{21}=\dfrac{4}{20}$，$\lambda_{22}=\dfrac{16}{20}$，其余变量均为非基变量，取值为0.

原来问题最优解

$$\begin{bmatrix}x_1\\x_2\\x_3\\x_4\end{bmatrix}=\begin{bmatrix}\lambda_{12}\boldsymbol{x}_1^{(2)}\\\lambda_{21}\boldsymbol{x}_2^{(1)}+\lambda_{22}\boldsymbol{x}_2^{(2)}\end{bmatrix}=\begin{bmatrix}4\\0\\4\\0\end{bmatrix},\quad \text{最优值 } f_{\min}=-12.$$

(5) 线性规划写成下列形式：

$$\begin{aligned}\min\quad & \boldsymbol{c}_1\boldsymbol{x}_1+\boldsymbol{c}_2\boldsymbol{x}_2\\ \text{s. t.}\quad & \boldsymbol{A}_1\boldsymbol{x}_1+\boldsymbol{A}_2\boldsymbol{x}_2\leqslant b\\ & \boldsymbol{x}_1\in S_1,\\ & \boldsymbol{x}_2\in S_2,\end{aligned}$$

其中 $\boldsymbol{x}_1=\begin{bmatrix}x_1\\x_2\end{bmatrix}$，$\boldsymbol{x}_2=\begin{bmatrix}x_3\\x_4\end{bmatrix}$，$\boldsymbol{c}_1=[-1,-8]$，$\boldsymbol{c}_2=[-5,-6]$，$\boldsymbol{A}_1=[1,4]$，$\boldsymbol{A}_2=[5,2]$，$b=7$.

$$S_1=\left\{\boldsymbol{x}_1\,\middle|\,\begin{aligned}2x_1+3x_2&\leqslant 6\\5x_1+x_2&\leqslant 5\\x_1,x_2&\geqslant 0\end{aligned}\right\},\quad S_2=\left\{\boldsymbol{x}_2\,\middle|\,\begin{aligned}3x_3+4x_4&\geqslant 12\\x_3&\leqslant 4\\x_4&\leqslant 3\\x_3,x_4&\geqslant 0\end{aligned}\right\}.$$

S_1 和 S_2 均为有界集. 设 S_1 有 t_1 个极点：$\boldsymbol{x}_1^{(1)},\boldsymbol{x}_1^{(2)},\cdots,\boldsymbol{x}_1^{(t_1)}$，$S_2$ 有 t_2 个极点：$\boldsymbol{x}_2^{(1)},\boldsymbol{x}_2^{(2)},\cdots,\boldsymbol{x}_2^{(t_2)}$. 主规划写成

$$\begin{aligned}\min\quad & \sum_{j=1}^{t_1}(\boldsymbol{c}_1\boldsymbol{x}_1^{(j)})\lambda_{1j}+\sum_{j=1}^{t_2}(\boldsymbol{c}_2\boldsymbol{x}_2^{(j)})\lambda_{2j}\\ \text{s. t.}\quad & \sum_{j=1}^{t_1}(\boldsymbol{A}_1\boldsymbol{x}_1^{(j)})\lambda_{1j}+\sum_{j=1}^{t_2}(\boldsymbol{A}_2\boldsymbol{x}_2^{(j)})\lambda_{2j}+v=b,\\ & \sum_{j=1}^{t_1}\lambda_{1j}=1,\\ & \sum_{j=1}^{t_2}\lambda_{2j}=1,\\ & \lambda_{1j}\geqslant 0,\ j=1,2,\cdots,t_1,\\ & \lambda_{2j}\geqslant 0,\ j=1,2,\cdots,t_2,\ v\geqslant 0.\end{aligned}$$

下面用修正单纯形方法解主规划.

先给定初始基. 取 S_1 的一个极点 $\boldsymbol{x}_1^{(1)}=\begin{bmatrix}x_1\\x_2\end{bmatrix}=\begin{bmatrix}0\\0\end{bmatrix}$, S_2 的一个极点 $\boldsymbol{x}_2^{(1)}=\begin{bmatrix}x_3\\x_4\end{bmatrix}=\begin{bmatrix}0\\0\end{bmatrix}$, 初始基变量为 $v,\lambda_{11},\lambda_{21}$. 构造初表:

	0	0	0	0
v	1	0	0	7
λ_{11}	0	1	0	1
λ_{21}	0	0	1	1

第 1 次迭代:

解子规划:

$$\begin{aligned}\max\quad & (w\boldsymbol{A}_1-\boldsymbol{c}_1)\boldsymbol{x}_1+\alpha_1\\ \text{s.t.}\quad & \boldsymbol{x}_1\in S_1,\end{aligned}$$

即

$$\begin{aligned}\max\quad & x_1+8x_2\\ \text{s.t.}\quad & 2x_1+3x_2\leqslant 6,\\ & 5x_1+x_2\leqslant 5,\\ & x_1,x_2\geqslant 0.\end{aligned}$$

子规划最优解 $\boldsymbol{x}_1^{(2)}=\begin{bmatrix}x_1\\x_2\end{bmatrix}=\begin{bmatrix}0\\2\end{bmatrix}$, 最优值 $z_1=16$. 可知主规划中对应 λ_{12} 的判别数为 16, λ_{12} 进基, 主列

$$\boldsymbol{y}=\boldsymbol{B}^{-1}\begin{bmatrix}\boldsymbol{A}_1\boldsymbol{x}_1^{(2)}\\1\\0\end{bmatrix}=\begin{bmatrix}8\\1\\0\end{bmatrix}.$$

用表格形式计算如下:

					λ_{12}
	0	0	0	0	16
v	1	0	0	7	(8)
λ_{11}	0	1	0	1	1
λ_{21}	0	0	1	1	0

	-2	0	0	-14
λ_{12}	$\frac{1}{8}$	0	0	$\frac{7}{8}$
λ_{11}	$-\frac{1}{8}$	1	0	$\frac{1}{8}$
λ_{21}	0	0	1	1

第 2 次迭代：

解子规划

$$\begin{aligned} \max \quad & (w\boldsymbol{A}_1 - \boldsymbol{c}_1)\boldsymbol{x}_1 + \alpha_1 \\ \text{s.t.} \quad & \boldsymbol{x}_1 \in S_1, \end{aligned}$$

即

$$\begin{aligned} \max \quad & -x_1 \\ \text{s.t.} \quad & 2x_1 + 3x_2 \leqslant 6, \\ & 5x_1 + x_2 \leqslant 5, \\ & x_1, x_2 \geqslant 0. \end{aligned}$$

子规划的最优解 $\boldsymbol{x}_1^{(2)} = \begin{bmatrix} 0 \\ 2 \end{bmatrix} = \boldsymbol{x}_1^{(1)}$，最优值 $z_1 = 0$. 即主规划中对应 λ_{1j} 的最大判别数为 0.

再解子规划

$$\begin{aligned} \max \quad & (w\boldsymbol{A}_2 - \boldsymbol{c}_2)\boldsymbol{x}_2 + \alpha_2 \\ \text{s.t.} \quad & \boldsymbol{x}_2 \in S_2, \end{aligned}$$

即

$$\begin{aligned} \max \quad & -5x_3 + 2x_4 \\ \text{s.t.} \quad & 3x_3 + 4x_4 \geqslant 12, \\ & x_3 \leqslant 4, \\ & x_4 \leqslant 3, \\ & x_3, x_4 \geqslant 0. \end{aligned}$$

用两阶段法求得子规划最优解 $\boldsymbol{x}_2^{(2)} = \begin{bmatrix} x_3 \\ x_4 \end{bmatrix} = \begin{bmatrix} 0 \\ 3 \end{bmatrix}$，最优值 $z_2 = 6$，即主规划中对应 λ_{22} 的判别数为 6，λ_{22} 进基，主列为

$$\boldsymbol{y} = \boldsymbol{B}^{-1} \begin{bmatrix} \boldsymbol{A}_2 \boldsymbol{x}_2^{(2)} \\ 0 \\ 1 \end{bmatrix} = \begin{bmatrix} \frac{1}{8} & 0 & 0 \\ -\frac{1}{8} & 1 & 0 \\ 0 & 0 & 1 \end{bmatrix} \begin{bmatrix} 6 \\ 0 \\ 1 \end{bmatrix} = \begin{bmatrix} \frac{3}{4} \\ -\frac{3}{4} \\ 1 \end{bmatrix}.$$

用表格形式计算如下：

					λ_{22}
	-2	0	0	-14	6
λ_{12}	$\frac{1}{8}$	0	0	$\frac{7}{8}$	$\frac{3}{4}$
λ_{11}	$-\frac{1}{8}$	1	0	$\frac{1}{8}$	$-\frac{3}{4}$
λ_{21}	0	0	1	1	①

	-2	0	-6	-20
λ_{12}	$\frac{1}{8}$	0	$-\frac{3}{4}$	$\frac{1}{8}$
λ_{11}	$-\frac{1}{8}$	1	$\frac{3}{4}$	$\frac{7}{8}$
λ_{22}	0	0	1	1

第 3 次迭代：

解子规划：

$$\begin{aligned} \max \quad & (w\boldsymbol{A}_1 - \boldsymbol{c}_1)\boldsymbol{x}_1 + \alpha_1 \\ \text{s. t.} \quad & \boldsymbol{x}_1 \in S_1, \end{aligned}$$

即

$$\begin{aligned} \max \quad & -x_1 \\ \text{s. t.} \quad & 2x_1 + 3x_2 \leqslant 6, \\ & 5x_1 + x_2 \leqslant 5, \\ & x_1, x_2 \geqslant 0. \end{aligned}$$

子规划最优解 $\boldsymbol{x}_1^{(3)} = \begin{bmatrix} x_1 \\ x_2 \end{bmatrix} = \begin{bmatrix} 0 \\ 2 \end{bmatrix} = \boldsymbol{x}_1^{(2)}$，最优值 $z_1 = 0$.

解子规划：

$$\begin{aligned} \max \quad & (w\boldsymbol{A}_2 - \boldsymbol{c}_2)\boldsymbol{x}_2 + \alpha_2 \\ \text{s. t.} \quad & \boldsymbol{x}_2 \in S_2, \end{aligned}$$

即

$$\begin{aligned} \max \quad & -5x_3 + 2x_4 - 6 \\ \text{s. t.} \quad & 3x_3 + 4x_4 \geqslant 12, \\ & x_3 \leqslant 4, \\ & x_4 \leqslant 3, \\ & x_3, x_4 \geqslant 0. \end{aligned}$$

子规划的最优解 $\boldsymbol{x}_2^{(3)}=\begin{bmatrix}x_3\\x_4\end{bmatrix}=\begin{bmatrix}0\\3\end{bmatrix}=\boldsymbol{x}_2^{(2)}$，最优值 $z_2=0$.

主规划已达到最优，最优解是：$\lambda_{11}=\frac{7}{8}$，$\lambda_{12}=\frac{1}{8}$，$\lambda_{22}=1$，其余变量均为非基变量，取值为 0.

原来问题最优解：

$$\begin{bmatrix}x_1\\x_2\\x_3\\x_4\end{bmatrix}=\begin{bmatrix}\boldsymbol{x}_1\\\boldsymbol{x}_2\end{bmatrix}=\begin{bmatrix}\lambda_{11}\boldsymbol{x}_1^{(1)}+\lambda_{12}\boldsymbol{x}_1^{(2)}\\\lambda_{22}\boldsymbol{x}_2^{(2)}\end{bmatrix}=\begin{bmatrix}0\\\frac{1}{4}\\0\\3\end{bmatrix},$$

最优值 $f_{\min}=-20$.

第4章

CHAPTER 4

对偶原理及灵敏度分析题解

1. 写出下列原问题的对偶问题：

(1)
$$\begin{aligned} \max \quad & 4x_1-3x_2+5x_3 \\ \text{s. t.} \quad & 3x_1+x_2+2x_3\leqslant 15, \\ & -x_1+2x_2-7x_3\geqslant 3, \\ & x_1+x_3=1, \\ & x_1,x_2,x_3\geqslant 0. \end{aligned}$$

(2)
$$\begin{aligned} \min \quad & -4x_1-5x_2-7x_3+x_4 \\ \text{s. t.} \quad & x_1+x_2+2x_3-x_4\geqslant 1, \\ & 2x_1-6x_2+3x_3+x_4\leqslant -3, \\ & x_1+4x_2+3x_3+2x_4=-5, \\ & x_1,x_2,x_4\geqslant 0. \end{aligned}$$

解 (1) 对偶问题如下：

$$\begin{aligned} \min \quad & 15w_1+3w_2+w_3 \\ \text{s. t.} \quad & 3w_1-w_2+w_3\geqslant 4, \\ & w_1+2w_2\geqslant -3, \\ & 2w_1-7w_2+w_3\geqslant 5, \\ & w_1\geqslant 0, \\ & w_2\leqslant 0. \end{aligned}$$

(2) 对偶问题如下：

$$\begin{aligned} \max \quad & w_1-3w_2-5w_3 \\ \text{s. t.} \quad & w_1+2w_2+w_3\leqslant -4, \\ & w_1-6w_2+4w_3\leqslant -5, \\ & 2w_1+3w_2+3w_3=-7, \\ & -w_1+w_2+2w_3\leqslant 1, \\ & w_1\geqslant 0, \\ & w_2\leqslant 0. \end{aligned}$$

2. 给定原问题

$$\begin{aligned}\min\quad & 4x_1+3x_2+x_3\\ \text{s.t.}\quad & x_1-x_2+x_3\geqslant 1,\\ & x_1+2x_2-3x_3\geqslant 2,\\ & x_1,x_2,x_3\geqslant 0.\end{aligned}$$

已知对偶问题的最优解$(w_1,w_2)=\left(\frac{5}{3},\frac{7}{3}\right)$,利用对偶性质求原问题的最优解.

解 对偶问题:

$$\begin{aligned}\max\quad & w_1+2w_2\\ \text{s.t.}\quad & w_1+w_2\leqslant 4,\\ & -w_1+2w_2\leqslant 3,\\ & w_1-3w_2\leqslant 1,\\ & w_1\geqslant 0,\\ & w_2\geqslant 0.\end{aligned}$$

由于对偶问题的最优解 $w_1=\frac{5}{3}>0, w_2=\frac{7}{3}>0$,因此原问题的前两个约束在最优解处是紧约束.又知对偶问题的第 3 个约束在最优解处是松约束,因此原问题在最优解处$x_3=0$.从而得下列线性方程组:

$$\begin{cases}x_1-x_2+x_3=1,\\ x_1+2x_2-3x_3=2,\\ x_3=0.\end{cases}$$

解得原问题的最优解 $x_1=\frac{4}{3}, x_2=\frac{1}{3}, x_3=0$,最优值为$\frac{19}{3}$.

3. 给定下列线性规划问题

$$\begin{aligned}\max\quad & 10x_1+7x_2+30x_3+2x_4\\ \text{s.t.}\quad & x_1-6x_3+x_4\leqslant -2,\\ & x_1+x_2+5x_3-x_4\leqslant -7,\\ & x_2,x_3,x_4\leqslant 0.\end{aligned}$$

(1) 写出上述原问题的对偶问题.

(2) 用图解法求对偶问题的最优解.

(3) 利用对偶问题的最优解及对偶性质求原问题的最优解和目标函数的最优值.

解 (1) 对偶问题如下:

$$\begin{aligned}\min\quad & -2w_1-7w_2\\ \text{s.t.}\quad & w_1+w_2=10,\\ & w_2\leqslant 7,\end{aligned}$$

$$-6w_1+5w_2\leqslant 30,$$
$$w_1\ \ -w_2\leqslant 2,$$
$$w_1,w_2\geqslant 0.$$

(2) 对偶问题的可行域是直线 $w_1+w_2=10$ 上的一线段,容易在坐标平面上画出,这里从略.对偶问题最优解$(w_1,w_2)=(3,7)$,最优值为-55.

(3) 由于对偶问题的最优解中,$w_1>0$,$w_2>0$,因此在原问题最优解处,有

$$\begin{cases}x_1 \qquad -6x_3+x_4=-2,\\ x_1+x_2+5x_3-x_4=-7.\end{cases}$$

由于对偶问题在点(3,7)处第3、4个约束是松约束,因此原问题中 $x_3=x_4=0$.代入方程组,得到原问题的最优解为 $x_1=-2$,$x_2=-5$,$x_3=x_4=0$,最优值为-55.

4. 给定线性规划问题

$$\begin{aligned}\min\quad & 5x_1+21x_3\\ \text{s.t.}\quad & x_1-x_2+6x_3\geqslant b_1,\\ & x_1+x_2+2x_3\geqslant 1,\\ & x_1,x_2,x_3\geqslant 0,\end{aligned}$$

其中 b_1 是某一个正数,已知这个问题的一个最优解为$(x_1,x_2,x_3)=\left(\frac{1}{2},0,\frac{1}{4}\right)$.

(1) 写出对偶问题.

(2) 求对偶问题的最优解.

解 (1) 对偶问题如下:

$$\begin{aligned}\max\quad & b_1w_1+w_2\\ \text{s.t.}\quad & w_1+w_2\leqslant 5,\\ & -w_1+w_2\leqslant 0,\\ & 6w_1+2w_2\leqslant 21,\\ & w_1,w_2\geqslant 0.\end{aligned}$$

(2) 利用互补松弛性质求对偶问题的最优解.由于原问题在最优解处 $x_1>0$,$x_3>0$,因此有

$$\begin{cases}w_1+w_2=5,\\ 6w_1+2w_2=21.\end{cases}$$

解得对偶问题的最优解:$w_1=\frac{11}{4}$,$w_2=\frac{9}{4}$,最优值为$\frac{31}{4}$.

5. 给定原始的线性规划问题

$$\begin{aligned}\min\quad & \boldsymbol{cx}\\ \text{s.t.}\quad & \boldsymbol{Ax}=\boldsymbol{b},\\ & \boldsymbol{x}\geqslant\boldsymbol{0}.\end{aligned}$$

假设这个问题与其对偶问题是可行的. 令 $\boldsymbol{w}^{(0)}$ 是对偶问题的一个已知的最优解.

(1) 若用 $\mu\neq 0$ 乘原问题的第 k 个方程,得到一个新的原问题,试求其对偶问题的最优解.

(2) 若将原问题第 k 个方程的 μ 倍加到第 r 个方程上,得到新的原问题,试求其对偶问题的最优解.

解 不妨设 $\boldsymbol{A}$ 是 $m\times n$ 矩阵,并记 $\boldsymbol{A}=\begin{bmatrix}\boldsymbol{A}_1\\ \boldsymbol{A}_2\\ \vdots\\ \boldsymbol{A}_m\end{bmatrix}$, $\boldsymbol{b}=\begin{bmatrix}b_1\\ b_2\\ \vdots\\ b_m\end{bmatrix}$,

于是原问题可写作

$$\begin{aligned}\min\quad & \boldsymbol{cx}\\ \text{s. t.}\quad & \boldsymbol{A}_i\boldsymbol{x}=b_i,\quad i=1,2,\cdots,m,\\ & \boldsymbol{x}\geqslant\boldsymbol{0}.\end{aligned}\tag{1}$$

其对偶问题可写作

$$\begin{aligned}\max\quad & \sum_{i=1}^{m}b_iw_i\\ \text{s. t.}\quad & \sum_{i=1}^{m}w_i\boldsymbol{A}_i\leqslant\boldsymbol{c}.\end{aligned}\tag{2}$$

(1) 用 $\mu\neq 0$ 乘(1)式中第 k 个方程后,对偶问题为

$$\begin{aligned}\max\quad & b_1w_1+b_2w_2+\cdots+\mu b_kw_k+\cdots+b_mw_m\\ \text{s. t.}\quad & w_1\boldsymbol{A}_1+\cdots+\mu w_k\boldsymbol{A}_k+\cdots+w_m\boldsymbol{A}_m\leqslant\boldsymbol{c}.\end{aligned}$$

显然,$\boldsymbol{w}=(w_1^{(0)},\cdots,\frac{1}{\mu}w_k^{(0)},\cdots,w_m^{(0)})$是对偶问题的可行解,且对偶目标函数值等于原问题的最优值,因此是对偶问题的最优解.

(2) 变化后的原问题为

$$\begin{aligned}\min\quad & \boldsymbol{cx}\\ \text{s. t.}\quad & \boldsymbol{A}_1\boldsymbol{x}=b_1,\\ & \vdots\\ & \boldsymbol{A}_k\boldsymbol{x}=b_k,\\ & \vdots\\ & (\boldsymbol{A}_r+\mu\boldsymbol{A}_k)\boldsymbol{x}=b_r+\mu b_k,\\ & \vdots\\ & \boldsymbol{A}_m\boldsymbol{x}=b_m,\\ & \boldsymbol{x}\geqslant\boldsymbol{0}.\end{aligned}$$

其对偶问题是：

$$\begin{aligned}\max \quad & b_1w_1+\cdots+b_kw_k+\cdots+(b_r+\mu b_k)w_r+\cdots+b_mw_m\\ \text{s.t.}\quad & w_1\boldsymbol{A}_1+\cdots+w_k\boldsymbol{A}_k+\cdots+w_r(\boldsymbol{A}_r+\mu\boldsymbol{A}_k)+\cdots+w_m\boldsymbol{A}_m\leqslant \boldsymbol{c}.\end{aligned}$$

显然，$\boldsymbol{w}=(w_1^{(0)},\cdots,w_k^{(0)}-\mu w_r^{(0)},\cdots,w_r^{(0)},\cdots,w_m^{(0)})$是可行解，且在此点处对偶问题的目标函数值等于原问题的最优值，因此是对偶问题的最优解.

6. 考虑线性规划问题

$$\begin{aligned}\min\quad & \boldsymbol{cx}\\ \text{s.t.}\quad & \boldsymbol{Ax}=\boldsymbol{b},\\ & \boldsymbol{x}\geqslant\boldsymbol{0},\end{aligned}$$

其中 $\boldsymbol{A}$ 是 m 阶对称矩阵，$\boldsymbol{c}^{\mathrm{T}}=\boldsymbol{b}$. 证明若 $\boldsymbol{x}^{(0)}$ 是上述问题的可行解，则它也是最优解.

证 对偶问题是

$$\begin{aligned}\max\quad & \boldsymbol{wb}\\ \text{s.t.}\quad & \boldsymbol{wA}\leqslant\boldsymbol{c}.\end{aligned}$$

显然，$\boldsymbol{w}=\boldsymbol{x}^{(0)\mathrm{T}}$ 是对偶问题的可行解，且在此点处对偶问题的目标函数值等于原问题在 $\boldsymbol{x}^{(0)}$ 点处的函数值. 因此 $\boldsymbol{x}^{(0)}$ 是最优解.

7. 用对偶单纯形法解下列问题：

(1)
$$\begin{aligned}\min\quad & 4x_1+6x_2+18x_3\\ \text{s.t.}\quad & x_1\quad +3x_3\geqslant 3,\\ & x_2+2x_3\geqslant 5,\\ & x_1,x_2,x_3\geqslant 0.\end{aligned}$$

(2)
$$\begin{aligned}\max\quad & -3x_1-2x_2-4x_3-8x_4\\ \text{s.t.}\quad & -2x_1+5x_2+3x_3-5x_4\leqslant 3,\\ & x_1+2x_2+5x_3+6x_4\geqslant 8,\\ & x_j\geqslant 0,\quad j=1,2,3,4.\end{aligned}$$

(3)
$$\begin{aligned}\max\quad & x_1+x_2\\ \text{s.t.}\quad & x_1-x_2\quad -x_3=1,\\ & -x_1+x_2+2x_3\geqslant 1,\\ & x_1,x_2,x_3\geqslant 0.\end{aligned}$$

(4)
$$\begin{aligned}\max\quad & -4x_1+3x_2\\ \text{s.t.}\quad & 4x_1+3x_2+x_3-x_4=32,\\ & 2x_1\quad +x_2-x_3-x_4=14,\\ & x_j\geqslant 0,\quad j=1,2,3,4.\end{aligned}$$

(5)
$$\begin{aligned}\min\quad & 4x_1+3x_2+5x_3+x_4+2x_5\\ \text{s.t.}\quad & -x_1+2x_2-2x_3+3x_4-3x_5+x_6\quad +x_8=1,\\ & x_1\quad +x_2-3x_3+2x_4-2x_5\quad +x_8=4,\\ & -2x_3+3x_4-3x_5\quad +x_7+x_8=2,\\ & x_j\geqslant 0,\quad j=1,2,\cdots,8.\end{aligned}$$

解 (1) 引进松弛变量 x_4,x_5，化成标准形式，并给定初始对偶可行的基本解：

$$\begin{aligned}\min\quad & 4x_1+6x_2+18x_3\\ \text{s.t.}\quad & -x_1\quad -3x_3+x_4\quad =-3,\\ & -x_2-2x_3\quad +x_5=-5,\\ & x_j\geqslant 0,\quad j=1,2,\cdots,5.\end{aligned}$$

用表格形式计算如下：

	x_1	x_2	x_3	x_4	x_5	
x_4	-1	0	-3	1	0	-3
x_5	0	(-1)	-2	0	1	-5
	-4	-6	-18	0	0	0
x_4	-1	0	(-3)	1	0	-3
x_2	0	1	2	0	-1	5
	-4	0	-6	0	-6	30
x_3	$\frac{1}{3}$	0	1	$-\frac{1}{3}$	0	1
x_2	$-\frac{2}{3}$	1	0	$\frac{2}{3}$	-1	3
	-2	0	0	-2	-6	36

最优解$(x_1,x_2,x_3)=(0,3,1)$，最优值 $f_{\min}=36$.

(2) 引进松弛变量 x_5,x_6，给定初始对偶可行的基本解. 问题化成

$$
\begin{aligned}
\max\quad & -3x_1-2x_2-4x_3-8x_4\\
\text{s.t.}\quad & -2x_1+5x_2+3x_3-5x_4+x_5=3,\\
& -x_1-2x_2-5x_3-6x_4+x_6=-8,\\
& x_j\geqslant 0,\quad j=1,2,\cdots,6.
\end{aligned}
$$

用表格形式计算如下：

	x_1	x_2	x_3	x_4	x_5	x_6	
x_5	-2	5	3	-5	1	0	3
x_6	-1	-2	(-5)	-6	0	1	-8
	3	2	4	8	0	0	0
x_5	$-\frac{13}{5}$	$\frac{19}{5}$	0	$\left(-\frac{43}{5}\right)$	1	$\frac{3}{5}$	$-\frac{9}{5}$
x_3	$\frac{1}{5}$	$\frac{2}{5}$	1	$\frac{6}{5}$	0	$-\frac{1}{5}$	$\frac{8}{5}$
	$\frac{11}{5}$	$\frac{2}{5}$	0	$\frac{16}{5}$	0	$\frac{4}{5}$	$-\frac{32}{5}$

	x_1	x_2	x_3	x_4	x_5	x_6	
x_4	$\frac{13}{43}$	$-\frac{19}{43}$	0	1	$-\frac{5}{43}$	$-\frac{3}{43}$	$\frac{9}{43}$
x_3	$\frac{7}{43}$	$\frac{40}{43}$	1	0	$\frac{6}{43}$	$-\frac{5}{43}$	$\frac{58}{43}$
	$\frac{53}{43}$	$\frac{78}{43}$	0	0	$\frac{16}{43}$	$\frac{44}{43}$	$-\frac{304}{43}$

最优解$(x_1,x_2,x_3,x_4)=\left(0,0,\frac{58}{43},\frac{9}{43}\right)$,最优值 $f_{\max}=-\frac{304}{43}$.

(3) 先给定一个基本解,为此将线性规划化作

$$
\begin{aligned}
\max\quad & x_1+x_2 \\
\text{s.t.}\quad & x_1-x_2-x_3=1, \\
& -x_3+x_4=-2, \\
& x_j\geqslant 0,\quad j=1,2,3,4.
\end{aligned}
$$

构造扩充问题:

$$
\begin{aligned}
\max\quad & x_1+x_2 \\
\text{s.t.}\quad & x_1-x_2-x_3=1, \\
& -x_3+x_4=-2, \\
& x_2+x_3+x_5=M, \\
& x_j\geqslant 0,\quad j=1,2,\cdots,5.
\end{aligned}
$$

其中 $M>0$,很大.

用表格形式求解扩充问题:

	x_1	x_2	x_3	x_4	x_5	
x_1	1	-1	-1	0	0	1
x_4	0	0	-1	1	0	-2
x_5	0	(1)	1	0	1	M
	0	-2	-1	0	0	1

	x_1	x_2	x_3	x_4	x_5	
x_1	1	0	0	0	1	$M+1$
x_4	0	0	(-1)	1	0	-2
x_2	0	1	1	0	1	M
	0	0	1	0	2	$2M+1$

	x_1	x_2	x_3	x_4	x_5	
x_1	1	0	0	0	1	$M+1$
x_3	0	0	1	-1	0	2
x_2	0	1	0	1	1	$M-2$
	0	0	0	1	2	$2M-1$

扩充问题的最优解是$(M+1,M-2,2,0,0)$,最优值为 $2M-1$. 显然,原来线性规划无上界.

(4) 先给出一个基本解,为此将线性规划写作:

$$\begin{aligned}
\max\quad & -4x_1+3x_2 \\
\text{s. t.}\quad & x_1+x_2+x_3=9, \\
& -3x_1-2x_2+x_4=-23, \\
& x_j\geqslant 0,\quad j=1,2,3,4.
\end{aligned}$$

构造扩充问题:

$$\begin{aligned}
\max\quad & -4x_1+3x_2 \\
\text{s. t.}\quad & x_1+x_2+x_3=9, \\
& -3x_1-2x_2+x_4=-23, \\
& x_1+x_2+x_5=M, \\
& x_j\geqslant 0,\quad j=1,2,\cdots,5.
\end{aligned}$$

其中 $M>0$,很大.

用表格形式求解过程如下:

	x_1	x_2	x_3	x_4	x_5	
x_3	1	1	1	0	0	9
x_4	-3	-2	0	1	0	-23
x_5	1	(1)	0	0	1	M
	4	-3	0	0	0	0

	x_1	x_2	x_3	x_4	x_5	
x_3	0	0	1	0	(-1)	$9-M$
x_4	-1	0	0	1	2	$2M-23$
x_2	1	1	0	0	1	M
	7	0	0	0	3	$3M$

	x_1	x_2	x_3	x_4	x_5	
x_5	0	0	-1	0	1	$M-9$
x_4	(-1)	0	2	1	0	-5
x_2	1	1	1	0	0	9
	7	0	3	0	0	27

	x_1	x_2	x_3	x_4	x_5	
x_5	0	0	-1	0	1	$M-9$
x_1	1	0	-2	-1	0	5
x_2	0	1	3	1	0	4
	0	0	17	7	0	-8

扩充问题的最优解为$(x_1,x_2,x_3,x_4,x_5)=(5,4,0,0,M-9)$，最优值为$-8$.

原来问题的最优解：$(x_1,x_2,x_3,x_4)=(5,4,0,0)$，最优值 $f_{\max}=-8$.

(5) 先求一个基本解，将线性规划化成

$$
\begin{aligned}
\min\quad & 4x_1+3x_2+5x_3+x_4+2x_5 \\
\text{s. t.}\quad & -2x_1+x_2+x_3+x_4-x_5+x_6=-3, \\
& x_1+x_2-3x_3+2x_4-2x_5+x_8=4, \\
& -x_1-x_2+x_3+x_4-x_5+x_7=-2, \\
& x_j\geqslant 0,\quad j=1,2,\cdots,8.
\end{aligned}
$$

用表格形式求解如下：

	x_1	x_2	x_3	x_4	x_5	x_6	x_7	x_8	
x_6	-2	1	1	1	(-1)	1	0	0	-3
x_8	1	1	-3	2	-2	0	0	1	4
x_7	-1	-1	1	1	-1	0	1	0	-2
	-4	-3	-5	-1	-2	0	0	0	0

	x_1	x_2	x_3	x_4	x_5	x_6	x_7	x_8	
x_5	2	-1	-1	-1	1	-1	0	0	3
x_8	5	-1	-5	0	0	-2	0	1	10
x_7	1	-2	0	0	0	-1	1	0	1
	0	-5	-7	-3	0	-2	0	0	6

最优解为$(x_1,x_2,x_3,x_4,x_5,x_6,x_7,x_8)=(0,0,0,0,3,0,1,10)$，最优解 $f_{\min}=6$.

8. 用原始-对偶算法解下列问题：

(1)
$$\begin{aligned}\max\quad & -x_1-3x_2-7x_3-4x_4-6x_5\\ \text{s. t.}\quad & -5x_1+2x_2+6x_3-x_4+x_5-x_6=6,\\ & 2x_1+x_2+x_3+x_4+2x_5-x_7=3,\\ & x_j\geqslant 0,\quad j=1,2,\cdots,7.\end{aligned}$$

(2)
$$\begin{aligned}\min\quad & 5x_1+2x_2+3x_3+7x_4+9x_5+x_6\\ \text{s. t.}\quad & x_1+x_2+x_3=15,\\ & x_4+x_5+x_6=8,\\ & x_1+x_3+x_5=12,\\ & x_j\geqslant 0,\quad j=1,2,\cdots,6.\end{aligned}$$

解 (1) 对偶问题是

$$\begin{aligned}\min\quad & 6w_1+3w_2\\ \text{s. t.}\quad & -5w_1+2w_2\geqslant -1,\\ & 2w_1+w_2\geqslant -3,\\ & 6w_1+w_2\geqslant -7,\\ & -w_1+w_2\geqslant -4,\\ & w_1+2w_2\geqslant -6,\\ & -w_1\geqslant 0,\\ & -w_2\geqslant 0.\end{aligned}$$

显然，$\boldsymbol{w}^{(0)}=(0,0)$是对偶问题的一个可行解. 在 $\boldsymbol{w}^{(0)}$ 起作用的约束指标集为 $Q=\{6,7\}$.

一阶段问题为

$$\begin{aligned}\min\quad & y_1+y_2\\ \text{s. t.}\quad & -5x_1+2x_2+6x_3-x_4+x_5-x_6+y_1=6,\\ & 2x_1+x_2+x_3+x_4+2x_5-x_7+y_2=3,\end{aligned}$$

$$x_j \geqslant 0, \quad j=1,2,\cdots,7,$$
$$y_1 \geqslant 0, \quad y_2 \geqslant 0.$$

列表如下：

	x_1	x_2	x_3	x_4	x_5	$\overset{\triangle}{x_6}$	$\overset{\triangle}{x_7}$	$\overset{\triangle}{y_1}$	$\overset{\triangle}{y_2}$	
y_1	-5	2	6	-1	1	-1	0	1	0	6
y_2	2	1	1	1	2	0	-1	0	1	3
	-3	3	7	0	3	-1	-1	0	0	9
	1	3	7	4	6	0	0			0

表的最后一行是在 $\boldsymbol{w}^{(0)}=(0,0)$ 处对偶约束函数值 $\boldsymbol{w}^{(0)}\boldsymbol{p}_j-c_j(j=1,2,\cdots,7)$ 及对偶目标函数值 0. 表格上端用符号"△"标出限定原始问题包含的变量.

限定原始问题已经达到最优，最优值 $9>0$. 修改对偶问题的可行解，令

$$\theta=\max\left\{\frac{-(\boldsymbol{w}^{(0)}\boldsymbol{p}_j-c_j)}{\boldsymbol{v}^{(0)}\boldsymbol{p}_j}\,\middle|\,\boldsymbol{v}^{(0)}\boldsymbol{p}_j>0\right\}=\max\left\{\frac{-3}{3},\frac{-7}{7},\frac{-6}{3}\right\}=-1,$$

把第 3 行的 θ 倍加到第 4 行. 然后，解新的限定原始问题：

	x_1	$\overset{\triangle}{x_2}$	$\overset{\triangle}{x_3}$	x_4	x_5	x_6	x_7	$\overset{\triangle}{y_1}$	$\overset{\triangle}{y_2}$	
y_1	-5	2	(6)	-1	1	-1	0	1	0	6
y_2	2	1	1	1	2	0	-1	0	1	3
	-3	3	7	0	3	-1	-1	0	0	9
	4	0	0	4	3	1	1			-9

	x_1	$\overset{\triangle}{x_2}$	$\overset{\triangle}{x_3}$	x_4	x_5	x_6	x_7	$\overset{\triangle}{y_1}$	$\overset{\triangle}{y_2}$	
x_3	$-\frac{5}{6}$	$\frac{1}{3}$	1	$-\frac{1}{6}$	$\frac{1}{6}$	$-\frac{1}{6}$	0	$\frac{1}{6}$	0	1
y_2	$\frac{17}{6}$	($\frac{2}{3}$)	0	$\frac{7}{6}$	$\frac{11}{6}$	$\frac{1}{6}$	-1	$-\frac{1}{6}$	1	2
	$\frac{17}{6}$	$\frac{2}{3}$	0	$\frac{7}{6}$	$\frac{11}{6}$	$\frac{1}{6}$	-1	$-\frac{7}{6}$	0	2
	4	0	0	4	3	1	1			-9

	x_1	$\overset{\triangle}{x_2}$	$\overset{\triangle}{x_3}$	x_4	x_5	x_6	x_7	$\overset{\triangle}{y_1}$	$\overset{\triangle}{y_2}$	
x_3	$-\frac{9}{4}$	0	1	$-\frac{3}{4}$	$-\frac{3}{4}$	$-\frac{1}{4}$	$\frac{1}{2}$	$\frac{1}{4}$	$-\frac{1}{2}$	0
x_2	$\frac{17}{4}$	1	0	$\frac{7}{4}$	$\frac{11}{4}$	$\frac{1}{4}$	$-\frac{3}{2}$	$-\frac{1}{4}$	$\frac{3}{2}$	3
	0	0	0	0	0	0	0	-1	-1	0
	4	0	0	4	3	1	1			-9

原问题的最优解和最优值如下：

$$(x_1,x_2,x_3,x_4,x_5,x_6,x_7)=(0,3,0,0,0,0,0),\quad f_{\max}=-9.$$

（2）对偶问题：

$$\begin{aligned}
\max\quad & 15w_1+8w_2+12w_3\\
\text{s.t.}\quad & w_1 \qquad +w_3\leqslant 5,\\
& w_1 \qquad\qquad \leqslant 2,\\
& w_1 \qquad +w_3\leqslant 3,\\
& \quad w_2 \qquad \leqslant 7,\\
& \quad w_2+w_3\leqslant 9,\\
& \quad w_2 \qquad \leqslant 1.
\end{aligned}$$

取对偶问题的一个可行解，令$(w_1,w_2,w_3)=(1,1,1)$，对偶问题起作用约束指标集 $Q=\{6\}$.

一阶段问题：

$$\begin{aligned}
\min\quad & y_1+y_2+y_3\\
\text{s.t.}\quad & x_1+x_2+x_3 \qquad\qquad +y_1 \qquad\qquad =15,\\
& \qquad\qquad x_4+x_5+x_6 \qquad +y_2 \qquad =8,\\
& x_1 \qquad +x_3 \quad +x_5 \qquad\qquad\qquad +y_3=12,\\
& x_j\geqslant 0,\quad j=1,2,\cdots,6,\\
& y_1,y_2,y_3\geqslant 0.
\end{aligned}$$

下面用表格形式求解. 顶上有标识符号“△”的变量属于限定原始问题. 表中最后一行是对偶约束函数值 $\boldsymbol{wp}_j-c_j$ 和对偶目标函数值 $\boldsymbol{wb}$. 求解过程如下：

	x_1	x_2	x_3	x_4	x_5	$\hat{x}_6$	$\hat{y}_1$	$\hat{y}_2$	$\hat{y}_3$	
y_1	1	1	1	0	0	0	1	0	0	15
y_2	0	0	0	1	1	①	0	1	0	8
y_3	1	0	1	0	1	0	0	0	1	12
	2	1	2	1	2	1	0	0	0	35
	-3	-1	-1	-6	-7	0				35
y_1	1	1	1	0	0	0	1	0	0	15
x_6	0	0	0	1	1	1	0	1	0	8
y_3	1	0	1	0	1	0	0	0	1	12
	2	1	2	0	1	0	0	-1	0	27
	-3	-1	-1	-6	-7	0				35

限定原始问题已达到最优解. 求最小比值 θ:

$$\theta = \min\left\{\frac{-(-3)}{2}, \frac{-(-1)}{1}, \frac{-(-1)}{2}, \frac{-(-7)}{1}\right\} = \frac{1}{2}.$$

修改对偶问题的可行解, 然后解限定原始问题:

	x_1	x_2	$\hat{x}_3$	x_4	x_5	$\hat{x}_6$	$\hat{y}_1$	$\hat{y}_2$	$\hat{y}_3$	
y_1	1	1	1	0	0	0	1	0	0	15
x_6	0	0	0	1	1	1	0	1	0	8
y_3	1	0	①	0	1	0	0	0	1	12
	2	1	2	0	1	0	0	-1	0	27
	-2	$-\frac{1}{2}$	0	-6	$-\frac{13}{2}$	0				$\frac{97}{2}$
y_1	0	1	0	0	-1	0	1	0	-1	3
x_6	0	0	0	1	1	1	0	1	0	8
x_3	1	0	1	0	1	0	0	0	1	12
	0	1	0	0	-1	0	0	-1	-2	3
	-2	$-\frac{1}{2}$	0	-6	$-\frac{13}{2}$	0				$\frac{97}{2}$

限定原始问题达到最优, 计算 θ:

$$\theta=\min\left\{\frac{-\left(-\frac{1}{2}\right)}{1}\right\}=\frac{1}{2}.$$

修改对偶问题的可行解，继续解限定原始问题：

	x_1	$\hat{x}_2$	$\hat{x}_3$	x_4	x_5	$\hat{x}_6$	$\hat{y}_1$	$\hat{y}_2$	$\hat{y}_3$	
y_1	0	(1)	0	0	−1	0	1	0	−1	3
x_6	0	0	0	1	1	1	0	1	0	8
x_3	1	0	1	0	1	0	0	0	1	12
	0	1	0	0	−1	0	0	−1	−2	3
	−2	0	0	−6	−7	0				50
x_2	0	1	0	0	−1	0	1	0	−1	3
x_6	0	0	0	1	1	1	0	1	0	8
x_3	1	0	1	0	1	0	0	0	1	12
	0	0	0	0	0	0	−1	−1	−1	0
	−2	0	0	−6	−7	0				50

原问题最优解和最优值如下：

$$(x_1,x_2,x_3,x_4,x_5,x_6)=(0,3,12,0,0,8),\quad f_{\min}=50.$$

9. 给定下列线性规划问题：

$$\begin{aligned}\min\quad & -2x_1-x_2+x_3\\ \text{s. t.}\quad & x_1+x_2+2x_3\leqslant 6,\\ & x_1+4x_2-x_3\leqslant 4,\\ & x_1,x_2,x_3\geqslant 0.\end{aligned}$$

它的最优单纯形表如下表：

	x_1	x_2	x_3	x_4	x_5	
x_3	0	−1	1	$\frac{1}{3}$	$-\frac{1}{3}$	$\frac{2}{3}$
x_1	1	3	0	$\frac{1}{3}$	$\frac{2}{3}$	$\frac{14}{3}$
	0	−6	0	$-\frac{1}{3}$	$-\frac{5}{3}$	$-\frac{26}{3}$

(1) 若右端向量 $\boldsymbol{b}=\begin{bmatrix}6\\4\end{bmatrix}$改为 $\boldsymbol{b}'=\begin{bmatrix}2\\4\end{bmatrix}$，原来的最优基是否还为最优基？利用原来的最优表求新问题的最优解.

(2) 若目标函数中 x_1 的系数由 $c_1=-2$ 改为 c_1'，那么 c_1'在什么范围内时原来的最优解也是新问题的最优解？

解 (1) 先计算改变后的右端列向量

$$\overline{\boldsymbol{b}'}=\boldsymbol{B}^{-1}\boldsymbol{b}'=\begin{bmatrix}\frac{1}{3} & -\frac{1}{3}\\ \frac{1}{3} & \frac{2}{3}\end{bmatrix}\begin{bmatrix}2\\4\end{bmatrix}=\begin{bmatrix}-\frac{2}{3}\\ \frac{10}{3}\end{bmatrix},\quad \boldsymbol{c}_B\overline{\boldsymbol{b}'}=(1,-2)\begin{bmatrix}-\frac{2}{3}\\ \frac{10}{3}\end{bmatrix}=-\frac{22}{3}.$$

右端向量 $\boldsymbol{b}$ 改为 $\boldsymbol{b}'$后，原来的最优基已不是可行基，对应各变量的判别数不变. 下面用对偶单纯形法求最优解：

	x_1	x_2	x_3	x_4	x_5	
x_3	0	-1	1	$\frac{1}{3}$	$\left(-\frac{1}{3}\right)$	$-\frac{2}{3}$
x_1	1	3	0	$\frac{1}{3}$	$\frac{2}{3}$	$\frac{10}{3}$
	0	-6	0	$-\frac{1}{3}$	$-\frac{5}{3}$	$-\frac{22}{3}$
x_5	0	3	-3	-1	1	2
x_1	1	1	2	1	0	2
	0	-1	-5	-2	0	-4

新问题的最优解$(x_1,x_2,x_3)=(2,0,0)$，最优值 $f_{\min}=-4$.

(2) c_1 改为 c_1'后，令对应各变量的判别数

$$\begin{cases}z_1'-c_1'=0,\\ z_2'-c_2'=-6+3(c_1'+2)\leqslant 0,\\ z_3'-c_3'=0+0(c_1'+2)\leqslant 0,\\ z_4'-c_4'=-\frac{1}{3}+\frac{1}{3}(c_1'+2)\leqslant 0,\\ z_5'-c_5'=-\frac{5}{3}+\frac{2}{3}(c_1'+2)\leqslant 0.\end{cases}$$

解得 $c_1'\leqslant -1$. 因此，当 $c_1'\leqslant -1$ 时原来的最优解也是新问题的最优解.

10. 考虑下列线性规划问题：

$$\begin{aligned}\max\quad & -5x_1+5x_2+13x_3\\ \text{s. t.}\quad & -x_1+x_2+3x_3\leqslant 20,\\ & 12x_1+4x_2+10x_3\leqslant 90,\\ & x_1,x_2,x_3\geqslant 0.\end{aligned}$$

先用单纯形方法求出上述问题的最优解，然后对原来问题分别进行下列改变，试用原来问题的最优表求新问题的最优解：

(1) 目标函数中 x_3 的系数 c_3 由 13 改变为 8.

(2) b_1 由 20 改变为 30.

(3) b_2 由 90 改变为 70.

(4) $\boldsymbol{A}$ 的列$\begin{bmatrix}-1\\12\end{bmatrix}$改变为$\begin{bmatrix}0\\5\end{bmatrix}$.

(5) 增加约束条件 $2x_1+3x_2+5x_3\leqslant 50$.

解 先引入松弛变量 x_4,x_5，化成标准形式：

$$\begin{aligned}\max\quad & -5x_1+5x_2+13x_3\\ \text{s. t.}\quad & -x_1+x_2+3x_3+x_4=20,\\ & 12x_1+4x_2+10x_3+x_5=90,\\ & x_j\geqslant 0,\quad j=1,2,\cdots,5.\end{aligned}$$

用单纯形方法求最优解，过程如下：

	x_1	x_2	x_3	x_4	x_5	
x_4	-1	(1)	3	1	0	20
x_5	12	4	10	0	1	90
	5	-5	-13	0	0	0
x_2	-1	1	3	1	0	20
x_5	16	0	-2	-4	1	10
	0	0	2	5	0	100

最优解 $(x_1,x_2,x_3)=(0,20,0)$，最优值 $f_{\max}=100$.

(1) 非基变量 x_3 的目标系数 c_3 由 13 改变为 8 后，对应 x_3 的判别数

$$z_3'-c_3'=(z_3-c_3)+(c_3-c_3')=2+(13-8)=7>0.$$

最优解不变，仍为 $(x_1,x_2,x_3)=(0,20,0)$，$f_{\max}=100$.

(2) b_1 由 20 改变为 30 后，原来最优单纯形表的右端向量变为

$$\bar{\boldsymbol{b}}=\boldsymbol{B}^{-1}\boldsymbol{b}=\begin{bmatrix}1 & 0\\ -4 & 1\end{bmatrix}\begin{bmatrix}30\\ 90\end{bmatrix}=\begin{bmatrix}30\\ -30\end{bmatrix}.$$

用对偶单纯形方法计算如下：

	x_1	x_2	x_3	x_4	x_5	
x_2	-1	1	3	1	0	30
x_5	16	0	(-2)	-4	1	-30
	0	0	2	5	0	150
x_2	23	1	0	(-5)	$\frac{3}{2}$	-15
x_3	-8	0	1	2	$-\frac{1}{2}$	15
	16	0	0	1	1	120
x_4	$-\frac{23}{5}$	$-\frac{1}{5}$	0	1	$-\frac{3}{10}$	3
x_3	$\frac{6}{5}$	$\frac{2}{5}$	1	0	$\frac{1}{10}$	9
	$\frac{103}{5}$	$\frac{1}{5}$	0	0	$\frac{13}{10}$	117

最优解$(x_1,x_2,x_3)=(0,0,9)$，最优值 $f_{\max}=117$.

(3) b_2 由 90 改变为 70 后，原来最优表的右端向量变为

$$\bar{\boldsymbol{b}}=\boldsymbol{B}^{-1}\boldsymbol{b}=\begin{bmatrix}1 & 0\\ -4 & 1\end{bmatrix}\begin{bmatrix}20\\ 70\end{bmatrix}=\begin{bmatrix}20\\ -10\end{bmatrix}.$$

用对偶单纯形法求解如下：

	x_1	x_2	x_3	x_4	x_5	
x_2	-1	1	3	1	0	20
x_5	16	0	(-2)	-4	1	-10
	0	0	2	5	0	100
x_2	23	1	0	-5	$\frac{3}{2}$	5
x_3	-8	0	1	2	$-\frac{1}{2}$	5
	16	0	0	1	1	90

最优解$(x_1,x_2,x_3)=(0,5,5)$，最优值 $f_{\max}=90$.

(4) 约束矩阵 $\boldsymbol{A}$ 的列$\begin{bmatrix}-1\\12\end{bmatrix}$改为$\begin{bmatrix}0\\5\end{bmatrix}$后，对应 x_1 的判别数

$$z_1-c_1=\boldsymbol{c_B B}^{-1}p_1-c_1=(5,0)\begin{bmatrix}1&0\\-4&1\end{bmatrix}\begin{bmatrix}0\\5\end{bmatrix}-(-5)=5>0.$$

最优解仍为$(x_1,x_2,x_3)=(0,20,0)$，$f_{\max}=100$.

(5) 增加约束条件 $2x_1+3x_2+5x_3\leqslant 50$ 后，原来的最优解不满足这个约束条件，修改原来的最优表，将新增加约束的系数置于最后一行：

	x_1	x_2	x_3	x_4	x_5	x_6	
x_2	−1	1	3	1	0	0	20
x_5	16	0	−2	−4	1	0	10
x_6	2	3	5	0	0	1	50
	0	0	2	5	0	0	100

将第 1 行的(−3)倍加到第 3 行，把对应 x_2 的列化成单位向量，然后用对偶单纯形法求解：

x_2	−1	1	3	1	0	0	20
x_5	16	0	−2	−4	1	0	10
x_6	5	0	(−4)	−3	0	1	−10
	0	0	2	5	0	0	100
x_2	$\frac{11}{4}$	1	0	$-\frac{5}{4}$	0	$\frac{3}{4}$	$\frac{25}{2}$
x_5	$\frac{27}{2}$	0	0	$-\frac{5}{2}$	1	$-\frac{1}{2}$	15
x_3	$-\frac{5}{4}$	0	1	$\frac{3}{4}$	0	$-\frac{1}{4}$	$\frac{5}{2}$
	$\frac{5}{2}$	0	0	$\frac{7}{2}$	0	$\frac{1}{2}$	95

最优解$(x_1,x_2,x_3)=\left(0,\frac{25}{2},\frac{5}{2}\right)$，$f_{\max}=95$.

11. 考虑下列问题：

$$\begin{aligned}\min\quad & -x_1+x_2-2x_3\\ \text{s.t.}\quad & x_1+x_2+x_3\leqslant 6,\end{aligned}$$

$$-x_1+2x_2+3x_3\leqslant 9,$$
$$x_1,x_2,x_3\geqslant 0.$$

(1) 用单纯形方法求出最优解.

(2) 假设费用系数向量 $\boldsymbol{c}=(-1,1,-2)$ 改为 $(-1,1,-2)+\lambda(2,1,1)$，λ 是实参数，对 λ 的所有值求出问题的最优解.

解 (1) 将所求问题化为标准形式：

$$\begin{aligned}\min\quad & -x_1+x_2-2x_3\\ \text{s.t.}\quad & x_1+x_2+x_3+x_4=6,\\ & -x_1+2x_2+3x_3+x_5=9,\\ & x_j\geqslant 0,\quad j=1,2,\cdots,5.\end{aligned}$$

用单纯形方法求解：

	x_1	x_2	x_3	x_4	x_5	
x_4	1	1	1	1	0	6
x_5	-1	2	(3)	0	1	9
	1	-1	2	0	0	0
x_4	$\left(\frac{4}{3}\right)$	$\frac{1}{3}$	0	1	$-\frac{1}{3}$	3
x_3	$-\frac{1}{3}$	$\frac{2}{3}$	1	0	$\frac{1}{3}$	3
	$\frac{5}{3}$	$-\frac{7}{3}$	0	0	$-\frac{2}{3}$	-6
x_1	1	$\frac{1}{4}$	0	$\frac{3}{4}$	$-\frac{1}{4}$	$\frac{9}{4}$
x_3	0	$\frac{3}{4}$	1	$\frac{1}{4}$	$\frac{1}{4}$	$\frac{15}{4}$
	0	$-\frac{11}{4}$	0	$-\frac{5}{4}$	$-\frac{1}{4}$	$-\frac{39}{4}$

最优解 $(x_1,x_2,x_3)=\left(\frac{9}{4},0,\frac{15}{4}\right)$，$f_{\min}=-\frac{39}{4}$.

(2) 目标系数摄动后，问题改变为

$$\begin{aligned}\min\quad & (-1+2\lambda)x_1+(1+\lambda)x_2+(-2+\lambda)x_3\\ \text{s.t.}\quad & x_1+x_2+x_3\leqslant 6,\\ & -x_1+2x_2+3x_3\leqslant 9,\\ & x_1,x_2,x_3\geqslant 0.\end{aligned}$$

判别数行改变为$(\boldsymbol{c}_B\boldsymbol{B}^{-1}\boldsymbol{A}-\boldsymbol{c})+(\boldsymbol{c}'_B\boldsymbol{B}^{-1}\boldsymbol{A}-\boldsymbol{c}')\lambda$，其中$\boldsymbol{A}$是约束矩阵，按此式修改原来的最优表，得到表1：

表 1

	x_1	x_2	x_3	x_4	x_5	
x_1	1	$\frac{1}{4}$	0	$\frac{3}{4}$（圈）	$-\frac{1}{4}$	$\frac{9}{4}$
x_3	0	$\frac{3}{4}$	1	$\frac{1}{4}$	$\frac{1}{4}$	$\frac{15}{4}$
	0	$-\frac{11}{4}+\frac{1}{4}\lambda$	0	$-\frac{5}{4}+\frac{7}{4}\lambda$	$-\frac{1}{4}-\frac{1}{4}\lambda$	$-\frac{39}{4}+\frac{33}{4}\lambda$

令

$$\begin{cases}-\frac{11}{4}+\frac{1}{4}\lambda\leqslant 0,\\ -\frac{5}{4}+\frac{7}{4}\lambda\leqslant 0,\\ -\frac{1}{4}-\frac{1}{4}\lambda\leqslant 0,\end{cases}$$

解得$-1\leqslant\lambda\leqslant\frac{5}{7}$. 当$\lambda\in\left[-1,\frac{5}{7}\right]$时，最优解不变. 最优解为$(x_1,x_2,x_3,x_4,x_5)=\left(\frac{9}{4},0,\frac{15}{4},0,0\right)$，最优值$f^*(\lambda)=-\frac{39}{4}+\frac{33}{4}\lambda$.

当$\lambda>\frac{5}{7}$时，表1不再是最优表，x_4进基，得到表2：

表 2

	x_1	x_2	x_3	x_4	x_5	
x_4	$\frac{4}{3}$	$\frac{1}{3}$	0	1	$-\frac{1}{3}$	3
x_3	$-\frac{1}{3}$	$\frac{2}{3}$	1	0	$\frac{1}{3}$（圈）	3
	$\frac{5}{3}-\frac{7}{3}\lambda$	$-\frac{7}{3}-\frac{1}{3}\lambda$	0	0	$-\frac{2}{3}+\frac{1}{3}\lambda$	$-6+3\lambda$

当$\lambda\in\left[\frac{5}{7},2\right]$时，最优解$(x_1,x_2,x_3,x_4,x_5)=(0,0,3,3,0)$，最优值$f^*(\lambda)=-6+3\lambda$.

当$\lambda>2$时，x_5进基，得到表3：

表 3

	x_1	x_2	x_3	x_4	x_5	
x_4	1	1	1	1	0	6
x_5	-1	2	3	0	1	9
	$1-2\lambda$	$-1-\lambda$	$2-\lambda$	0	0	0

当 $\lambda\in[2,+\infty)$ 时，最优解 $(x_1,x_2,x_3,x_4,x_5)=(0,0,0,6,9)$，最优值 $f^*(\lambda)=0$.

当 $\lambda<-1$ 时，表 1 不再是最优表，x_5 进基，修改表 1，得到表 4：

表 4

	x_1	x_2	x_3	x_4	x_5	
x_1	1	1	1	1	0	6
x_5	0	3	4	1	1	15
	0	$-2+\lambda$	$1+\lambda$	$-1+2\lambda$	0	$-6+12\lambda$

令

$$\begin{cases}-2+\lambda\leqslant 0,\\ 1+\lambda\leqslant 0,\\ -1+2\lambda\leqslant 0,\end{cases}$$

当 $\lambda\in(-\infty,-1]$ 时，最优解 $(x_1,x_2,x_3,x_4,x_5)=(6,0,0,0,15)$，最优值 $f^*(\lambda)=-6+12\lambda$.

12. 考虑下列问题：

$$\begin{aligned}\min\quad & -x_1-3x_2\\ \text{s.t.}\quad & x_1+x_2\leqslant 6,\\ & -x_1+2x_2\leqslant 6,\\ & x_1,x_2\geqslant 0.\end{aligned}$$

(1) 用单纯形方法求出最优解.

(2) 将约束右端 $\boldsymbol{b}=\begin{bmatrix}6\\6\end{bmatrix}$ 改变为 $\begin{bmatrix}6\\6\end{bmatrix}+\lambda\begin{bmatrix}-1\\1\end{bmatrix}$，$\lambda\geqslant 0$，求含参数线性规划的最优解.

解 (1) 将所求问题化为标准形式，用单纯形方法求解：

$$\begin{aligned}\min\quad & -x_1-3x_2\\ \text{s.t.}\quad & x_1+x_2+x_3=6,\\ & -x_1+2x_2+x_4=6,\\ & x_j\geqslant 0,\quad j=1,2,3,4.\end{aligned}$$

	x_1	x_2	x_3	x_4	
x_3	1	1	1	0	6
x_4	-1	②	0	1	6
	1	3	0	0	0
x_3	$\boxed{\frac{3}{2}}$	0	1	$-\frac{1}{2}$	3
x_2	$-\frac{1}{2}$	1	0	$\frac{1}{2}$	3
	$\frac{5}{2}$	0	0	$-\frac{3}{2}$	-9
x_1	1	0	$\frac{2}{3}$	$-\frac{1}{3}$	2
x_2	0	1	$\frac{1}{3}$	$\frac{1}{3}$	4
	0	0	$-\frac{5}{3}$	$-\frac{2}{3}$	-14

最优解$(x_1,x_2,x_3,x_4)=(2,4,0,0)$，最优值 $f_{\min}=-14$.

(2) 将含参数线性规划化为标准形式：

$$\begin{aligned}\min\quad & -x_1-3x_2\\ \text{s.t.}\quad & x_1+x_2+x_3=6-\lambda,\\ & -x_1+2x_2+x_4=6+\lambda,\\ & x_j\geqslant 0,\quad j=1,2,3,4.\end{aligned}$$

修改问题(1)中的最优表：

$$\boldsymbol{x_B}=\begin{bmatrix}x_1\\x_2\end{bmatrix}=\boldsymbol{B}^{-1}\boldsymbol{b}+\lambda\boldsymbol{B}^{-1}\boldsymbol{b}'=\begin{bmatrix}2\\4\end{bmatrix}+\lambda\begin{bmatrix}\frac{2}{3}&-\frac{1}{3}\\ \frac{1}{3}&\frac{1}{3}\end{bmatrix}\begin{bmatrix}-1\\1\end{bmatrix}=\begin{bmatrix}2-\lambda\\4\end{bmatrix},$$

$f(\lambda)=\boldsymbol{c_B x_B}=-14+\lambda$. 在现行基下，参数规划的单纯形表如下：

	x_1	x_2	x_3	x_4	
x_1	1	0	$\frac{2}{3}$	$\boxed{-\frac{1}{3}}$	$2-\lambda$
x_2	0	1	$\frac{1}{3}$	$\frac{1}{3}$	4
	0	0	$-\frac{5}{3}$	$-\frac{2}{3}$	$-14+\lambda$

当 $\lambda \in[0,2]$时，最优解$(x_1,x_2,x_3,x_4)=(2-\lambda,4,0,0)$，最优值 $f^*(\lambda)=-14+\lambda$.

当 $\lambda>2$ 时，$2-\lambda<0$，用对偶单纯形法，得下表：

	x_1	x_2	x_3	x_4	
x_4	-3	0	-2	1	$-6+3\lambda$
x_2	1	1	1	0	$6-\lambda$
	-2	0	-3	0	$-18+3\lambda$

当 $\lambda \in[2,6]$时，最优解$(x_1,x_2,x_3,x_4)=(0,6-\lambda,0,-6+3\lambda)$，最优值 $f^*(\lambda)=-18+3\lambda$.

当 $\lambda>6$ 时，无可行解.

第5章

CHAPTER 5

运输问题题解

1. 设一运输问题具有 3 个产地 A_i，3 个销地 B_j，A_i 供给 B_j 的货物量为 x_{ij}，问下列每一组变量可否作为一组基变量？

(1) $x_{11},x_{12},x_{13},x_{23},x_{33}$；

(2) $x_{12},x_{13},x_{22},x_{23},x_{31}$；

(3) $x_{13},x_{22},x_{23},x_{31},x_{33}$；

(4) $x_{12},x_{13},x_{21},x_{31},x_{32},x_{33}$；

(5) $x_{11},x_{14},x_{22},x_{33}$.

解 (1) 可作为一组基变量；

(2) 含闭回路，不能作为一组基变量；

(3) 可作为一组基变量；

(4) 变量个数大于 5，必含闭回路，不能作为一组基变量；

(5) 变量个数小于 5，不能作为一组基变量.

2. 设有运输问题如下表：

	B_1	B_2	B_3	B_4	a_i
A_1	8	7	5	4	8
A_2	6	3	5	9	6
A_3	10	9	7	8	7
b_j	5	4	6	6	

(1) 用西北角法求一基本可行解；

(2) 用最小元素法求一基本可行解；

(3) 分别计算出在两个基本可行解下的目标函数值.

解 (1) 用西北角法,计算结果如下表:

	B_1	B_2	B_3	B_4	a_i
A_1	8 **5**	7 **3**	5 /	4 /	8,3,0
A_2	6 /	3 **1**	5 **5**	9 /	6,5,0
A_3	10 /	9 /	7 **1**	8 **6**	7,6,0
b_j	5 0	4 1 0	6 1 0	6 0	

基本可行解中,基变量取值为

$$(x_{11}, x_{12}, x_{22}, x_{23}, x_{33}, x_{34}) = (5,3,1,5,1,6),$$

其余变量为非基变量,取值为 0. 目标函数值

$$f = 8\times5+7\times3+3\times1+5\times5+7\times1+8\times6 = 144.$$

(2) 用最小元素法,计算结果如下:

	B_1	B_2	B_3	B_4	a_i
A_1	8 /	7 /	5 **2**	4 **6**	8,2,0
A_2	6 /	3 **4**	5 **2**	9 /	6,2,0
A_3	10 **5**	9 /	7 **2**	8 /	7,5,0
b_j	5 0	4 0	6 4 2 0	6 0	

基本可行解中,基变量取值为

$$(x_{13},x_{14},x_{22},x_{23},x_{31},x_{33})=(2,6,4,2,5,2).$$

目标函数值

$$f=5\times2+4\times6+3\times4+5\times2+10\times5+7\times2=120.$$

3. 考虑对应下表的运输问题:

	B_1	B_2	B_3	B_4	a_i
A_1	4	5	6	5	20
A_2	7	10	5	6	20
A_3	8	9	12	7	50
b_j	15	25	20	30	

(1) 用西北角法求一初始基本可行解;

(2) 由(1)中求得的基本可行解出发,用表上作业法求最优解,使总运输费用最小.

解 (1) 用西北角法求得初始基本可行解如下表所示:

	B_1	B_2	B_3	B_4	a_i
A_1	4 **15**	5 **5**	6 /	5 /	20,5,0
A_2	7 /	10 **20**	5 /	6 /	20,0
A_3	8 /	9 **0**	12 **20**	7 **30**	50,30,0
b_j	15 0	25 20 0	20 0	30 0	

(2) 下面用表上作业法求最优解,求解过程如下:

先计算对偶变量 w_i,v_j 和判别数 $z_{ij}-c_{ij}$,判别数列于每个方格的左下角:

	v_j	4	5	8	3	
w_i		B_1	B_2	B_3	B_4	a_i
0	A_1	4 **15**	5 **5**	6 2	5 −2	20
5	A_2	7 2	10 **20**	5 8	6 2	20
4	A_3	8 0	9 **0**	12 **20**	7 **30**	50
	b_j	15	25	20	30	

取进基变量 x_{23}，构成闭回路 x_{23}，x_{33}，x_{32}，x_{22}，令

$$\begin{cases} x_{23}=\theta\geqslant 0, \\ x_{33}=20-\theta\geqslant 0, \\ x_{32}=0+\theta\geqslant 0, \\ x_{22}=20-\theta\geqslant 0. \end{cases}$$

求得 θ 的最大取值，$\theta=20$. 新的基本可行解如下表所示：

	v_j	4	5	8	3	
w_i		B_1	B_2	B_3	B_4	a_i
0	A_1	4 **15**	5 **5**	6 2	5 −2	20
−3	A_2	7 −6	10 −8	5 **20**	6 −6	20
4	A_3	8 0	9 **20**	12 **0**	7 **30**	50
	b_j	15	25	20	30	

取进基变量 x_{13}，构成闭回路 x_{13}，x_{33}，x_{32}，x_{12}，调整量 $\theta=0$，新的基本可行解如下表所示：

	v_j	4	5	6	3	
w_i		B_1	B_2	B_3	B_4	a_i
0	A_1	4 **15**	5 **5**	6 **0**	5 −2	20
−1	A_2	7 −4	10 −6	5 **20**	6 −4	20
4	A_3	8 0	9 **20**	12 −2	7 **30**	50
	b_j	15	25	20	30	

已经达到最优解.最优解为

$$(x_{11}, x_{12}, x_{13}, x_{23}, x_{32}, x_{34}) = (15,5,0,20,20,30),$$

其余 $x_{ij}=0$.最优值

$$f = 4\times 15 + 5\times 5 + 6\times 0 + 5\times 20 + 9\times 20 + 7\times 30 = 575.$$

4. 设有 3 个产地 4 个销地的运输问题,产量 a_i,销量 b_j 及单位运价 c_{ij} 的数值如下表:

	B_1	B_2	B_3	B_4	a_i
A_1	6	4	3	7	9
A_2	9	8	10	5	12
A_3	4	7	6	10	14
b_j	8	9	10	11	

(1) 转化成产销平衡运输问题;

(2) 用西北角法求一基本可行解,并由此出发求最优解,使总运输费用最小;

(3) 用最小元素法求一基本可行解,进而求出最优解,使总运输费用最小.

解 (1) $\sum\limits_{i=1}^{3} a_i = 35$, $\sum\limits_{j=1}^{4} b_j = 38$,销量大于产量.引进虚拟产地 A_4,虚拟产量 $a_4 = 38 - 35 = 3$,虚拟单位运价 $c_{4j}=0, j=1,2,3,4$.然后再用表上作业法求解产销平衡运输问题.

(2) 先用西北角法求出一个基本可行解，计算结果如下表：

	B_1	B_2	B_3	B_4	a_i
A_1	**8**	**1**			9,1,0
A_2		**8**	**4**		12,4,0
A_3			**6**	**8**	14,8,0
A_4				**3**	3,0
b_j	8 0	9 8 0	10 6 0	11 3 0	

求得的基本可行解中，基变量取值

$$(x_{11},x_{12},x_{22},x_{23},x_{33},x_{34},x_{44})=(8,1,8,4,6,8,3),$$

其余为非基变量，取值均为 0.

再由求得的基本可行解出发，求最优解，求解过程如下.

先计算对偶变量 w_i,v_j 和判别数 $z_{ij}-c_{ij}$，计算结果列于下表，其中对应基变量的判别数均为 0，对应非基变量的判别数置于每个方格的左下角.

	v_j	6	4	6	10	
w_i		B_1	B_2	B_3	B_4	a_i
0	A_1	6 **8**	4 **1**	3 3	7 3	9
4	A_2	9 1	8 **8**	10 **4**	5 9	12
0	A_3	4 2	7 −3	6 **6**	10 **8**	14
−10	A_4	0 −4	0 −6	0 −4	0 **3**	3
	b_j	8	9	10	11	

取进基变量 x_{24},构成闭回路 x_{24},x_{34},x_{33},x_{23}. 令

$$\begin{cases} x_{24} = \theta \geqslant 0, \\ x_{34} = 8-\theta \geqslant 0, \\ x_{33} = 6+\theta \geqslant 0, \\ x_{23} = 4-\theta \geqslant 0, \end{cases}$$

取 $\theta=4$,修改运输表,给出新的基本可行解,并计算对偶变量 w_i,v_j 和判别数 $z_{ij}-c_{ij}$,计算结果置于下表:

	v_j	6	4	−3	1	
w_i		B_1	B_2	B_3	B_4	a_i
0	A_1	6 **8**	4 **1**	3 −6	7 −6	9
4	A_2	9 1	8 **8**	10 −9	5 **4**	12
9	A_3	4 11	7 6	6 **10**	10 **4**	14
−1	A_4	0 5	0 3	0 −4	0 **3**	3
	b_j	8	9	10	11	

取进基变量 x_{31},构成闭回路 x_{31},x_{11},x_{12},x_{22},x_{24},x_{34}. 令

$$\begin{cases} x_{31} = \theta \geqslant 0, \\ x_{11} = 8-\theta \geqslant 0, \\ x_{12} = 1+\theta \geqslant 0, \\ x_{22} = 8-\theta \geqslant 0, \\ x_{24} = 4+\theta \geqslant 0, \\ x_{34} = 4-\theta \geqslant 0, \end{cases}$$

取 $\theta=4$,得到新的基本可行解. 计算出相应的对偶变量 w_i,v_j 和判别数 $z_{ij}-c_{ij}$,计算结果置于下表:

	v_j	6	4	8	1	
w_i		B_1	B_2	B_3	B_4	a_i
0	A_1	6 **4**	4 **5**	3 5	7 −6	9
4	A_2	9 1	8 **4**	10 2	5 **8**	12
−2	A_3	4 **4**	7 −5	6 **10**	10 −11	14
−1	A_4	0 5	0 3	0 7	0 **3**	3
	b_j	8	9	10	11	

取进基变量 x_{13}，构成闭回路 $x_{13}, x_{33}, x_{31}, x_{11}$. 令

$$\begin{cases} x_{13} = \theta \geqslant 0, \\ x_{33} = 10-\theta \geqslant 0, \\ x_{31} = 4+\theta \geqslant 0, \\ x_{11} = 4-\theta \geqslant 0, \end{cases}$$

取 $\theta=4$，得到新的基本可行解. 计算相应的 $w_i, v_j, z_{ij}-c_{ij}$，置于下表：

	v_j	1	4	3	1	
w_i		B_1	B_2	B_3	B_4	a_i
0	A_1	6 −5	4 **5**	3 **4**	7 −6	9
4	A_2	9 −4	8 **4**	10 −3	5 **8**	12
3	A_3	4 **8**	7 0	6 **6**	10 −6	14
−1	A_4	0 0	0 3	0 2	0 **3**	3
	b_j	8	9	10	11	

取进基变量 x_{42}，构成闭回路 x_{42}，x_{22}，x_{24}，x_{44}. 令

$$\begin{cases} x_{42} = \theta \geqslant 0, \\ x_{22} = 4-\theta \geqslant 0, \\ x_{24} = 8+\theta \geqslant 0, \\ x_{44} = 3-\theta \geqslant 0, \end{cases}$$

取 $\theta=3$，得到新的基本可行解及相应的 w_i，v_j，$z_{ij}-c_{ij}$ 置于下表：

	v_j	1	4	3	1	
w_i		B_1	B_2	B_3	B_4	a_i
0	A_1	6 / −5	4 / **5**	3 / **4**	7 / −6	9
4	A_2	9 / −4	8 / **1**	10 / −3	5 / **11**	12
3	A_3	4 / **8**	7 / 0	6 / **6**	10 / −6	14
−4	A_4	0 / −3	0 / **3**	0 / −1	0 / −3	3
	b_j	8	9	10	11	

判别数均非正，已经达到最优解. 最优解中基变量取值

$$(x_{12}, x_{13}, x_{22}, x_{24}, x_{31}, x_{33}) = (5,4,1,11,8,6),$$

其余非虚拟变量 $x_{ij}=0$. 最优值

$$f = 4\times 5+3\times 4+8\times 1+5\times 11+4\times 8+6\times 6 = 163.$$

用户 B_2 的需求量没有得到满足，缺量为 3.

(3) 先用最小元素法求一个基本可行解,计算结果如下表:

	B_1	B_2	B_3	B_4	a_i
A_1	6 /	4 /	3 **9**	7 /	9,0
A_2	9 /	8 **1**	10 /	5 **11**	12,1,0
A_3	4 **8**	7 **5**	6 **1**	10 /	14,6,5,0
A_4	0 /	0 **3**	0 /	0 /	3,0
b_j	8 0	9 4 3 0	10 1 0	11 0	

用最小元素法求得一个基本可行解,其中基变量的取值是

$$(x_{13}, x_{22}, x_{24}, x_{31}, x_{32}, x_{33}, x_{42}) = (9,1,11,8,5,1,3),$$

其余为非基变量,取值均为零.目标函数值为

$$f = 3\times 9 + 8\times 1 + 5\times 11 + 4\times 8 + 7\times 5 + 6\times 1 + 0\times 3 = 163.$$

由于目标函数已经达到最优值,因此上述基本可行解已经是最优解.

第7章

CHAPTER 7

最优性条件题解

1. 给定函数

$$f(\boldsymbol{x})=\frac{x_1+x_2}{3+x_1^2+x_2^2+x_1x_2},$$

求 $f(\boldsymbol{x})$的极小点.

解 令

$$\begin{cases}\dfrac{\partial f}{\partial x_1}=\dfrac{3-x_1^2-2x_1x_2}{(3+x_1^2+x_2^2+x_1x_2)^2}=0,\\[2ex]\dfrac{\partial f}{\partial x_2}=\dfrac{3-x_2^2-2x_1x_2}{(3+x_1^2+x_2^2+x_1x_2)^2}=0,\end{cases}$$

得到驻点 $\boldsymbol{x}^{(1)}=(1,1),\quad \boldsymbol{x}^{(2)}=(-1,-1).$

$$\frac{\partial^2 f}{\partial x_1^2}=\frac{-18x_1-12x_2+2x_1^3-2x_2^3+6x_1^2x_2}{(3+x_1^2+x_2^2+x_1x_2)^3},$$

$$\frac{\partial^2 f}{\partial x_2^2}=\frac{-12x_1-18x_2-2x_1^3+2x_2^3+6x_1x_2^2}{(3+x_1^2+x_2^2+x_1x_2)^3},$$

$$\frac{\partial^2 f}{\partial x_1\partial x_2}=\frac{-12x_1-12x_2+6x_1^2x_2+6x_1x_2^2}{(3+x_1^2+x_2^2+x_1x_2)^3},$$

$$\nabla^2 f(\boldsymbol{x}^{(1)})=\begin{bmatrix}-\dfrac{1}{9} & -\dfrac{1}{18}\\[2ex] -\dfrac{1}{18} & -\dfrac{1}{9}\end{bmatrix},\quad \nabla^2 f(\boldsymbol{x}^{(2)})=\begin{bmatrix}\dfrac{1}{9} & \dfrac{1}{18}\\[2ex] \dfrac{1}{18} & \dfrac{1}{9}\end{bmatrix}.$$

由于$\nabla^2 f(\boldsymbol{x}^{(1)})$为负定矩阵,$\nabla^2 f(\boldsymbol{x}^{(2)})$为正定矩阵,因此 $f(\boldsymbol{x})$的极小点是 $\boldsymbol{x}^{(2)}=(-1,-1)$.

2. 考虑非线性规划问题

$$\begin{aligned}\min\quad & (x_1-3)^2+(x_2-2)^2\\ \text{s. t.}\quad & x_1^2+x_2^2\leqslant 5,\end{aligned}$$

$$x_1+2x_2=4,$$
$$x_1,x_2\geqslant 0.$$

检验$\bar{\boldsymbol{x}}=(2,1)^{\mathrm{T}}$是否为K-T点.

解 非线性规划写作

$$\begin{aligned}\min\quad & (x_1-3)^2+(x_2-2)^2\\ \text{s. t.}\quad & -x_1^2-x_2^2+5\geqslant 0,\\ & x_1+2x_2-4=0,\\ & x_1,x_2\geqslant 0.\end{aligned}$$

在点$\bar{\boldsymbol{x}}$,目标函数的梯度为$\begin{bmatrix}-2\\-2\end{bmatrix}$,前两个约束是起作用约束,梯度分别是$\begin{bmatrix}-4\\-2\end{bmatrix}$和$\begin{bmatrix}1\\2\end{bmatrix}$. K-T条件如下:

$$\begin{bmatrix}-2\\-2\end{bmatrix}-w\begin{bmatrix}-4\\-2\end{bmatrix}-v\begin{bmatrix}1\\2\end{bmatrix}=\begin{bmatrix}0\\0\end{bmatrix},\quad 即\begin{cases}4w-v-2=0,\\2w-2v-2=0,\end{cases}$$

解得$w=\dfrac{1}{3}$,$v=-\dfrac{2}{3}$,$w\geqslant 0$,因此$\bar{\boldsymbol{x}}=(2,1)^{\mathrm{T}}$是K-T点.

3. 考虑下列非线性规划问题

$$\begin{aligned}\min\quad & 4x_1-3x_2\\ \text{s. t.}\quad & 4-x_1-x_2\geqslant 0,\\ & x_2+7\geqslant 0,\\ & -(x_1-3)^2+x_2+1\geqslant 0.\end{aligned}$$

求满足K-T必要条件的点.

解 目标函数$f(\boldsymbol{x})=4x_1-3x_2$,约束函数$g_1(\boldsymbol{x})=4-x_1-x_2$,$g_2(\boldsymbol{x})=x_2+7$和$g_3(\boldsymbol{x})=-(x_1-3)^2+x_2+1$的梯度分别是

$$\nabla f(\boldsymbol{x})=\begin{bmatrix}4\\-3\end{bmatrix},\quad \nabla g_1(\boldsymbol{x})=\begin{bmatrix}-1\\-1\end{bmatrix},\quad \nabla g_2(\boldsymbol{x})=\begin{bmatrix}0\\1\end{bmatrix},\quad \nabla g_3(\boldsymbol{x})=\begin{bmatrix}-2(x_1-3)\\1\end{bmatrix}.$$

最优解的一阶必要条件如下:

$$\begin{cases}\nabla f(\boldsymbol{x})-\displaystyle\sum_{i=1}^{3}w_i\nabla g_i(\boldsymbol{x})=\boldsymbol{0},\\ w_ig_i(\boldsymbol{x})=0,\quad i=1,2,3,\\ w_1,w_2,w_3\geqslant 0,\\ g_i(\boldsymbol{x})\geqslant 0,\quad i=1,2,3,\end{cases}$$

即

$$
\begin{cases}
w_1 + 2w_3(x_1 - 3) + 4 = 0, \\
w_1 - w_2 - w_3 - 3 = 0, \\
w_1(4 - x_1 - x_2) = 0, \\
w_2(x_2 + 7) = 0, \\
w_3[-(x_1 - 3)^2 + x_2 + 1] = 0, \\
w_1, w_2, w_3 \geqslant 0, \\
4 - x_1 - x_2 \geqslant 0, \\
x_2 + 7 \geqslant 0, \\
-(x_1 - 3)^2 + x_2 + 1 \geqslant 0.
\end{cases}
$$

求解上述 K-T 条件，得到非线性规划的 K-T 点 $x_1 = 1, x_2 = 3$，相应的乘子 $(w_1, w_2, w_3) = \left(\frac{16}{3}, 0, \frac{7}{3}\right)$.

4. 给定非线性规划问题

$$
\begin{aligned}
\min \quad & \left(x_1 - \frac{9}{4}\right)^2 + (x_2 - 2)^2 \\
\text{s.t.} \quad & -x_1^2 + x_2 \geqslant 0, \\
& x_1 + x_2 \leqslant 6, \\
& x_1, x_2 \geqslant 0.
\end{aligned}
$$

判别下列各点是否为最优解：

$$
\boldsymbol{x}^{(1)} = \begin{bmatrix} \frac{3}{2} \\ \frac{9}{4} \end{bmatrix}, \quad \boldsymbol{x}^{(2)} = \begin{bmatrix} \frac{9}{4} \\ 2 \end{bmatrix}, \quad \boldsymbol{x}^{(3)} = \begin{bmatrix} 0 \\ 2 \end{bmatrix}.
$$

解　将非线性规划写作

$$
\begin{aligned}
\min \quad & \left(x_1 - \frac{9}{4}\right)^2 + (x_2 - 2)^2 \\
\text{s.t.} \quad & -x_1^2 + x_2 \geqslant 0, \\
& -x_1 - x_2 + 6 \geqslant 0, \\
& x_1, x_2 \geqslant 0.
\end{aligned}
$$

由于给定的非线性规划是凸规划，因此只需检验上述各点是否为 K-T 点.

检验点 $\boldsymbol{x}^{(1)}$：$\boldsymbol{x}^{(1)}$ 是可行点，只有第 1 个约束是起作用约束，K-T 条件如下：

$$
\begin{cases}
2\left(x_1 - \frac{9}{4}\right) + 2w_1 x_1 = 0, \\
2(x_2 - 2) - w_1 = 0, \\
w_1 \geqslant 0.
\end{cases}
$$

经检验，$\boldsymbol{x}^{(1)}$是最优解，最优值等于$\frac{5}{8}$，K-T 乘子 $w_1=\frac{1}{2}$.

检验点 $\boldsymbol{x}^{(2)}$：$\boldsymbol{x}^{(2)}$不是可行解.

检验点 $\boldsymbol{x}^{(3)}$：$\boldsymbol{x}^{(3)}$是可行解，起作用约束只有 $x_1\geqslant 0$，K-T 条件如下：

$$\begin{cases}2\left(x_1-\dfrac{9}{4}\right)-w_3=0, & (1)\\ 2(x_2-2)=0, & (2)\\ w_3\geqslant 0. & (3)\end{cases}$$

由方程(1)得 $w_3=-\frac{9}{2}$，不满足方程(3)，因此 $\boldsymbol{x}^{(3)}$不是 K-T 点.

5. 用 K-T 条件求解下列问题

$$\begin{aligned}\min\quad & x_1^2-x_2-3x_3\\ \text{s. t.}\quad & -x_1-x_2-x_3\geqslant 0,\\ & x_1^2+2x_2-x_3=0.\end{aligned}$$

解 记作 $f(\boldsymbol{x})=x_1^2-x_2-3x_3$，$g_1(\boldsymbol{x})=-x_1-x_2-x_3$，$h(\boldsymbol{x})=x_1^2+2x_2-x_3$. 目标函数和约束函数的梯度分别为

$$\nabla f(\boldsymbol{x})=\begin{bmatrix}2x_1\\-1\\-3\end{bmatrix},\quad \nabla g_1(\boldsymbol{x})=\begin{bmatrix}-1\\-1\\-1\end{bmatrix},\quad \nabla h(\boldsymbol{x})=\begin{bmatrix}2x_1\\2\\-1\end{bmatrix}.$$

最优解的一阶必要条件如下：

$$\begin{cases}2x_1+w-2vx_1=0,\\ -1+w-2v=0,\\ -3+w+v=0,\\ w(-x_1-x_2-x_3)=0,\\ w\geqslant 0,\\ -x_1-x_2-x_3\geqslant 0,\\ x_1^2+2x_2-x_3=0.\end{cases}$$

解得 K-T 点$\bar{\boldsymbol{x}}=\left(-\frac{7}{2},-\frac{35}{12},\frac{77}{12}\right)$，$w=\frac{7}{3}$，$v=\frac{2}{3}$，Lagrange 函数为

$$L(\boldsymbol{x},w,v)=x_1^2-x_2-3x_3-w(-x_1-x_2-x_3)-v(x_1^2+2x_2-x_3),$$

Hesse 矩阵为

$$\nabla_x^2 L(\boldsymbol{x},w,v)=\begin{bmatrix}\dfrac{2}{3}&0&0\\0&0&0\\0&0&0\end{bmatrix}.$$

在点$\bar{\boldsymbol{x}}$，两个约束均是起作用约束，梯度

$$\nabla g(\bar{\boldsymbol{x}}) = \begin{bmatrix} -1 \\ -1 \\ -1 \end{bmatrix}, \quad \nabla h(\bar{\boldsymbol{x}}) = \begin{bmatrix} -7 \\ 2 \\ -1 \end{bmatrix}.$$

解方程组

$$\begin{cases} \nabla g(\bar{\boldsymbol{x}})^{\mathrm{T}} \boldsymbol{d} = 0, \\ \nabla h(\bar{\boldsymbol{x}})^{\mathrm{T}} \boldsymbol{d} = 0, \end{cases} \quad 即 \begin{cases} -d_1 - d_2 - d_3 = 0, \\ -7d_1 + 2d_2 - d_3 = 0. \end{cases}$$

得解 $\boldsymbol{d}=(d_1, 2d_1, -3d_1)^{\mathrm{T}}$. 由于 $\boldsymbol{d}^{\mathrm{T}} \nabla_x^2 L(\bar{\boldsymbol{x}}, w, v) \boldsymbol{d} = \frac{2}{3} d_1^2 > 0$，因此最优解$\bar{\boldsymbol{x}} = \left(-\frac{7}{2}, -\frac{35}{12}, \frac{77}{12}\right)$，最优值 $f(\bar{\boldsymbol{x}}) = -\frac{49}{12}$.

6. 求解下列问题

$$\begin{aligned} \max \quad & 14x_1 - x_1^2 + 6x_2 - x_2^2 + 7 \\ \text{s.t.} \quad & x_1 + x_2 \leqslant 2, \\ & x_1 + 2x_2 \leqslant 3. \end{aligned}$$

解 将非线性规划写作

$$\begin{aligned} \min \quad & -14x_1 + x_1^2 - 6x_2 + x_2^2 - 7 \\ \text{s.t.} \quad & -x_1 - x_2 + 2 \geqslant 0, \\ & -x_1 - 2x_2 + 3 \geqslant 0. \end{aligned}$$

目标函数和约束函数的梯度分别为

$$\nabla f(\boldsymbol{x}) = \begin{bmatrix} 2x_1 - 14 \\ 2x_2 - 6 \end{bmatrix}, \quad \nabla g_1(\boldsymbol{x}) = \begin{bmatrix} -1 \\ -1 \end{bmatrix} \quad 和 \quad \nabla g_2(\boldsymbol{x}) = \begin{bmatrix} -1 \\ -2 \end{bmatrix}.$$

最优解的一阶必要条件为

$$\begin{cases} 2x_1 - 14 + w_1 + w_2 = 0, \\ 2x_2 - 6 + w_1 + 2w_2 = 0, \\ w_1(-x_1 - x_2 + 2) = 0, \\ w_2(-x_1 - 2x_2 + 3) = 0, \\ w_1, w_2 \geqslant 0, \\ -x_1 - x_2 + 2 \geqslant 0, \\ -x_1 - 2x_2 + 3 \geqslant 0. \end{cases}$$

解得 K-T 点$\bar{\boldsymbol{x}} = \begin{bmatrix} 3 \\ -1 \end{bmatrix}$，乘子 $w_1 = 8, w_2 = 0$. 由于是凸规划，因此$\bar{\boldsymbol{x}} = \begin{bmatrix} 3 \\ -1 \end{bmatrix}$是最优解，最优值 $f_{\max} = 33$.

7. 求原点 $\boldsymbol{x}^{(0)}=(0,0)^{\mathrm{T}}$ 到凸集

$$S=\{\boldsymbol{x}\mid x_1+x_2\geqslant 4,2x_1+x_2\geqslant 5\}$$

的最小距离.

解 求最小距离可表达成下列凸规划:

$$\begin{aligned}\min\quad & x_1^2+x_2^2\\ \text{s.t.}\quad & x_1+x_2-4\geqslant 0,\\ & 2x_1+x_2-5\geqslant 0.\end{aligned}$$

K-T 条件如下:

$$\begin{cases}2x_1-w_1-2w_2=0,\\ 2x_2-w_1-w_2=0,\\ w_1(x_1+x_2-4)=0,\\ w_2(2x_1+x_2-5)=0,\\ w_1,w_2\geqslant 0,\\ x_1+x_2-4\geqslant 0,\\ 2x_1+x_2-5\geqslant 0.\end{cases}$$

解得 K-T 点 $\bar{\boldsymbol{x}}=\begin{bmatrix}2\\2\end{bmatrix}$,最小距离 $d=2\sqrt{2}$.

8. 考虑下列非线性规划问题

$$\begin{aligned}\min\quad & x_2\\ \text{s.t.}\quad & -x_1^2-(x_2-4)^2+16\geqslant 0,\\ & (x_1-2)^2+(x_2-3)^2-13=0.\end{aligned}$$

判别下列各点是否为局部最优解:

$$\boldsymbol{x}^{(1)}=\begin{bmatrix}0\\0\end{bmatrix},\quad \boldsymbol{x}^{(2)}=\begin{bmatrix}\frac{16}{5}\\ \frac{32}{5}\end{bmatrix},\quad \boldsymbol{x}^{(3)}=\begin{bmatrix}2\\3+\sqrt{13}\end{bmatrix}.$$

解 目标函数 $f(\boldsymbol{x})=x_2$ 及约束函数 $g(\boldsymbol{x})=-x_1^2-(x_2-4)^2+16$,$h(x)=(x_1-2)^2+(x_2-3)^2-13$ 的梯度分别为

$$\nabla f(\boldsymbol{x})=\begin{bmatrix}0\\1\end{bmatrix},\quad \nabla g(\boldsymbol{x})=\begin{bmatrix}-2x_1\\-2(x_2-4)\end{bmatrix},\quad \nabla h(\boldsymbol{x})=\begin{bmatrix}2(x_1-2)\\2(x_2-3)\end{bmatrix}.$$

Lagrange 函数 $L(\boldsymbol{x},w,v)=x_2-w[-x_1^2-(x_2-4)^2+16]-v[(x_1-2)^2+(x_2-3)^2-13]$,

$$\nabla_x^2L(\boldsymbol{x},w,v)=\begin{bmatrix}2(w-v)&0\\0&2(w-v)\end{bmatrix}.$$

检验 $\boldsymbol{x}^{(1)}=\begin{bmatrix}0\\0\end{bmatrix}$:两个约束均为起作用约束.

$$\nabla f(\boldsymbol{x}^{(1)})=\begin{bmatrix}0\\1\end{bmatrix},\quad \nabla g(\boldsymbol{x}^{(1)})=\begin{bmatrix}0\\8\end{bmatrix},\quad \nabla h(\boldsymbol{x}^{(1)})=\begin{bmatrix}-4\\-6\end{bmatrix},$$

K-T 条件为

$$\begin{cases}4v=0,\\1-8w+6v=0,\\w\geqslant 0,\end{cases}$$

解得 $w=\dfrac{1}{8}$, $v=0$. 在 $\boldsymbol{x}^{(1)}$ 满足一阶必要条件.

解方程组

$$\begin{cases}\nabla g(\boldsymbol{x}^{(1)})^{\mathrm{T}}\boldsymbol{d}=0,\\\nabla h(\boldsymbol{x}^{(1)})^{\mathrm{T}}\boldsymbol{d}=0,\end{cases}\quad 其中\ \boldsymbol{d}=\begin{bmatrix}d_1\\d_2\end{bmatrix},\quad 即\begin{cases}8d_2=0,\\-4d_1-6d_2=0,\end{cases}$$

得到 $\boldsymbol{d}=\boldsymbol{0}$. 方向集 $G=\{\boldsymbol{d}\mid\boldsymbol{d}\neq\boldsymbol{0},\nabla g(\boldsymbol{x}^{(1)})^{\mathrm{T}}\boldsymbol{d}=0,\nabla h(\boldsymbol{x}^{(1)})^{\mathrm{T}}\boldsymbol{d}=0\}=\varnothing$，因此 $\boldsymbol{x}^{(1)}=\begin{bmatrix}0\\0\end{bmatrix}$是局部最优解.

检验 $\boldsymbol{x}^{(2)}=\left(\dfrac{16}{5},\dfrac{32}{5}\right)^{\mathrm{T}}$：两个约束均是起作用约束.

$$\nabla f(\boldsymbol{x}^{(2)})=\begin{bmatrix}0\\1\end{bmatrix},\quad \nabla g(\boldsymbol{x}^{(2)})=\begin{bmatrix}-\dfrac{32}{5}\\-\dfrac{24}{5}\end{bmatrix},\quad \nabla h(\boldsymbol{x}^{(2)})=\begin{bmatrix}\dfrac{12}{5}\\\dfrac{34}{5}\end{bmatrix},$$

K-T 条件为

$$\begin{cases}\dfrac{32}{5}w-\dfrac{12}{5}v=0,\\1+\dfrac{24}{5}w-\dfrac{34}{5}v=0,\\w\geqslant 0,\end{cases}$$

解得 $w=\dfrac{3}{40}$, $v=\dfrac{1}{5}$, $\boldsymbol{x}^{(2)}$ 是 K-T 点.

求方向集 G,为此解下列方程组：

$$\begin{cases}\nabla g(\boldsymbol{x}^{(2)})^{\mathrm{T}}\boldsymbol{d}=0,\\\nabla h(\boldsymbol{x}^{(2)})^{\mathrm{T}}\boldsymbol{d}=0,\end{cases}\quad 即\begin{cases}-\dfrac{32}{5}d_1-\dfrac{24}{5}d_2=0,\\\dfrac{12}{5}d_1+\dfrac{34}{5}d_2=0,\end{cases}$$

得到 $\boldsymbol{d}=\boldsymbol{0}$, $G=\{\boldsymbol{d}\mid\boldsymbol{d}\neq\boldsymbol{0},\nabla g(\boldsymbol{x}^{(2)})^{\mathrm{T}}\boldsymbol{d}=0,\nabla h(\boldsymbol{x}^{(2)})^{\mathrm{T}}\boldsymbol{d}=0\}=\varnothing$，因此 $\boldsymbol{x}^{(2)}=\left(\dfrac{16}{5},\dfrac{32}{5}\right)^{\mathrm{T}}$ 是最优解.

检验 $\boldsymbol{x}^{(3)}=(2,3+\sqrt{13})^{\mathrm{T}}$：$\boldsymbol{x}^{(3)}$ 是可行点，等式约束是起作用约束，$\nabla h(\boldsymbol{x}^{(3)})=\begin{bmatrix}0\\2\sqrt{13}\end{bmatrix}$，K-T 条件为

$$1-2\sqrt{13}v=0,\quad v=\frac{\sqrt{13}}{26}.$$

求方向集 G：

$$G=\{\boldsymbol{d}\mid\boldsymbol{d}\neq\boldsymbol{0},\nabla h(\boldsymbol{x}^{(3)})^{\mathrm{T}}\boldsymbol{d}=0\}=\left\{\boldsymbol{d}\mid\boldsymbol{d}=\begin{bmatrix}d_1\\0\end{bmatrix},d_1\neq0\right\}.$$

在点 $\boldsymbol{x}^{(3)}$，$g(\boldsymbol{x})\geqslant0$ 是不起作用约束，因此乘子 $w=0$，Lagrange 函数的 Hesse 矩阵为

$$\nabla_x^2L(\boldsymbol{x}^{(3)},w,v)=\begin{bmatrix}-2v&0\\0&-2v\end{bmatrix}=\begin{bmatrix}-\frac{1}{\sqrt{13}}&0\\0&-\frac{1}{\sqrt{13}}\end{bmatrix}.$$

$$\boldsymbol{d}^{\mathrm{T}}\nabla_x^2L\left(\boldsymbol{x}^{(3)},0,\frac{1}{\sqrt{13}}\right)\boldsymbol{d}=(d_1,0)\begin{bmatrix}-\frac{1}{\sqrt{13}}&0\\0&-\frac{1}{\sqrt{13}}\end{bmatrix}\begin{bmatrix}d_1\\0\end{bmatrix}=-\frac{1}{\sqrt{13}}d_1^2<0.$$

因此 $\boldsymbol{x}^{(3)}=(2,3+\sqrt{13})^{\mathrm{T}}$ 不满足二阶必要条件，不是最优解.

9. 考虑下列非线性规划问题

$$\begin{aligned}\min\quad&\frac{1}{2}[(x_1-1)^2+x_2^2]\\\text{s.t.}\quad&-x_1+\beta x_2^2=0.\end{aligned}$$

讨论 β 取何值时 $\bar{\boldsymbol{x}}=(0,0)^{\mathrm{T}}$ 是局部最优解？

解 记 $f(\boldsymbol{x})=\frac{1}{2}[(x_1-1)^2+x_2^2]$，$h(\boldsymbol{x})=-x_1+\beta x_2^2$，则

$$\nabla f(\boldsymbol{x})=\begin{bmatrix}x_1-1\\x_2\end{bmatrix},\quad\nabla h(\boldsymbol{x})=\begin{bmatrix}-1\\2\beta x_2\end{bmatrix},$$

$$L(\boldsymbol{x},v)=\frac{1}{2}[(x_1-1)^2+x_2^2]-v(-x_1+\beta x_2^2),$$

$$\nabla_x^2L(\boldsymbol{x},v)=\begin{bmatrix}1&0\\0&1-2\beta v\end{bmatrix}.$$

K-T 条件为

$$\begin{cases}x_1-1+v=0,\\x_2-2\beta vx_2=0.\end{cases}$$

代入 $\bar{\boldsymbol{x}}=(0,0)^{\mathrm{T}}$，得到 $v=1$. 在点 $\bar{\boldsymbol{x}}=(0,0)^{\mathrm{T}}$ 处

$$\nabla_x^2 L(\bar{\boldsymbol{x}}, v) = \begin{bmatrix} 1 & 0 \\ 0 & 1-2\beta \end{bmatrix}, \quad \nabla h(\bar{\boldsymbol{x}}) = \begin{bmatrix} -1 \\ 0 \end{bmatrix}.$$

方向集 $\bar{G}=\{\boldsymbol{d} \mid \nabla h(\bar{\boldsymbol{x}})^{\mathrm{T}}\boldsymbol{d}=0\}=\{(0,d_2)^{\mathrm{T}} \mid d_2 \in \mathbb{R}\}$. 令

$$(0,d_2)\begin{bmatrix} 1 & 0 \\ 0 & 1-2\beta \end{bmatrix}\begin{bmatrix} 0 \\ d_2 \end{bmatrix} = (1-2\beta)d_2^2 > 0,$$

得到 $\beta<\frac{1}{2}$. 当 $\beta<\frac{1}{2}$ 时,$\bar{\boldsymbol{x}}$ 是最优解. 当 $\beta=\frac{1}{2}$ 时,将约束问题化为无约束问题,即

$$\min \quad \frac{1}{2}(x_1^2+1).$$

显然,极小点是 $x_1=0$,因此 $\bar{\boldsymbol{x}}=(0,0)^{\mathrm{T}}$ 是极小点. 综上,当 $\beta \leqslant \frac{1}{2}$ 时 $\bar{\boldsymbol{x}}=(0,0)^{\mathrm{T}}$ 是局部最优解.

10. 给定非线性规划问题

$$\begin{aligned} \min \quad & \boldsymbol{c}^{\mathrm{T}}\boldsymbol{x} \\ \text{s.t.} \quad & \boldsymbol{A}\boldsymbol{x} = \boldsymbol{0}, \\ & \boldsymbol{x}^{\mathrm{T}}\boldsymbol{x} \leqslant \gamma^2, \end{aligned}$$

其中 $\boldsymbol{A}$ 为 $m\times n$ 矩阵($m<n$),$\boldsymbol{A}$ 的秩为 m,$\boldsymbol{c}\in\mathbb{R}^n$ 且 $\boldsymbol{c}\neq\boldsymbol{0}$,$\gamma$ 是一个正数. 试求问题的最优解及目标函数最优值.

解 由于目标函数是线性函数,可行域是闭凸集,必存在最优解,且最优值 $f_{\min}$ 可在边界上达到,因此可通过求解下列非线性规划求得最优解.

$$\begin{aligned} \min \quad & \boldsymbol{c}^{\mathrm{T}}\boldsymbol{x} \\ \text{s.t.} \quad & \boldsymbol{A}\boldsymbol{x} = \boldsymbol{0}, \\ & -\boldsymbol{x}^{\mathrm{T}}\boldsymbol{x}+\gamma^2 = 0. \end{aligned}$$

K-T 条件如下:

$$\begin{cases} \boldsymbol{c}-\boldsymbol{A}^{\mathrm{T}}\boldsymbol{v}+2v_{m+1}\boldsymbol{x} = \boldsymbol{0}, \\ \boldsymbol{A}\boldsymbol{x} = \boldsymbol{0}, \\ -\boldsymbol{x}^{\mathrm{T}}\boldsymbol{x}+\gamma^2 = 0. \end{cases}$$

其中 $\boldsymbol{v}=(v_1,v_2,\cdots,v_m)^{\mathrm{T}}$ 和 v_{m+1} 是 K-T 乘子. 由于 $\boldsymbol{A}$ 行满秩. 因此 $\boldsymbol{A}\boldsymbol{A}^{\mathrm{T}}$ 可逆. 解上述非线性方程组,结果如下:

乘子: $\boldsymbol{v}=(\boldsymbol{A}\boldsymbol{A}^{\mathrm{T}})^{-1}\boldsymbol{A}\boldsymbol{c}, \quad v_{m+1}=-\dfrac{f_{\min}}{2\gamma^2}$;

最优值: $f_{\min}=-\gamma\sqrt{\boldsymbol{c}^{\mathrm{T}}(\boldsymbol{c}-\boldsymbol{A}^{\mathrm{T}}\boldsymbol{v})}$;

最优解: $\boldsymbol{x}=\dfrac{\gamma^2}{f_{\min}}(\boldsymbol{c}-\boldsymbol{A}^{\mathrm{T}}\boldsymbol{v}) \quad (f_{\min}\neq 0)$.

当 $\boldsymbol{c}=\boldsymbol{A}^{\mathrm{T}}\boldsymbol{v}$ 时,最优解不惟一,最优值 $f_{\min}=0$.

11. 给定非线性规划问题

$$\begin{aligned} \max\quad & \boldsymbol{b}^{\mathrm{T}}\boldsymbol{x}, \quad \boldsymbol{x}\in\mathbb{R}^n \\ \text{s. t.}\quad & \boldsymbol{x}^{\mathrm{T}}\boldsymbol{x}\leqslant 1, \end{aligned}$$

其中 $\boldsymbol{b}\neq\boldsymbol{0}$. 证明向量 $\bar{x}=\boldsymbol{b}/\|\boldsymbol{b}\|$ 满足最优性的充分条件.

证明 将非线性规划写作：

$$\begin{aligned} \min\quad & -\boldsymbol{b}^{\mathrm{T}}\boldsymbol{x}, \quad \boldsymbol{x}\in\mathbb{R}^n \\ \text{s. t.}\quad & 1-\boldsymbol{x}^{\mathrm{T}}\boldsymbol{x}\geqslant 0. \end{aligned}$$

K-T 条件如下：

$$\begin{cases} -\boldsymbol{b}+w\boldsymbol{x}=\boldsymbol{0}, \\ w(1-\boldsymbol{x}^{\mathrm{T}}\boldsymbol{x})=0, \\ w\geqslant 0. \end{cases}$$

解得 K-T 点 $\boldsymbol{x}=\dfrac{\boldsymbol{b}}{\|\boldsymbol{b}\|}$. 由于上述非线性规划是凸规划，因此 K-T 条件是最优解的充分条件.

12. 给定原问题

$$\begin{aligned} \min\quad & (x_1-3)^2+(x_2-5)^2 \\ \text{s. t.}\quad & -x_1^2+x_2\geqslant 0, \\ & x_1\geqslant 1, \\ & x_1+2x_2\leqslant 10, \\ & x_1,x_2\geqslant 0. \end{aligned}$$

写出上述原问题的对偶问题. 将原问题中第 3 个约束条件和变量的非负限制记作

$$\boldsymbol{x}\in D=\{\boldsymbol{x}\mid x_1+2x_2\leqslant 10,\quad x_1,x_2\geqslant 0\}.$$

解 Lagrange 对偶函数

$$\theta(w_1,w_2)=\inf\{(x_1-3)^2+(x_2-5)^2-w_1(-x_1^2+x_2)-w_2(x_1-1)\mid \boldsymbol{x}\in D\}.$$

对偶问题为

$$\begin{aligned} \max\quad & \theta(w_1,w_2) \\ \text{s. t.}\quad & w_1,w_2\geqslant 0. \end{aligned}$$

13. 考虑下列原问题

$$\begin{aligned} \min\quad & (x_1-1)^2+(x_2+1)^2 \\ \text{s. t.}\quad & -x_1+x_2-1\geqslant 0. \end{aligned}$$

(1) 分别用图解法和最优性条件求解原问题.

(2) 写出对偶问题.

(3) 求解对偶问题.

(4) 用对偶理论说明对偶规划的最优值是否等于原问题的最优值.

(5) 用有关定理说明原问题的 K-T 乘子与对偶问题的最优解之间的关系.

解 (1) 记 $f(\boldsymbol{x})=(x_1-1)^2+(x_2+1)^2$，$g(\boldsymbol{x})=-x_1+x_2-1$，则

$$\nabla f(\boldsymbol{x})=\begin{bmatrix}2(x_1-1)\\2(x_2+1)\end{bmatrix},\quad \nabla g(\boldsymbol{x})=\begin{bmatrix}-1\\1\end{bmatrix}.$$

最优性条件如下：

$$\begin{cases}2(x_1-1)+w=0,\\2(x_2+1)-w=0,\\w(-x_1+x_2-1)=0,\\w\geqslant 0,\\-x_1+x_2-1\geqslant 0.\end{cases}$$

解得最优解 $x_1=-\dfrac{1}{2}$，$x_2=\dfrac{1}{2}$，$w=3$，最优值 $f_{\min}=\dfrac{9}{2}$.

(2) Lagrange 函数

$$L(w)=(x_1-1)^2+(x_2+1)^2-w(-x_1+x_2-1),$$

对偶问题的目标函数为

$$\begin{aligned}\theta(w)&=\inf\{(x_1-1)^2+(x_2+1)^2-w(-x_1+x_2-1)\mid \boldsymbol{x}\in\mathbb{R}^2\},\\&=\inf\{x_1^2-2x_1+wx_1\}+\inf\{x_2^2+2x_2-wx_2\}+w+2.\end{aligned}$$

当 $w\geqslant 0$ 时，$\inf\{x_1^2-2x_1+wx_1\}=-\dfrac{1}{4}(w^2-4w+4)$，$\inf\{x_2^2+2x_2-wx_2\}=-\dfrac{1}{4}(w^2-4w+4)$，对偶问题的目标函数 $\theta(w)=-\dfrac{1}{2}w^2+3w$. 对偶问题如下：

$$\begin{aligned}\max\quad & -\frac{1}{2}w^2+3w\\ \text{s.t.}\quad & w\geqslant 0.\end{aligned}$$

(3) 对偶问题的最优性条件为

$$\begin{cases}-w+3+w_1=0,\\w_1w=0,\\w_1\geqslant 0,\\w\geqslant 0.\end{cases}$$

对偶问题的最优解 $w=3$，乘子 $w_1=0$，最优值 $\theta_{\max}=\dfrac{9}{2}$.

(4) 由于原问题是凸规划，因此对偶问题与原问题的最优值相等.

(5) 对于凸规划，在适当的约束规格下，原问题的 K-T 乘子是对偶问题的最优解.

第8章

CHAPTER 8

算法题解

1. 定义算法映射如下：

$$A(x)=\begin{cases}\left[\dfrac{3}{2}+\dfrac{1}{4}x,\ 1+\dfrac{1}{2}x\right], & x\geqslant 2,\\ \dfrac{1}{2}(x+1), & x<2.\end{cases}$$

证明 A 在 $x=2$ 处不是闭的.

证明 问题的证明只需举一反例.

令 $x^{(k)}=2-\dfrac{1}{k}$，令正整数 $k\to+\infty$，则 $\bar{x}=\lim\limits_{k\to+\infty}x^{(k)}=2$，$A(\bar{x})=2$. 相应地，算法产生序列 $\{y^{(k)}\}$，其中

$$y^{(k)}=\frac{1}{2}\left[\left(2-\frac{1}{k}\right)+1\right]=\frac{3}{2}-\frac{1}{2k},\quad \text{则}\bar{y}=\lim_{k\to+\infty}y^{(k)}=\frac{3}{2}\notin A(\bar{x}).$$

因此 $A(x)$ 在 $x=2$ 处不是闭的.

2. 在集合 $X=[0,1]$ 上定义算法映射

$$A(x)=\begin{cases}[0,\ x), & 0<x\leqslant 1,\\ 0, & x=0.\end{cases}$$

讨论在以下各点处 A 是否为闭的：

$$x^{(1)}=0,\quad x^{(2)}=\frac{1}{2}.$$

答案 算法映射 A 在 $x^{(1)}=0$ 处是闭的，在 $x^{(2)}=\dfrac{1}{2}$ 处不是闭的.

3. 求以下各序列的收敛级：

(1) $\gamma_k=\dfrac{1}{k}$； (2) $\gamma_k=\left(\dfrac{1}{k}\right)^k$.

答案 序列 $\left\{\dfrac{1}{k}\right\}$ 为 1 级收敛；序列 $\left\{\left(\dfrac{1}{k}\right)^k\right\}$ 为超线性收敛.

第9章

CHAPTER 9

一维搜索题解

1. 分别用 0.618 法和 Fibonacci 法求解下列问题：

$$\min \quad e^{-x}+x^2.$$

要求最终区间长度 $L\leqslant 0.2$，取初始区间为[0, 1].

解 (1) 用 0.618 法求解.

第 1 次迭代：初始区间记作$[a_1,b_1]=[0,1]$，目标函数记作 $f(x)=e^{-x}+x^2$. 计算试探点 λ_1,μ_1 及在试探点处目标函数值：

$$\lambda_1=a_1+0.382(b_1-a_1)=0.382,\quad f(\lambda_1)=e^{-0.382}+0.382^2=0.828,$$

$$\mu_1=a_1+0.618(b_1-a_1)=0.618,\quad f(\mu_1)=e^{-0.618}+0.618^2=0.921.$$

$f(\lambda_1)<f(\mu_1)$，因此令 $a_2=a_1=0, b_2=\mu_1=0.618, b_2-a_2=0.618>0.2$.

第 2 次迭代：

$$\lambda_2=a_2+0.382(b_2-a_2)=0.236,\quad f(\lambda_2)=e^{-0.236}+0.236^2=0.845,$$

$$\mu_2=\lambda_1=0.382,\quad f(\mu_2)=f(\lambda_1)=0.828.$$

$f(\lambda_2)>f(\mu_2)$，因此令 $a_3=\lambda_2=0.236, b_3=b_2=0.618, b_3-a_3=0.382>0.2$.

第 3 次迭代：

$$\lambda_3=\mu_2=0.382,\quad f(\lambda_3)=f(\mu_2)=0.828,$$

$$\mu_3=a_3+0.618(b_3-a_3)=0.472,\quad f(\mu_3)=e^{-0.472}+0.472^2=0.847.$$

$f(\lambda_3)<f(\mu_3)$，因此令 $a_4=a_3=0.236, b_4=\mu_3=0.472, b_4-a_4=0.236>0.2$.

第 4 次迭代：

$$\lambda_4=a_4+0.382(b_4-a_4)=0.326,\quad f(\lambda_4)=e^{-0.326}+0.326^2=0.828,$$

$$\mu_4=\lambda_3=0.382,\quad f(\mu_4)=f(\lambda_3)=0.828.$$

令 $a_5=a_4=0.236, b_5=\mu_4=0.382, b_5-a_5=0.146<0.2$.

最优解$\bar{x}\in[0.236,0.382]$.

(2) 用 Fibonacci 法求解.

先求计算函数值次数 n, $F_n \geq (b_1-a_1)/L=5$, 取 $n=5$.

第 1 次迭代:

$$\lambda_1 = a_1 + \frac{F_3}{F_5}(b_1 - a_1) = 0.375, \quad f(\lambda_1) = e^{-0.375} + 0.375^2 = 0.828,$$

$$\mu_1 = a_1 + \frac{F_4}{F_5}(b_1 - a_1) = 0.625, \quad f(\mu_1) = e^{-0.625} + 0.625^2 = 0.926.$$

$f(\lambda_1)<f(\mu_1)$, 因此令 $a_2=a_1=0$, $b_2=\mu_1=0.625$.

第 2 次迭代:

$$\lambda_2 = a_2 + \frac{F_2}{F_4}(b_2 - a_2) = 0.25, \quad f(\lambda_2) = e^{-0.25} + 0.25^2 = 0.842,$$

$$\mu_2 = \lambda_1 = 0.375, \quad f(\mu_2) = f(\lambda_1) = 0.828.$$

$f(\lambda_2)>f(\mu_2)$, 因此令 $a_3=\lambda_2=0.25$, $b_3=b_2=0.625$.

第 3 次迭代:

$$\lambda_3 = \mu_2 = 0.375, \quad f(\lambda_3) = f(\mu_2) = 0.828,$$

$$\mu_3 = a_3 + \frac{F_2}{F_3}(b_3 - a_3) = 0.5, \quad f(\mu_3) = e^{-0.5} + 0.5^2 = 0.857.$$

$f(\lambda_3)<f(\mu_3)$, 因此令 $a_4=a_3=0.25$, $b_4=\mu_3=0.5$.

第 4 次迭代必有 $\lambda_4=\mu_4=\frac{1}{2}(a_4+b_4)=0.375$, 取分辨常数 $\delta=0.01$, 令 $\lambda_5=\lambda_4=0.375$, $\mu_5=0.375+0.01=0.385$. $f(\lambda_5)=0.828$, $f(\mu_5)=e^{-0.385}+0.385^2=0.829$, 故令 $a_5=a_4=0.25$, $b_5=\mu_5=0.385$.

最优解 $\bar{x}\in[0.25, 0.385]$.

2. 考虑下列问题:

$$\min \quad 3x^4 - 4x^3 - 12x^2.$$

(1) 用牛顿法迭代 3 次, 取初点 $x^{(0)}=-1.2$;

(2) 用割线法迭代 3 次, 取初点 $x^{(1)}=-1.2$, $x^{(2)}=-0.8$;

(3) 用抛物线法迭代 3 次, 取初点 $x^{(1)}=-1.2$, $x^{(2)}=-1.1$, $x^{(3)}=-0.8$.

解 目标函数记作 $f(x)=3x^4-4x^3-12x^2$, 则导函数

$$f'(x) = 12x^3 - 12x^2 - 24x, \quad f''(x) = 36x^2 - 24x - 24.$$

(1) 用牛顿法求解

迭代公式:

$$x^{(k+1)} = x^{(k)} - \frac{f'(x^{(k)})}{f''(x^{(k)})}.$$

在点 $x^{(0)}=-1.2$, $f'(x^{(0)})=-9.216$, $f''(x^{(0)})=56.64$, 代入公式, 得到后继点 $x^{(1)}=-1.037$.

在点 $x^{(1)}=-1.037$，$f'(x^{(1)})=-1.398$，$f''(x^{(1)})=39.601$，代入公式，得到后继点 $x^{(2)}=-1.002$.

在点 $x^{(2)}=-1.002$，$f'(x^{(2)})=-0.072$，$f''(x^{(2)})=36.192$，代入公式，得到 $x^{(3)}=-1.000$. 这时 $f(x^{(3)})=-5$.

实际上，$\bar{x}=-1$ 是精确的局部极小点.

(2) 用割线法求解

迭代公式：

$$x^{(k+1)}=x^{(k)}-\frac{x^{(k)}-x^{(k-1)}}{f'(x^{(k)})-f'(x^{(k-1)})}f'(x^{(k)}).$$

第 1 次迭代：由 $x^{(1)}=-1.2$，$x^{(2)}=-0.8$ 求后继点 $x^{(3)}$. 易知 $f'(-1.2)=-9.216$，$f'(-0.8)=5.376$. 代入迭代公式，得到 $x^{(3)}=-0.947$.

第 2 次迭代：由 $x^{(2)}=-0.8$，$x^{(3)}=-0.947$ 求后继点 $x^{(4)}$. 在点 $x^{(3)}$，$f'(x^{(3)})=1.775$，代入迭代公式，得到 $x^{(4)}=-1.019$.

第 3 次迭代：由 $x^{(3)}=-0.947$，$x^{(4)}=-1.019$ 求后继点 $x^{(5)}$. 易知 $f'(x^{(3)})=1.775$，$f'(x^{(4)})=-0.701$，代入公式，得到 $x^{(5)}=-0.999$.

(3) 用抛物线法求解

迭代公式为

$$B_1=(x^{(2)^2}-x^{(3)^2})f(x^{(1)}),\quad B_2=(x^{(3)^2}-x^{(1)^2})f(x^{(2)}),$$

$$B_3=(x^{(1)^2}-x^{(2)^2})f(x^{(3)}),\quad C_1=(x^{(2)}-x^{(3)})f(x^{(1)}),$$

$$C_2=(x^{(3)}-x^{(1)})f(x^{(2)}),\quad C_3=(x^{(1)}-x^{(2)})f(x^{(3)}),$$

$$\bar{x}=\frac{B_1+B_2+B_3}{2(C_1+C_2+C_3)}.$$

第 1 次迭代：记 $x^{(1)}=-1.2$，$x^{(2)}=-1.1$，$x^{(3)}=-0.8$，各点函数值分别为 $f(-1.2)=-4.147$，$f(-1.1)=-4.804$，$f(-0.8)=-4.403$. 将已知数据代入迭代公式，得到 $\bar{x}=-0.985$，在点 $\bar{x}$ 处，目标函数值 $f(\bar{x})=-4.996$.

第 2 次迭代：记 $x^{(1)}=-1.1$，$x^{(2)}=-0.985$，$x^{(3)}=-0.8$，各点函数值分别为 $f(-1.1)=-4.804$，$f(-0.985)=-4.996$，$f(-0.8)=-4.403$，代入迭代公式，得到 $\bar{x}=-0.990$. 在点 $\bar{x}$ 处，目标函数值 $f(\bar{x})=-4.998$.

第 3 次迭代：记 $x^{(1)}=-1.1$，$x^{(2)}=-0.990$，$x^{(3)}=-0.985$，各点函数值分别为 $f(-1.1)=-4.804$，$f(-0.990)=-4.998$，$f(-0.985)=-4.996$，代入迭代公式，得到 $\bar{x}=-1.008$. 对应的目标函数值 $f(\bar{x})=-4.999$. $\bar{x}=-1.008$ 是经过 3 次迭代得到的比较好的近似解.

需要说明，以上 3 种方法给出的结果，均为局部极小点或其近似解，不可作为全局极小点的近似解. 易知，全局极小点 $x^*=2$.

3. 用三次插值法求解

$$\min \quad x^4 + 2x + 4.$$

解 令 $f(x)=x^4+2x+4$,则 $f'(x)=4x^3+2$.取两点 $x_1<x_2$,使得 $f'(x_1)<0,f'(x_2)>0$,然后利用下式计算近似解$\bar{x}$:

$$\bar{x} = x_1 + (x_2 - x_1)\left[1 - \frac{f'(x_2) + w + z}{f'(x_2) - f'(x_1) + 2w}\right],$$

其中 z 和 w 如下:

$$s = \frac{3[f(x_2) - f(x_1)]}{x_2 - x_1}, \quad z = s - f'(x_1) - f'(x_2),$$

$$w^2 = z^2 - f'(x_1)f'(x_2) \quad (w > 0).$$

第 1 次迭代:取 $x_1=-1,x_2=0$,则 $f(x_1)=3,f(x_2)=4,f'(x_1)=-2<0,f'(x_2)=2>0$.代入迭代公式,计算得到:$s=3,z=3,w^2=13,w=\sqrt{13}$.近似解

$$\bar{x} = -\frac{5+\sqrt{13}}{4+2\sqrt{13}} \approx -0.768.$$

第 2 次迭代:由于 $f'(-0.768)=0.188>0$,令 $x_1=-1,x_2=-0.768$,经计算得到:$f(x_1)=3,f(x_2)=2.812,f'(x_1)=-2,f'(x_2)=0.188,s=-2.431,z=-0.619,w^2=0.759,w=\sqrt{0.759}$.代入迭代公式,得到新的近似解:

$$\bar{x} = -1 + 0.232\left(1 + \frac{0.431 - \sqrt{0.759}}{2.188 + 2\sqrt{0.759}}\right) \approx -0.794.$$

经两次迭代得到近似解$\bar{x}=-0.794$.易知精确解 $x^* = -\sqrt[3]{0.5} \approx -0.794$.

4. 设函数 $f(x)$在 $x^{(1)}$ 与 $x^{(2)}$之间存在极小点,又知

$$f_1 = f(x^{(1)}), \quad f_2 = f(x^{(2)}), \quad f_1' = f'(x^{(1)}).$$

作二次插值多项式 $\varphi(x)$,使

$$\varphi(x^{(1)}) = f_1, \quad \varphi(x^{(2)}) = f_2, \quad \varphi'(x^{(1)}) = f_1'.$$

求 $\varphi(x)$的极小点.

解 设 $\varphi(x)=a+bx+cx^2$,则 $\varphi'(x)=b+2cx$.根据假设,得到以 a,b,c 为未知量的线性方程组

$$\begin{cases} a + bx^{(1)} + cx^{(1)^2} = f_1, & (1)\\ a + bx^{(2)} + cx^{(2)^2} = f_2, & (2)\\ b + 2cx^{(1)} = f_1'. & (3)\end{cases}$$

由方程(1)和方程(2)得到

$$(x^{(2)} - x^{(1)})b + (x^{(2)^2} - x^{(1)^2})c = f_2 - f_1,$$

即

$$b + (x^{(2)} + x^{(1)})c = \frac{f_2 - f_1}{x^{(2)} - x^{(1)}}. \tag{4}$$

由方程(3)和方程(4)解得

$$c=\frac{f_2-f_1-(x^{(2)}-x^{(1)})f'_1}{(x^{(2)}-x^{(1)})^2},\quad b=\frac{-2x^{(1)}(f_2-f_1)+(x^{(2)^2}-x^{(1)^2})f'_1}{(x^{(2)}-x^{(1)})^2},$$

故得 $\varphi(x)$ 的极小点

$$\bar{x}=-\frac{b}{2c}=\frac{2x^{(1)}(f_2-f_1)-(x^{(2)^2}-x^{(1)^2})f'_1}{2[f_2-f_1-(x^{(2)}-x^{(1)})f'_1]}.$$

第10章

CHAPTER 10

使用导数的最优化方法题解

1. 给定函数

$$f(\boldsymbol{x}) = 100(x_2 - x_1^2)^2 + (1 - x_1)^2.$$

求在以下各点处的最速下降方向：

$$\boldsymbol{x}^{(1)} = \begin{bmatrix} 0 \\ 0 \end{bmatrix}, \quad \boldsymbol{x}^{(2)} = \begin{bmatrix} 1 \\ 1 \end{bmatrix}, \quad \boldsymbol{x}^{(3)} = \begin{bmatrix} \frac{3}{2} \\ 1 \end{bmatrix}.$$

解 $\dfrac{\partial f}{\partial x_1} = -400x_1(x_2 - x_1^2) - 2(1 - x_1), \dfrac{\partial f}{\partial x_2} = 200(x_2 - x_1^2).$

在点 $\boldsymbol{x}^{(1)} = \begin{bmatrix} 0 \\ 0 \end{bmatrix}$，最速下降方向 $\boldsymbol{d} = \begin{bmatrix} 2 \\ 0 \end{bmatrix}$；在点 $\boldsymbol{x}^{(2)} = \begin{bmatrix} 1 \\ 1 \end{bmatrix}$，$\nabla f(\boldsymbol{x}^{(2)}) = \begin{bmatrix} 0 \\ 0 \end{bmatrix}$，$\boldsymbol{x}^{(2)}$ 是驻点；在点 $\boldsymbol{x}^{(3)} = \begin{bmatrix} \frac{3}{2} \\ 1 \end{bmatrix}$，最速下降方向 $\boldsymbol{d} = \begin{bmatrix} -751 \\ 250 \end{bmatrix}$.

2. 给定函数

$$f(\boldsymbol{x}) = (6 + x_1 + x_2)^2 + (2 - 3x_1 - 3x_2 - x_1x_2)^2.$$

求在点

$$\hat{\boldsymbol{x}} = \begin{bmatrix} -4 \\ 6 \end{bmatrix}$$

处的牛顿方向和最速下降方向.

解 $\dfrac{\partial f}{\partial x_1} = 2(10x_1 + 8x_2 + 6x_1x_2 + 3x_2^2 + x_1x_2^2), \dfrac{\partial f}{\partial x_2} = 2(8x_1 + 10x_2 + 3x_1^2 + 6x_1x_2 + x_1^2x_2),$

$\dfrac{\partial^2 f}{\partial x_1^2} = 2(10 + 6x_2 + x_2^2), \dfrac{\partial^2 f}{\partial x_2^2} = 2(10 + 6x_1 + x_1^2), \dfrac{\partial^2 f}{\partial x_1 \partial x_2} = 2(8 + 6x_1 + 6x_2 + 2x_1x_2).$

在点$\hat{\boldsymbol{x}}=\begin{bmatrix}-4\\6\end{bmatrix}$,最速下降方向

$$\boldsymbol{d}=-\nabla f(\hat{\boldsymbol{x}})=\begin{bmatrix}344\\-56\end{bmatrix};$$

Hesse 矩阵及其逆分别为

$$\nabla^2 f(\hat{\boldsymbol{x}})=\begin{bmatrix}164 & -56\\-56 & 4\end{bmatrix},\quad \nabla^2 f(\hat{\boldsymbol{x}})^{-1}=-\frac{1}{2480}\begin{bmatrix}4 & 56\\56 & 164\end{bmatrix},$$

因此牛顿方向为

$$\boldsymbol{d}=-\nabla^2 f(\hat{\boldsymbol{x}})^{-1}\nabla f(\hat{\boldsymbol{x}})=\begin{bmatrix}\frac{22}{31}\\-\frac{126}{31}\end{bmatrix}.$$

3. 用最速下降法求解下列问题:

$$\min\quad x_1^2-2x_1x_2+4x_2^2+x_1-3x_2.$$

取初点 $\boldsymbol{x}^{(1)}=(1,1)^{\mathrm{T}}$,迭代两次.

解 第 1 次迭代,从 $\boldsymbol{x}^{(1)}$ 出发沿最速下降方向搜索.

设 $f(\boldsymbol{x})=x_1^2-2x_1x_2+4x_2^2+x_1-3x_2$,则

$$\nabla f(\boldsymbol{x})=\begin{bmatrix}2x_1-2x_2+1\\-2x_1+8x_2-3\end{bmatrix},$$

故

$$\nabla f(\boldsymbol{x}^{(1)})=\begin{bmatrix}1\\3\end{bmatrix},\quad \boldsymbol{d}^{(1)}=\begin{bmatrix}-1\\-3\end{bmatrix},\quad \boldsymbol{x}^{(1)}+\lambda\boldsymbol{d}^{(1)}=\begin{bmatrix}1-\lambda\\1-3\lambda\end{bmatrix}.$$

取

$$\varphi(\lambda)=f(\boldsymbol{x}^{(1)}+\lambda\boldsymbol{d}^{(1)})=(1-\lambda)^2-2(1-\lambda)(1-3\lambda)+4(1-3\lambda)^2+(1-\lambda)-3(1-3\lambda),$$

令

$$\varphi'(\lambda)=-2(1-\lambda)+2(1-3\lambda)+6(1-\lambda)-24(1-3\lambda)-1+9=0,$$

解得

$$\lambda_1=\frac{5}{31},\quad \boldsymbol{x}^{(2)}=\boldsymbol{x}^{(1)}+\lambda_1\boldsymbol{d}^{(1)}=\begin{bmatrix}\frac{26}{31}\\\frac{16}{31}\end{bmatrix}.$$

第 2 次迭代,从 $\boldsymbol{x}^{(2)}$ 出发,沿最速下降方向搜索.

$$\boldsymbol{d}^{(2)}=-\nabla f(\boldsymbol{x}^{(2)})=\begin{bmatrix}-\frac{51}{31}\\\frac{17}{31}\end{bmatrix},\quad \boldsymbol{x}^{(2)}+\lambda\boldsymbol{d}^{(2)}=\begin{bmatrix}\frac{1}{31}(26-51\lambda)\\\frac{1}{31}(16+17\lambda)\end{bmatrix},$$

取

$$\varphi(\lambda)=f(\boldsymbol{x}^{(2)}+\lambda\boldsymbol{d}^{(2)})=\frac{1}{31^2}(26-51\lambda)^2-\frac{2}{31^2}(26-51\lambda)(16+17\lambda)$$
$$+\frac{4}{31^2}(16+17\lambda)^2+\frac{1}{31}(26-51\lambda)-\frac{3}{31}(16+17\lambda),$$

令

$$\varphi'(\lambda)=-\frac{2\times 51}{31^2}(26-51\lambda)+\frac{2\times 51}{31^2}(16+17\lambda)$$
$$-\frac{2\times 17}{31^2}(26-51\lambda)+\frac{8\times 17}{31^2}(16+17\lambda)-\frac{51}{31}-\frac{3\times 17}{31}=0,$$

得到

$$\lambda_2=\frac{5}{19},\quad \boldsymbol{x}^{(3)}=\boldsymbol{x}^{(2)}+\lambda_2\boldsymbol{d}^{(2)}=\begin{bmatrix}\frac{239}{589}\\ \frac{389}{589}\end{bmatrix}.$$

4. 考虑函数

$$f(\boldsymbol{x})=x_1^2+4x_2^2-4x_1-8x_2.$$

(1) 画出函数 $f(\boldsymbol{x})$的等值线,并求出极小点.

(2) 证明若从 $\boldsymbol{x}^{(1)}=(0,0)^{\mathrm{T}}$ 出发,用最速下降法求极小点$\bar{\boldsymbol{x}}$,则不能经有限步迭代达到$\bar{\boldsymbol{x}}$.

(3) 是否存在 $\boldsymbol{x}^{(1)}$,使得从 $\boldsymbol{x}^{(1)}$ 出发,用最速下降法求 $f(\boldsymbol{x})$的极小点,经有限步迭代即收敛?

解 (1) 记 $f(\boldsymbol{x})=(x_1-2)^2+4(x_2-1)^2-8$,等值线方程为

$$\frac{(x_1-2)^2}{k+8}+\frac{(x_2-1)^2}{\frac{k+8}{4}}=1\quad(k>-8),$$

等值线是一族椭圆,中心在点(2,1),长半轴等于$\sqrt{k+8}$,短半轴等于$\frac{1}{2}\sqrt{k+8}$. 极小点$\bar{\boldsymbol{x}}=(2,1)^{\mathrm{T}}$.

(2) 假设从 $\boldsymbol{x}^{(1)}=\begin{bmatrix}0\\0\end{bmatrix}$出发,经有限步迭代即达到点$\bar{\boldsymbol{x}}$,则存在一个迭代点$\hat{\boldsymbol{x}}=\begin{bmatrix}\hat{x}_1\\ \hat{x}_2\end{bmatrix}\neq\bar{\boldsymbol{x}}$,使得$\bar{\boldsymbol{x}}=\hat{\boldsymbol{x}}-\lambda\nabla f(\hat{\boldsymbol{x}})$,即

$$\begin{bmatrix}2\\1\end{bmatrix}=\begin{bmatrix}\hat{x}_1\\ \hat{x}_2\end{bmatrix}-\lambda\begin{bmatrix}2(\hat{x}_1-2)\\ 8(\hat{x}_2-1)\end{bmatrix},\quad \lambda>0.$$

经整理得方程组

$$\begin{cases}(1-2\lambda)\hat{x}_1+4\lambda-2=0,\\ (1-8\lambda)\hat{x}_2+8\lambda-1=0.\end{cases}$$

下面分 3 种情形讨论：

若 $\lambda=\frac{1}{2}$，则

$$\hat{\boldsymbol{x}}=\begin{bmatrix}\hat{x}_1\\1\end{bmatrix},\quad 梯度\nabla f(\hat{\boldsymbol{x}})=\begin{bmatrix}2(\hat{x}_1-2)\\0\end{bmatrix}\neq\boldsymbol{0}.$$

显然，$\nabla f(\hat{\boldsymbol{x}})$与$\nabla f(\boldsymbol{x}^{(1)})=\begin{bmatrix}-4\\-8\end{bmatrix}$既不正交，也不共线，这是不可能的，因此 $\lambda\neq\frac{1}{2}$.

若 $\lambda=\frac{1}{8}$，则

$$\hat{\boldsymbol{x}}=\begin{bmatrix}2\\\hat{x}_2\end{bmatrix},\quad 梯度\nabla f(\hat{\boldsymbol{x}})=\begin{bmatrix}0\\8(\hat{x}_2-1)\end{bmatrix}\neq\boldsymbol{0}.$$

$\nabla f(\hat{\boldsymbol{x}})$与$\nabla f(\boldsymbol{x}^{(1)})=\begin{bmatrix}-4\\-8\end{bmatrix}$仍然既不正交也不共线，因此不可能，即 $\lambda\neq\frac{1}{8}$.

若 $\lambda\neq\frac{1}{2}$且 $\lambda\neq\frac{1}{8}$，则$\hat{\boldsymbol{x}}=\begin{bmatrix}2\\1\end{bmatrix}=\bar{\boldsymbol{x}}$，矛盾.

综上分析，从 $\boldsymbol{x}^{(1)}=\begin{bmatrix}0\\0\end{bmatrix}$出发，用最速下降法，经有限步迭代不可能达到极小点.

(3) 存在初点 $\boldsymbol{x}^{(1)}$，使得从 $\boldsymbol{x}^{(1)}$ 出发，用最速下降法，经有限步迭代达到极小点. 例如，从 $\boldsymbol{x}^{(1)}=\begin{bmatrix}2\\0\end{bmatrix}$出发，经一次迭代达到极小点$\bar{\boldsymbol{x}}=\begin{bmatrix}2\\1\end{bmatrix}$.

5. 设有函数

$$f(\boldsymbol{x})=\frac{1}{2}\boldsymbol{x}^{\mathrm{T}}\boldsymbol{A}\boldsymbol{x}+\boldsymbol{b}^{\mathrm{T}}\boldsymbol{x}+c,$$

其中 $\boldsymbol{A}$ 为对称正定矩阵. 又设 $\boldsymbol{x}^{(1)}(\neq\bar{\boldsymbol{x}})$可表示为

$$\boldsymbol{x}^{(1)}=\bar{\boldsymbol{x}}+\mu\boldsymbol{p},$$

其中$\bar{\boldsymbol{x}}$是 $f(\boldsymbol{x})$的极小点，$\boldsymbol{p}$ 是$\boldsymbol{A}$ 的属于特征值λ 的特征向量. 证明：

(1) $\nabla f(\boldsymbol{x}^{(1)})=\mu\lambda\boldsymbol{p}$.

(2) 如果从 $\boldsymbol{x}^{(1)}$ 出发，沿最速下降方向作精确的一维搜索，则一步达到极小点$\bar{\boldsymbol{x}}$.

证 (1) 先证第 1 个等式. 易知

$$\nabla f(\boldsymbol{x}^{(1)})=\boldsymbol{A}\boldsymbol{x}^{(1)}+\boldsymbol{b}=\boldsymbol{A}(\bar{\boldsymbol{x}}+\mu\boldsymbol{p})+\boldsymbol{b}=(\boldsymbol{A}\bar{\boldsymbol{x}}+\boldsymbol{b})+\mu\boldsymbol{A}\boldsymbol{p}.$$

由于$\bar{\boldsymbol{x}}$是 $f(x)$的极小点，故$\nabla f(\bar{\boldsymbol{x}})=\boldsymbol{A}\bar{\boldsymbol{x}}+\boldsymbol{b}=\boldsymbol{0}$，而 $\boldsymbol{A}\boldsymbol{p}=\lambda\boldsymbol{p}$，因此

$$\nabla f(\boldsymbol{x}^{(1)})=\mu\lambda\boldsymbol{p}.$$

(2) 从 $\boldsymbol{x}^{(1)}$ 出发，用最速下降法搜索，并考虑(1)中结论，则有

$$\boldsymbol{x}^{(2)}=\boldsymbol{x}^{(1)}-\beta\nabla f(\boldsymbol{x}^{(1)})=\bar{\boldsymbol{x}}+\mu\boldsymbol{p}-\beta(\mu\lambda\boldsymbol{p})=\bar{\boldsymbol{x}}+(1-\beta\lambda)\mu\boldsymbol{p}.$$

由于 $\boldsymbol{A}$ 是对称正定矩阵,因此特征值 $\lambda\neq0$. 令 $\beta=\dfrac{1}{\lambda}$,则 $\boldsymbol{x}^{(2)}=\bar{\boldsymbol{x}}$.

6. 设有函数

$$f(\boldsymbol{x})=\frac{1}{2}\boldsymbol{x}^{\mathrm{T}}\boldsymbol{A}\boldsymbol{x}+\boldsymbol{b}^{\mathrm{T}}\boldsymbol{x}+c,$$

其中 $\boldsymbol{A}$ 为对称正定矩阵. 又设 $\boldsymbol{x}^{(1)}(\neq\bar{\boldsymbol{x}})$可表示为

$$\boldsymbol{x}^{(1)}=\bar{\boldsymbol{x}}+\sum_{i=1}^{m}\mu_i\boldsymbol{p}^{(i)},$$

其中 $m>1$,对所有 i,$\mu_i\neq0$,$\boldsymbol{p}^{(i)}$ 是 $\boldsymbol{A}$ 的属于不同特征值 λ_i 的特征向量,$\bar{\boldsymbol{x}}$ 是 $f(\boldsymbol{x})$的极小点. 证明从 $\boldsymbol{x}^{(1)}$ 出发用最速下降法不可能一步迭代终止.

证 假设经一步迭代终止,即

$$\boldsymbol{x}^{(2)}=\boldsymbol{x}^{(1)}-\lambda\nabla f(\boldsymbol{x}^{(1)})=\bar{\boldsymbol{x}}+\sum_{i=1}^{m}\mu_i\boldsymbol{p}^{(i)}-\lambda\nabla f(\boldsymbol{x}^{(1)})=\bar{\boldsymbol{x}},$$

则必有

$$\sum_{i=1}^{m}\mu_i\boldsymbol{p}^{(i)}-\lambda\nabla f(\boldsymbol{x}^{(1)})=\boldsymbol{0}. \tag{1}$$

已知

$$\boldsymbol{x}^{(1)}=\bar{\boldsymbol{x}}+\sum_{i=1}^{m}\mu_i\boldsymbol{p}^{(i)},$$

上式两端左乘可逆矩阵 $\boldsymbol{A}$,再加上向量 $\boldsymbol{b}$,并考虑到 $\boldsymbol{A}\bar{\boldsymbol{x}}+\boldsymbol{b}=\boldsymbol{0}$ 及$\nabla f(\boldsymbol{x}^{(1)})=\boldsymbol{A}\boldsymbol{x}^{(1)}+\boldsymbol{b}$,得到

$$\nabla f(\boldsymbol{x}^{(1)})=\sum_{i=1}^{m}\mu_i\boldsymbol{A}\boldsymbol{p}^{(i)}=\sum_{i=1}^{m}\mu_i\lambda_i\boldsymbol{p}^{(i)}. \tag{2}$$

将(2)式代入(1)式,经整理有

$$\sum_{i=1}^{m}\mu_i(1-\lambda\lambda_i)\boldsymbol{p}^{(i)}=\boldsymbol{0}.$$

由于 $\boldsymbol{p}^{(1)},\boldsymbol{p}^{(2)},\cdots,\boldsymbol{p}^{(m)}$ 线性无关,则

$$\mu_i(1-\lambda\lambda_i)=0,\quad i=1,2,\cdots,m.$$

已知 $\mu_i\neq0$,因此

$$1-\lambda\lambda_i=0,\quad i=1,2,\cdots,m.$$

由于 $\lambda_1,\lambda_2,\cdots,\lambda_m(m>1)$是互不相同正数,同时满足上述 m 个条件的 λ 不存在,因此用最速下降法搜索不可能经一步迭代终止.

7. 考虑下列问题:

$$\min\quad f(\boldsymbol{x})\stackrel{\text{def}}{=}\frac{1}{2}\boldsymbol{x}^{\mathrm{T}}\boldsymbol{A}\boldsymbol{x}+\boldsymbol{b}^{\mathrm{T}}\boldsymbol{x}+c,\quad \boldsymbol{x}\in\mathbb{R}^n,$$

$\boldsymbol{A}$ 为对称正定矩阵. 设从点 $\boldsymbol{x}^{(k)}$ 出发, 用最速下降法求后继点 $\boldsymbol{x}^{(k+1)}$. 证明:

$$f(\boldsymbol{x}^{(k)}) - f(\boldsymbol{x}^{(k+1)}) = \frac{[\nabla f(\boldsymbol{x}^{(k)})^{\mathrm{T}} \nabla f(\boldsymbol{x}^{(k)})]^2}{2 \nabla f(\boldsymbol{x}^{(k)})^{\mathrm{T}} \boldsymbol{A} \nabla f(\boldsymbol{x}^{(k)})}.$$

证　最速下降法迭代公式为

$$\boldsymbol{x}^{(k+1)} = \boldsymbol{x}^{(k)} - \lambda_k \nabla f(\boldsymbol{x}^{(k)}). \tag{1}$$

式中 λ_k 是从 $\boldsymbol{x}^{(k)}$ 出发, 沿方向 $\boldsymbol{d}^{(k)} = -\nabla f(\boldsymbol{x}^{(k)})$ 搜索的移动步长, 记

$$\varphi(\lambda) = f(\boldsymbol{x}^{(k)} - \lambda \nabla f(\boldsymbol{x}^{(k)})),$$

则

$$\begin{aligned}\varphi'(\lambda) &= \nabla f(\boldsymbol{x}^{(k)} - \lambda \nabla f(\boldsymbol{x}^{(k)}))^{\mathrm{T}}(-\nabla f(\boldsymbol{x}^{(k)})) \\ &= -[\boldsymbol{A}(\boldsymbol{x}^{(k)} - \lambda \nabla f(\boldsymbol{x}^{(k)})) + \boldsymbol{b}]^{\mathrm{T}} \nabla f(\boldsymbol{x}^{(k)}) \\ &= -[\nabla f(\boldsymbol{x}^{(k)}) - \lambda \boldsymbol{A} \nabla f(\boldsymbol{x}^{(k)})]^{\mathrm{T}} \nabla f(\boldsymbol{x}^{(k)}).\end{aligned}$$

令 $\varphi'(\lambda)=0$, 解得步长

$$\lambda_k = \frac{\nabla f(\boldsymbol{x}^{(k)})^{\mathrm{T}} \nabla f(\boldsymbol{x}^{(k)})}{\nabla f(\boldsymbol{x}^{(k)})^{\mathrm{T}} \boldsymbol{A} \nabla f(\boldsymbol{x}^{(k)})}. \tag{2}$$

两点目标函数值之差为:

$$f(\boldsymbol{x}^{(k)}) - f(\boldsymbol{x}^{(k+1)}) = \frac{1}{2}\boldsymbol{x}^{(k)\mathrm{T}}\boldsymbol{A}\boldsymbol{x}^{(k)} - \frac{1}{2}\boldsymbol{x}^{(k+1)\mathrm{T}}\boldsymbol{A}\boldsymbol{x}^{(k+1)} + \boldsymbol{b}^{\mathrm{T}}(\boldsymbol{x}^{(k)} - \boldsymbol{x}^{(k+1)}). \tag{3}$$

式中,

$$\begin{aligned}\boldsymbol{x}^{(k+1)\mathrm{T}}\boldsymbol{A}\boldsymbol{x}^{(k+1)} &= (\boldsymbol{x}^{(k)} - \lambda_k \nabla f(\boldsymbol{x}^{(k)}))^{\mathrm{T}}\boldsymbol{A}(\boldsymbol{x}^{(k)} - \lambda_k \nabla f(\boldsymbol{x}^{(k)})) = \boldsymbol{x}^{(k)\mathrm{T}}\boldsymbol{A}\boldsymbol{x}^{(k)} \\ &\quad - 2\lambda_k \boldsymbol{x}^{(k)\mathrm{T}}\boldsymbol{A} \nabla f(\boldsymbol{x}^{(k)}) + \lambda_k^2 \nabla f(\boldsymbol{x}^{(k)})^{\mathrm{T}}\boldsymbol{A} \nabla f(\boldsymbol{x}^{(k)}),\end{aligned} \tag{4}$$

$$\begin{aligned}\boldsymbol{b}^{\mathrm{T}}(\boldsymbol{x}^{(k)} - \boldsymbol{x}^{(k+1)}) &= (\nabla f(\boldsymbol{x}^{(k)}) - \boldsymbol{A}\boldsymbol{x}^{(k)})^{\mathrm{T}}(\lambda_k \nabla f(\boldsymbol{x}^{(k)})) \\ &= \lambda_k \nabla f(\boldsymbol{x}^{(k)})^{\mathrm{T}} \nabla f(\boldsymbol{x}^{(k)}) - \lambda_k \boldsymbol{x}^{(k)\mathrm{T}}\boldsymbol{A} \nabla f(\boldsymbol{x}^{(k)}).\end{aligned} \tag{5}$$

将(4)式,(5)式代入(3)式,并注意到(2)式,则

$$\begin{aligned}f(\boldsymbol{x}^{(k)}) - f(\boldsymbol{x}^{(k+1)}) &= -\frac{1}{2}\lambda_k^2 \nabla f(\boldsymbol{x}^{(k)})^{\mathrm{T}}\boldsymbol{A} \nabla f(\boldsymbol{x}^{(k)}) + \lambda_k \nabla f(\boldsymbol{x}^{(k)})^{\mathrm{T}} \nabla f(\boldsymbol{x}^{(k)}) \\ &= -\frac{1}{2} \frac{[\nabla f(\boldsymbol{x}^{(k)})^{\mathrm{T}} \nabla f(\boldsymbol{x}^{(k)})]^2}{\nabla f(\boldsymbol{x}^{(k)})^{\mathrm{T}}\boldsymbol{A} \nabla f(\boldsymbol{x}^{(k)})} + \frac{[\nabla f(\boldsymbol{x}^{(k)})^{\mathrm{T}} \nabla f(\boldsymbol{x}^{(k)})]^2}{\nabla f(\boldsymbol{x}^{(k)})^{\mathrm{T}}\boldsymbol{A} \nabla f(\boldsymbol{x}^{(k)})} \\ &= \frac{[\nabla f(\boldsymbol{x}^{(k)})^{\mathrm{T}} \nabla f(\boldsymbol{x}^{(k)})]^2}{2 \nabla f(\boldsymbol{x}^{(k)})^{\mathrm{T}}\boldsymbol{A} \nabla f(\boldsymbol{x}^{(k)})}.\end{aligned}$$

8. 设 $f(\boldsymbol{x}) = \frac{1}{2}\boldsymbol{x}^{\mathrm{T}}\boldsymbol{A}\boldsymbol{x} - \boldsymbol{b}^{\mathrm{T}}\boldsymbol{x}$, $\boldsymbol{A}$ 是对称正定矩阵. 用最速下降法求 $f(\boldsymbol{x})$ 的极小点, 迭代公式如下:

$$\boldsymbol{x}^{(k+1)} = \boldsymbol{x}^{(k)} - \frac{\boldsymbol{g}_k^{\mathrm{T}}\boldsymbol{g}_k}{\boldsymbol{g}_k^{\mathrm{T}}\boldsymbol{A}\boldsymbol{g}_k}\boldsymbol{g}_k, \tag{10.1}$$

其中 $\boldsymbol{g}_k$ 是 $f(\boldsymbol{x})$ 在点 $\boldsymbol{x}^{(k)}$ 处的梯度. 令

$$E(\boldsymbol{x}) = \frac{1}{2}(\boldsymbol{x} - \bar{\boldsymbol{x}})^{\mathrm{T}}\boldsymbol{A}(\boldsymbol{x} - \bar{\boldsymbol{x}}) = f(\boldsymbol{x}) + \frac{1}{2}\bar{\boldsymbol{x}}^{\mathrm{T}}\boldsymbol{A}\bar{\boldsymbol{x}},$$

其中$\bar{x}$是 $f(\boldsymbol{x})$的极小点.证明迭代算法(10.1)式满足

$$E(\boldsymbol{x}^{(k+1)})=\left[1-\frac{(\boldsymbol{g}_k^{\mathrm{T}}\boldsymbol{g}_k)^2}{(\boldsymbol{g}_k^{\mathrm{T}}\boldsymbol{A}\boldsymbol{g}_k)(\boldsymbol{g}_k^{\mathrm{T}}\boldsymbol{A}^{-1}\boldsymbol{g}_k)}\right]E(\boldsymbol{x}^{(k)}).$$

(提示：直接计算$[E(\boldsymbol{x}^{(k)})-E(\boldsymbol{x}^{(k+1)})]/E(\boldsymbol{x}^{(k)})$，并注意到$\boldsymbol{A}(\boldsymbol{x}^{(k)}-\bar{\boldsymbol{x}})=\boldsymbol{g}_k$.)

证

$$\begin{aligned}
&1-\frac{E(\boldsymbol{x}^{(k+1)})}{E(\boldsymbol{x}^{(k)})}\\
=&\frac{E(\boldsymbol{x}^{(k)})-E(\boldsymbol{x}^{(k+1)})}{E(\boldsymbol{x}^{(k)})}\\
=&\frac{(\boldsymbol{x}^{(k)}-\bar{\boldsymbol{x}})^{\mathrm{T}}\boldsymbol{A}(\boldsymbol{x}^{(k)}-\bar{\boldsymbol{x}})-(\boldsymbol{x}^{(k+1)}-\bar{\boldsymbol{x}})^{\mathrm{T}}\boldsymbol{A}(\boldsymbol{x}^{(k+1)}-\bar{\boldsymbol{x}})}{(\boldsymbol{x}^{(k)}-\bar{\boldsymbol{x}})^{\mathrm{T}}\boldsymbol{A}(\boldsymbol{x}^{(k)}-\bar{\boldsymbol{x}})}\\
=&\frac{(\boldsymbol{x}^{(k)}-\bar{\boldsymbol{x}})^{\mathrm{T}}\boldsymbol{A}(\boldsymbol{x}^{(k)}-\bar{\boldsymbol{x}})-\left(\boldsymbol{x}^{(k)}-\bar{\boldsymbol{x}}-\frac{\boldsymbol{g}_k^{\mathrm{T}}\boldsymbol{g}_k}{\boldsymbol{g}_k^{\mathrm{T}}\boldsymbol{A}\boldsymbol{g}_k}\boldsymbol{g}_k\right)^{\mathrm{T}}\boldsymbol{A}\left(\boldsymbol{x}^{(k)}-\bar{\boldsymbol{x}}-\frac{\boldsymbol{g}_k^{\mathrm{T}}\boldsymbol{g}_k}{\boldsymbol{g}_k^{\mathrm{T}}\boldsymbol{A}\boldsymbol{g}^{(k)}}\boldsymbol{g}_k\right)}{(\boldsymbol{x}^{(k)}-\bar{\boldsymbol{x}})^{\mathrm{T}}\boldsymbol{A}\boldsymbol{A}^{-1}\boldsymbol{A}(\boldsymbol{x}^{(k)}-\bar{\boldsymbol{x}})}\\
=&\frac{\frac{2\boldsymbol{g}_k^{\mathrm{T}}\boldsymbol{g}_k}{\boldsymbol{g}_k^{\mathrm{T}}\boldsymbol{A}\boldsymbol{g}_k}\boldsymbol{g}_k^{\mathrm{T}}\boldsymbol{A}(\boldsymbol{x}^{(k)}-\bar{\boldsymbol{x}})-\left(\frac{\boldsymbol{g}_k^{\mathrm{T}}\boldsymbol{g}_k}{\boldsymbol{g}_k^{\mathrm{T}}\boldsymbol{A}\boldsymbol{g}_k}\right)^2\boldsymbol{g}_k^{\mathrm{T}}\boldsymbol{A}\boldsymbol{g}_k}{\boldsymbol{g}_k^{\mathrm{T}}\boldsymbol{A}^{-1}\boldsymbol{g}_k}\\
=&\frac{(\boldsymbol{g}_k^{\mathrm{T}}\boldsymbol{g}_k)^2}{(\boldsymbol{g}_k^{\mathrm{T}}\boldsymbol{A}\boldsymbol{g}_k)(\boldsymbol{g}_k^{\mathrm{T}}\boldsymbol{A}^{-1}\boldsymbol{g}_k)}.
\end{aligned}$$

两边乘以 $E(\boldsymbol{x}^{(k)})$，经移项，得到

$$E(\boldsymbol{x}^{(k+1)})=\left[1-\frac{(\boldsymbol{g}_k^{\mathrm{T}}\boldsymbol{g}_k)^2}{(\boldsymbol{g}_k^{\mathrm{T}}\boldsymbol{A}\boldsymbol{g}_k)(\boldsymbol{g}_k^{\mathrm{T}}\boldsymbol{A}^{-1}\boldsymbol{g}_k)}\right]E(\boldsymbol{x}^{(k)}).$$

9. 设 $f(\boldsymbol{x})=\frac{1}{2}\boldsymbol{x}^{\mathrm{T}}\boldsymbol{A}\boldsymbol{x}-\boldsymbol{b}^{\mathrm{T}}\boldsymbol{x}$，$\boldsymbol{A}$ 为对称正定矩阵，任取初始点 $\boldsymbol{x}^{(1)}\in\mathbb{R}^n$. 证明最速下降法(10.1)式产生的序列$\{\boldsymbol{x}^{(k)}\}$收敛于惟一的极小点$\bar{\boldsymbol{x}}$，并且对每一个 k，成立

$$E(\boldsymbol{x}^{(k+1)})\leqslant\left(\frac{M-m}{M+m}\right)^2E(\boldsymbol{x}^{(k)}),\tag{10.2}$$

其中 $E(\boldsymbol{x})=\frac{1}{2}(\boldsymbol{x}-\bar{\boldsymbol{x}})^{\mathrm{T}}\boldsymbol{A}(\boldsymbol{x}-\bar{\boldsymbol{x}})$，$M$ 和 m 分别是矩阵 $\boldsymbol{A}$ 的最大和最小特征值.

(提示：利用习题 8 的结果和 Kantorovich 不等式.这个不等式是，对任意的非零向量 $\boldsymbol{x}$，有

$$\frac{(\boldsymbol{x}^{\mathrm{T}}\boldsymbol{x})^2}{(\boldsymbol{x}^{\mathrm{T}}\boldsymbol{A}\boldsymbol{x})(\boldsymbol{x}^{\mathrm{T}}\boldsymbol{A}^{-1}\boldsymbol{x})}\geqslant\frac{4mM}{(m+M)^2}.\tag{10.3}$$

先证不等式(10.2)，再证收敛性.)

证 由 8 题所证，有

$$E(\boldsymbol{x}^{(k+1)})=\left\{1-\frac{(\boldsymbol{g}_k^{\mathrm{T}}\boldsymbol{g}_k)^2}{(\boldsymbol{g}_k^{\mathrm{T}}\boldsymbol{A}\boldsymbol{g}_k)(\boldsymbol{g}_k^{\mathrm{T}}\boldsymbol{A}^{-1}\boldsymbol{g}_k)}\right\}E(\boldsymbol{x}^{(k)}).\tag{1}$$

根据 Kantorovich 不等式，有

$$\frac{(\boldsymbol{g}_k^{\mathrm{T}}\boldsymbol{g}_k)^2}{(\boldsymbol{g}_k^{\mathrm{T}}\boldsymbol{A}\boldsymbol{g}_k)(\boldsymbol{g}_k^{\mathrm{T}}\boldsymbol{A}^{-1}\boldsymbol{g}_k)} \geqslant \frac{4Mm}{(m+M)^2}.$$

代入(1)式，由于 $E(\boldsymbol{x}^{(k)})\geqslant 0$，必有

$$E(\boldsymbol{x}^{(k+1)}) \leqslant \left[1-\frac{4Mm}{(m+M)^2}\right]E(\boldsymbol{x}^{(k)}), \quad 即\ E(\boldsymbol{x}^{(k+1)}) \leqslant \left(\frac{M-m}{M+m}\right)^2 E(\boldsymbol{x}^{(k)}).$$

序列$\{E(\boldsymbol{x}^{(k)})\}$是单调递减有下界的正数列，必收敛于 $E(\bar{\boldsymbol{x}})=0$，因此 $\|\boldsymbol{x}^{(k)}-\bar{\boldsymbol{x}}\|\to 0(k\to+\infty)$. 由此可知，迭代产生的序列$\{\boldsymbol{x}^{(k)}\}$收敛于惟一极小点$\bar{\boldsymbol{x}}$.

10. 证明向量$(1,0)^{\mathrm{T}}$和$(3,-2)^{\mathrm{T}}$关于矩阵

$$\boldsymbol{A}=\begin{bmatrix}2 & 3\\ 3 & 5\end{bmatrix}$$

共轭.

证 由于

$$(1,0)\begin{bmatrix}2 & 3\\ 3 & 5\end{bmatrix}\begin{bmatrix}3\\ -2\end{bmatrix}=(2,3)\begin{bmatrix}3\\ -2\end{bmatrix}=0,$$

因此$\begin{bmatrix}1\\ 0\end{bmatrix}$，$\begin{bmatrix}3\\ -2\end{bmatrix}$关于$\begin{bmatrix}2 & 3\\ 3 & 5\end{bmatrix}$共轭.

11. 给定矩阵

$$\boldsymbol{A}=\begin{bmatrix}1 & 2\\ 2 & 5\end{bmatrix},\quad \boldsymbol{B}=\begin{bmatrix}1 & -1 & 0\\ -1 & 2 & 0\\ 0 & 0 & 3\end{bmatrix},$$

关于 $\boldsymbol{A}$，$\boldsymbol{B}$ 各求出一组共轭方向.

解 不惟一，仅举一例.

如$\begin{bmatrix}1\\ 1\end{bmatrix}$，$\begin{bmatrix}7\\ -3\end{bmatrix}$关于 $\boldsymbol{A}$ 共轭. $\begin{bmatrix}1\\ 0\\ 0\end{bmatrix}$，$\begin{bmatrix}1\\ 1\\ 0\end{bmatrix}$，$\begin{bmatrix}0\\ 0\\ 1\end{bmatrix}$关于 $\boldsymbol{B}$ 共轭.

12. 设 $\boldsymbol{A}$ 为 n 阶实对称正定矩阵，证明 $\boldsymbol{A}$ 的 n 个互相正交的特征向量 $\boldsymbol{p}^{(1)},\boldsymbol{p}^{(2)},\cdots,\boldsymbol{p}^{(n)}$ 关于 $\boldsymbol{A}$ 共轭.

证 设 $\boldsymbol{A}\boldsymbol{p}^{(i)}=\lambda_i\boldsymbol{p}^{(i)}$，$i=1,2,\cdots,n$. 已知当 $i\neq j$ 时，$\boldsymbol{p}^{(i)\mathrm{T}}\boldsymbol{p}^{(j)}=0$. 因此

$$\boldsymbol{p}^{(i)\mathrm{T}}\boldsymbol{A}\boldsymbol{p}^{(j)}=\lambda_j\boldsymbol{p}^{(i)\mathrm{T}}\boldsymbol{p}^{(j)}=0,\quad i\neq j.$$

故 $\boldsymbol{p}^{(1)},\boldsymbol{p}^{(2)},\cdots,\boldsymbol{p}^{(n)}$ 关于 $\boldsymbol{A}$ 共轭.

13. 设 $\boldsymbol{p}^{(1)},\boldsymbol{p}^{(2)},\cdots,\boldsymbol{p}^{(n)}\in\mathbb{R}^n$ 为一组线性无关向量，$\boldsymbol{H}$ 是 n 阶对称正定矩阵，令向量 $\boldsymbol{d}^{(k)}$ 为

$$\boldsymbol{d}^{(k)}=\begin{cases}\boldsymbol{p}^{(k)}, & k=1,\\ \boldsymbol{p}^{(k)}-\displaystyle\sum_{i=1}^{k-1}\left[\frac{\boldsymbol{d}^{(i)\mathrm{T}}\boldsymbol{H}\boldsymbol{p}^{(k)}}{\boldsymbol{d}^{(i)\mathrm{T}}\boldsymbol{H}\boldsymbol{d}^{(i)}}\right]\boldsymbol{d}^{(i)}, & k=2,\cdots,n.\end{cases}$$

证明 $\boldsymbol{d}^{(1)},\boldsymbol{d}^{(2)},\cdots,\boldsymbol{d}^{(n)}$ 关于 $\boldsymbol{H}$ 共轭.

证 用数学归纳法.

当 $k=2$ 时

$$\begin{aligned}\boldsymbol{d}^{(1)\mathrm{T}}\boldsymbol{H}\boldsymbol{d}^{(2)} &= \boldsymbol{p}^{(1)\mathrm{T}}\boldsymbol{H}\left(\boldsymbol{p}^{(2)}-\frac{\boldsymbol{d}^{(1)\mathrm{T}}\boldsymbol{H}\boldsymbol{p}^{(2)}}{\boldsymbol{d}^{(1)\mathrm{T}}\boldsymbol{H}\boldsymbol{d}^{(1)}}\boldsymbol{d}^{(1)}\right)\\ &= \boldsymbol{p}^{(1)\mathrm{T}}\boldsymbol{H}\left(\boldsymbol{p}^{(2)}-\frac{\boldsymbol{p}^{(1)\mathrm{T}}\boldsymbol{H}\boldsymbol{p}^{(2)}}{\boldsymbol{p}^{(1)\mathrm{T}}\boldsymbol{H}\boldsymbol{p}^{(1)}}\boldsymbol{p}^{(1)}\right)\\ &= \boldsymbol{p}^{(1)\mathrm{T}}\boldsymbol{H}\boldsymbol{p}^{(2)}-\boldsymbol{p}^{(1)\mathrm{T}}\boldsymbol{H}\boldsymbol{p}^{(2)}\\ &= 0,\end{aligned}$$

即 $\boldsymbol{d}^{(1)},\boldsymbol{d}^{(2)}$ 关于 $\boldsymbol{H}$ 共轭.

设 $k<n$ 时结论成立,即对所有不同的正整数 $j,t\leqslant k<n$,有 $\boldsymbol{d}^{(j)\mathrm{T}}\boldsymbol{H}\boldsymbol{d}^{(t)}=0$.

当 $k=n$ 时,有

$$\begin{aligned}\boldsymbol{d}^{(j)\mathrm{T}}\boldsymbol{H}\boldsymbol{d}^{(n)} &= \boldsymbol{d}^{(j)\mathrm{T}}\boldsymbol{H}\left[\boldsymbol{p}^{(n)}-\sum_{i=1}^{n-1}\frac{\boldsymbol{d}^{(i)\mathrm{T}}\boldsymbol{H}\boldsymbol{p}^{(n)}}{\boldsymbol{d}^{(i)\mathrm{T}}\boldsymbol{H}\boldsymbol{d}^{(i)}}\boldsymbol{d}^{(i)}\right]\quad (j<n)\\ &= \boldsymbol{d}^{(j)\mathrm{T}}\boldsymbol{H}\boldsymbol{p}^{(n)}-\sum_{i=1}^{n-1}\frac{\boldsymbol{d}^{(i)\mathrm{T}}\boldsymbol{H}\boldsymbol{p}^{(n)}}{\boldsymbol{d}^{(i)\mathrm{T}}\boldsymbol{H}\boldsymbol{d}^{(i)}}\boldsymbol{d}^{(j)\mathrm{T}}\boldsymbol{H}\boldsymbol{d}^{(i)}\\ &= \boldsymbol{d}^{(j)\mathrm{T}}\boldsymbol{H}\boldsymbol{p}^{(n)}-\boldsymbol{d}^{(j)\mathrm{T}}\boldsymbol{H}\boldsymbol{p}^{(n)}\\ &= 0.\end{aligned}$$

因此,$k=n$ 时结论成立,即 $\boldsymbol{d}^{(1)},\boldsymbol{d}^{(2)},\cdots,\boldsymbol{d}^{(n)}$ 关于 $\boldsymbol{H}$ 共轭.

14. 用共轭梯度法求解下列问题:

(1) $\min\ \frac{1}{2}x_1^2+x_2^2$,取初始点 $\boldsymbol{x}^{(1)}=(4,4)^{\mathrm{T}}$.

(2) $\min\ x_1^2+2x_2^2-2x_1x_2+2x_2+2$,取初始点 $\boldsymbol{x}^{(1)}=(0,0)^{\mathrm{T}}$.

(3) $\min\ (x_1-2)^2+2(x_2-1)^2$,取初始点 $\boldsymbol{x}^{(1)}=(1,3)^{\mathrm{T}}$.

(4) $\min\ 2x_1^2+2x_1x_2+x_2^2+3x_1-4x_2$,取初始点 $\boldsymbol{x}^{(1)}=(3,4)^{\mathrm{T}}$.

(5) $\min\ 2x_1^2+2x_1x_2+5x_2^2$,取初始点 $\boldsymbol{x}^{(1)}=(2,-2)^{\mathrm{T}}$.

解 目标函数记作 $f(\boldsymbol{x})$,在点 $\boldsymbol{x}^{(k)}$ 处目标函数的梯度记作 $\boldsymbol{g}_k=\nabla f(\boldsymbol{x}^{(k)})$.

(1) $\nabla f(\boldsymbol{x})=\begin{bmatrix}x_1\\2x_2\end{bmatrix}$,搜索方向记作 $\boldsymbol{d}^{(k)}$.

第 1 次迭代:

$$\boldsymbol{d}^{(1)}=-\boldsymbol{g}_1=\begin{bmatrix}-4\\-8\end{bmatrix},\quad \boldsymbol{x}^{(1)}+\lambda\boldsymbol{d}^{(1)}=\begin{bmatrix}4-4\lambda\\4-8\lambda\end{bmatrix},$$

$$\varphi(\lambda)=f(\boldsymbol{x}^{(1)}+\lambda\boldsymbol{d}^{(1)})=\frac{1}{2}(4-4\lambda)^2+(4-8\lambda)^2.$$

令 $\varphi'(\lambda)=0$. 得到

$$\lambda_1=\frac{5}{9},\quad 故\ \boldsymbol{x}^{(2)}=\begin{bmatrix}\frac{16}{9}\\-\frac{4}{9}\end{bmatrix}.$$

第 2 次迭代：

$$\boldsymbol{g}_2=\begin{bmatrix}\frac{16}{9}\\-\frac{8}{9}\end{bmatrix},\quad \beta_1=\frac{\|\boldsymbol{g}_2\|^2}{\|\boldsymbol{g}_1\|^2}=\frac{4}{81},\quad -\boldsymbol{g}_2+\beta_1\boldsymbol{d}^{(1)}=\begin{bmatrix}-\frac{16}{9}\\\frac{8}{9}\end{bmatrix}+\frac{4}{81}\begin{bmatrix}-4\\-8\end{bmatrix}=\frac{40}{81}\begin{bmatrix}-4\\1\end{bmatrix}.$$

令 $\boldsymbol{d}^{(2)}=\begin{bmatrix}-4\\1\end{bmatrix}$,则

$$\boldsymbol{x}^{(2)}+\lambda\boldsymbol{d}^{(2)}=\begin{bmatrix}\frac{16}{9}\\-\frac{4}{9}\end{bmatrix}+\lambda\begin{bmatrix}-4\\1\end{bmatrix}=\begin{bmatrix}\frac{16}{9}-4\lambda\\-\frac{4}{9}+\lambda\end{bmatrix},$$

$$\varphi(\lambda)=f(\boldsymbol{x}^{(2)}+\lambda\boldsymbol{d}^{(2)})=\frac{1}{2}\left(\frac{16}{9}-4\lambda\right)^2+\left(-\frac{4}{9}+\lambda\right)^2.$$

令 $\varphi'(\lambda)=0$,得到

$$\lambda_2=\frac{4}{9},\quad 故\ \boldsymbol{x}^{(3)}=\boldsymbol{x}^{(2)}+\lambda_2\boldsymbol{d}^{(2)}=\begin{bmatrix}0\\0\end{bmatrix},\quad 最优解\ \bar{\boldsymbol{x}}=\begin{bmatrix}0\\0\end{bmatrix}.$$

(2) $\nabla f(\boldsymbol{x})=\begin{bmatrix}2x_1-2x_2\\-2x_1+4x_2+2\end{bmatrix},\boldsymbol{x}^{(1)}=\begin{bmatrix}0\\0\end{bmatrix}$.

第 1 次迭代：

$$\boldsymbol{d}^{(1)}=-\boldsymbol{g}_1=\begin{bmatrix}0\\-2\end{bmatrix},\quad \boldsymbol{x}^{(1)}+\lambda\boldsymbol{d}^{(1)}=\begin{bmatrix}0\\-2\lambda\end{bmatrix},\quad \varphi(\lambda)=f(\boldsymbol{x}^{(1)}+\lambda\boldsymbol{d}^{(1)})=8\lambda^2-4\lambda+2.$$

令 $\varphi'(\lambda)=0$,得到

$$\lambda_1=\frac{1}{4},\quad 故\ \boldsymbol{x}^{(2)}=\begin{bmatrix}0\\-\frac{1}{2}\end{bmatrix},\quad \boldsymbol{g}_2=\begin{bmatrix}1\\0\end{bmatrix}.$$

第 2 次迭代：

$$\beta_1=\frac{\|\boldsymbol{g}_2\|^2}{\|\boldsymbol{g}_1\|^2}=\frac{1}{4},\quad \boldsymbol{d}^{(2)}=-\boldsymbol{g}_2+\beta_1\boldsymbol{d}^{(1)}=\begin{bmatrix}-1\\-\frac{1}{2}\end{bmatrix},$$

$$\boldsymbol{x}^{(2)}+\lambda\boldsymbol{d}^{(2)}=\begin{bmatrix}0\\-\frac{1}{2}\end{bmatrix}+\lambda\begin{bmatrix}-1\\-\frac{1}{2}\end{bmatrix}=\begin{bmatrix}-\lambda\\-\frac{1}{2}(1+\lambda)\end{bmatrix},$$

$$\varphi(\lambda)=f(\boldsymbol{x}^{(2)}+\lambda\boldsymbol{d}^{(2)})=\lambda^2+\frac{1}{2}(1+\lambda)^2-\lambda(1+\lambda)-(1+\lambda)+2.$$

令 $\varphi'(\lambda)=0$， 得到 $\lambda_2=1$,故

$$\boldsymbol{x}^{(3)}=\begin{bmatrix}-1\\-1\end{bmatrix},\quad \nabla f(\boldsymbol{x}^{(3)})=\begin{bmatrix}0\\0\end{bmatrix},\quad \text{最优解}\bar{\boldsymbol{x}}=\begin{bmatrix}-1\\-1\end{bmatrix}.$$

(3) $\nabla f(\boldsymbol{x})=\begin{bmatrix}2(x_1-2)\\4(x_2-1)\end{bmatrix},\boldsymbol{x}^{(1)}=\begin{bmatrix}1\\3\end{bmatrix}$.

第 1 次迭代：

$$\boldsymbol{d}^{(1)}=-\boldsymbol{g}_1=\begin{bmatrix}2\\-8\end{bmatrix},\quad \boldsymbol{x}^{(1)}+\lambda\boldsymbol{d}^{(1)}=\begin{bmatrix}1+2\lambda\\3-8\lambda\end{bmatrix},$$

$\varphi(\lambda)=(2\lambda-1)^2+2(2-8\lambda)^2$. 令 $\varphi'(\lambda)=0$,得到 $\lambda_1=\dfrac{17}{66}$,故

$$\boldsymbol{x}^{(2)}=\begin{bmatrix}\dfrac{50}{33}\\[2mm]\dfrac{31}{33}\end{bmatrix},\quad \boldsymbol{g}_2=\begin{bmatrix}-\dfrac{32}{33}\\[2mm]-\dfrac{8}{33}\end{bmatrix}.$$

第 2 次迭代：

$$\beta_1=\frac{\|\boldsymbol{g}_2\|^2}{\|\boldsymbol{g}_1\|^2}=\frac{16}{33^2},\quad -\boldsymbol{g}_2+\beta_1\boldsymbol{d}^{(1)}=\frac{8\times 17}{33^2}\begin{bmatrix}8\\1\end{bmatrix}.$$

令

$$\boldsymbol{d}^{(2)}=\begin{bmatrix}8\\1\end{bmatrix},\quad \boldsymbol{x}^{(3)}=\boldsymbol{x}^{(2)}+\lambda\boldsymbol{d}^{(2)}=\begin{bmatrix}\dfrac{50}{33}+8\lambda\\[2mm]\dfrac{31}{33}+\lambda\end{bmatrix},$$

$$\varphi(\lambda)=f(\boldsymbol{x}^{(2)}+\lambda\boldsymbol{d}^{(2)})=\left(8\lambda-\frac{16}{33}\right)^2+2\left(\lambda-\frac{2}{33}\right)^2.$$

令 $\varphi'(\lambda)=0$,得到 $\lambda_2=\dfrac{2}{33}$,故 $\boldsymbol{x}^{(3)}=\begin{bmatrix}2\\1\end{bmatrix},\nabla f(\boldsymbol{x}^{(3)})=\begin{bmatrix}0\\0\end{bmatrix}$,最优解$\bar{\boldsymbol{x}}=\begin{bmatrix}2\\1\end{bmatrix}$.

(4) $\nabla f(\boldsymbol{x})=\begin{bmatrix}4x_1+2x_2+3\\2x_1+2x_2-4\end{bmatrix}$, $\boldsymbol{x}^{(1)}=\begin{bmatrix}3\\4\end{bmatrix}$.

第 1 次迭代

$$\boldsymbol{d}^{(1)}=-\boldsymbol{g}_1=\begin{bmatrix}-23\\-10\end{bmatrix},\quad \boldsymbol{x}^{(1)}+\lambda\boldsymbol{d}^{(1)}=\begin{bmatrix}3-23\lambda\\4-10\lambda\end{bmatrix},$$

$$\varphi(\lambda)=2(3-23\lambda)^2+2(3-23\lambda)(4-10\lambda)+(4-10\lambda)^2+3(3-23\lambda)-4(4-10\lambda).$$

令 $\varphi'(\lambda)=0$,得到 $\lambda_1=\dfrac{629}{3236}\approx 0.194$,故

$$\boldsymbol{x}^{(2)}=\begin{bmatrix}3-23\lambda_1\\4-10\lambda_1\end{bmatrix}=\begin{bmatrix}-1.462\\2.06\end{bmatrix},\quad \boldsymbol{g}_2=\begin{bmatrix}1.272\\-2.804\end{bmatrix}.$$

第 2 次迭代：

$$\beta_1=\frac{\|\boldsymbol{g}_2\|^2}{\|\boldsymbol{g}_1\|^2}=0.015,\quad \boldsymbol{d}^{(2)}=-\boldsymbol{g}_2+\beta_1\boldsymbol{d}^{(1)}=\begin{bmatrix}-1.617\\2.654\end{bmatrix},$$

$$\boldsymbol{x}^{(2)}+\lambda\boldsymbol{d}^{(2)}=\begin{bmatrix}-1.462-1.617\lambda\\2.06+2.654\lambda\end{bmatrix},$$

$$\varphi(\lambda)=2(-1.462-1.617\lambda)^2+2(-1.462-1.617\lambda)(2.06+2.654\lambda)+(2.06+2.654\lambda)^2+3(-1.462-1.617\lambda)-4(2.06+2.654\lambda).$$

令 $\varphi'(\lambda)=0$，即 $7.380\lambda-9.499=0$，得 $\lambda_2=1.287$，

$$\boldsymbol{x}^{(3)}=\boldsymbol{x}^{(2)}+\lambda_2\boldsymbol{d}^{(2)}=\begin{bmatrix}-3.543\\5.476\end{bmatrix},\quad \nabla f(\boldsymbol{x}^{(3)})=\begin{bmatrix}-0.22\\-0.134\end{bmatrix}.$$

得近似解 $\bar{\boldsymbol{x}}=\begin{bmatrix}-3.543\\5.476\end{bmatrix}$. 精确最优解 $\bar{\boldsymbol{x}}=\begin{bmatrix}-3.5\\5.5\end{bmatrix}$，误差是计算造成的.

(5) $\nabla f(\boldsymbol{x})=\begin{bmatrix}4x_1+2x_2\\2x_1+10x_2\end{bmatrix},\quad \boldsymbol{x}^{(1)}=\begin{bmatrix}2\\-2\end{bmatrix}.$

第 1 次迭代：

$$\boldsymbol{d}^{(1)}=-\boldsymbol{g}_1=\begin{bmatrix}-4\\16\end{bmatrix},\quad \boldsymbol{x}^{(1)}+\lambda\boldsymbol{d}^{(1)}=\begin{bmatrix}2-4\lambda\\-2+16\lambda\end{bmatrix},$$

$$\varphi(\lambda)=f(\boldsymbol{x}^{(1)}+\lambda\boldsymbol{d}^{(1)})=2(2-4\lambda)^2+2(2-4\lambda)(-2+16\lambda)+5(-2+16\lambda)^2.$$

令 $\varphi'(\lambda)=0$，解得 $\lambda_2=\frac{17}{148}$，于是得到

$$\boldsymbol{x}^{(2)}=\begin{bmatrix}\frac{57}{37}\\-\frac{6}{37}\end{bmatrix},\quad \boldsymbol{g}_2=\begin{bmatrix}\frac{216}{37}\\\frac{54}{37}\end{bmatrix}.$$

第 2 次迭代：

$$\beta_1=\frac{\|\boldsymbol{g}_2\|^2}{\|\boldsymbol{g}_1\|^2}=\left(\frac{27}{74}\right)^2,\quad -\boldsymbol{g}_2+\beta_1\boldsymbol{d}^{(1)}=\frac{27\times17}{37^2}\begin{bmatrix}-19\\2\end{bmatrix}.$$

令

$$\boldsymbol{d}^{(2)}=\begin{bmatrix}-19\\2\end{bmatrix},\boldsymbol{x}^{(3)}=\boldsymbol{x}^{(2)}+\lambda\boldsymbol{d}^{(2)}=\begin{bmatrix}\frac{57}{37}-19\lambda\\-\frac{6}{37}+2\lambda\end{bmatrix},$$

$$\varphi(\lambda)=f(\boldsymbol{x}^{(2)}+\lambda\boldsymbol{d}^{(2)})=2\left(\frac{57}{37}-19\lambda\right)^2+2\left(\frac{57}{37}-19\lambda\right)\left(-\frac{6}{37}+2\lambda\right)+5\left(-\frac{6}{37}+2\lambda\right)^2.$$

令 $\varphi'(\lambda)=0$，得到 $\lambda_2=\frac{3}{37}$，故 $\boldsymbol{x}^{(3)}=\begin{bmatrix}0\\0\end{bmatrix}$，$\nabla f(\boldsymbol{x}^{(3)})=\begin{bmatrix}0\\0\end{bmatrix}$，最优解 $\bar{\boldsymbol{x}}=\begin{bmatrix}0\\0\end{bmatrix}$.

15. 设将 FR 共轭梯度法用于有三个变量的函数 $f(\boldsymbol{x})$，第 1 次迭代，搜索方向 $\boldsymbol{d}^{(1)}=(1,-1,2)^{\mathrm{T}}$，沿 $\boldsymbol{d}^{(1)}$ 作精确一维搜索，得到点 $\boldsymbol{x}^{(2)}$，又设

$$\frac{\partial f(\boldsymbol{x}^{(2)})}{\partial x_1}=-2,\quad \frac{\partial f(\boldsymbol{x}^{(2)})}{\partial x_2}=-2,$$

那么按共轭梯度法的规定，从 $\boldsymbol{x}^{(2)}$ 出发的搜索方向是什么？

解 记 $\boldsymbol{g}_i=\nabla f(\boldsymbol{x}^{(i)})$. 由一维搜索知，$\boldsymbol{g}_2^{\mathrm{T}}\boldsymbol{d}^{(1)}=0$，由此得到 $\boldsymbol{g}_2=(-2,-2,0)^{\mathrm{T}}$. 根据 FR 共轭梯度法规定，

$$\boldsymbol{g}_1=-\boldsymbol{d}^{(1)}=(-1,1,-2)^{\mathrm{T}},\quad \beta_1=\frac{\|\boldsymbol{g}_2\|^2}{\|\boldsymbol{g}_1\|^2}=\frac{4}{3},\quad \text{则 } \boldsymbol{d}^{(2)}=-\boldsymbol{g}_2+\beta_1\boldsymbol{d}^{(1)}=\left(\frac{10}{3},\frac{2}{3},\frac{8}{3}\right)^{\mathrm{T}}.$$

16. 设 $\boldsymbol{A}$ 为 n 阶对称正定矩阵，非零向量 $\boldsymbol{p}^{(1)},\boldsymbol{p}^{(2)},\cdots,\boldsymbol{p}^{(n)}\in\mathbb{R}^n$ 关于矩阵 $\boldsymbol{A}$ 共轭. 证明：

$$(1)\ \boldsymbol{x}=\sum_{i=1}^{n}\frac{\boldsymbol{p}^{(i)\mathrm{T}}\boldsymbol{A}\boldsymbol{x}}{\boldsymbol{p}^{(i)\mathrm{T}}\boldsymbol{A}\boldsymbol{p}^{(i)}}\boldsymbol{p}^{(i)},\quad \forall\boldsymbol{x}\in\mathbb{R}^n.\qquad (2)\ \boldsymbol{A}^{-1}=\sum_{i=1}^{n}\frac{\boldsymbol{p}^{(i)}\boldsymbol{p}^{(i)\mathrm{T}}}{\boldsymbol{p}^{(i)\mathrm{T}}\boldsymbol{A}\boldsymbol{p}^{(i)}}.$$

证 (1) 由假设，$\boldsymbol{p}^{(1)},\boldsymbol{p}^{(2)},\cdots,\boldsymbol{p}^{(n)}$ 是 $\mathbb{R}^n$ 中 n 个线性无关向量，可作为一组基，$\forall\boldsymbol{x}\in\mathbb{R}^n$，可令

$$\boldsymbol{x}=\sum_{i=1}^{n}\lambda_i\boldsymbol{p}^{(i)}.$$

上式两端左乘 $\boldsymbol{p}^{(i)\mathrm{T}}\boldsymbol{A}$，则 $\boldsymbol{p}^{(i)\mathrm{T}}\boldsymbol{A}\boldsymbol{x}=\lambda_i\boldsymbol{p}^{(i)\mathrm{T}}\boldsymbol{A}\boldsymbol{p}^{(i)}$，从而

$$\lambda_i=\frac{\boldsymbol{p}^{(i)\mathrm{T}}\boldsymbol{A}\boldsymbol{x}}{\boldsymbol{p}^{(i)\mathrm{T}}\boldsymbol{A}\boldsymbol{p}^{(i)}}.$$

代入上式，则

$$\boldsymbol{x}=\sum_{i=1}^{n}\frac{\boldsymbol{p}^{(i)\mathrm{T}}\boldsymbol{A}\boldsymbol{x}}{\boldsymbol{p}^{(i)\mathrm{T}}\boldsymbol{A}\boldsymbol{p}^{(i)}}\boldsymbol{p}^{(i)}.$$

(2) 记 $\boldsymbol{A}^{-1}=(\boldsymbol{\beta}_1,\boldsymbol{\beta}_2,\cdots,\boldsymbol{\beta}_n)$，由(1)所证，$\boldsymbol{\beta}_j$ 可表示为

$$\boldsymbol{\beta}_j=\sum_{i=1}^{n}\frac{\boldsymbol{p}^{(i)\mathrm{T}}\boldsymbol{A}\boldsymbol{\beta}_j}{\boldsymbol{p}^{(i)\mathrm{T}}\boldsymbol{A}\boldsymbol{p}^{(i)}}\boldsymbol{p}^{(i)}=\sum_{i=1}^{n}\frac{\boldsymbol{p}^{(i)}\boldsymbol{p}^{(i)\mathrm{T}}\boldsymbol{A}\boldsymbol{\beta}_j}{\boldsymbol{p}^{(i)\mathrm{T}}\boldsymbol{A}\boldsymbol{p}^{(i)}}.$$

因此可以写作

$$(\boldsymbol{\beta}_1,\boldsymbol{\beta}_2,\cdots,\boldsymbol{\beta}_n)=\sum_{i=1}^{n}\frac{\boldsymbol{p}^{(i)}\boldsymbol{p}^{(i)\mathrm{T}}\boldsymbol{A}(\boldsymbol{\beta}_1,\boldsymbol{\beta}_2,\cdots,\boldsymbol{\beta}_n)}{\boldsymbol{p}^{(i)\mathrm{T}}\boldsymbol{A}\boldsymbol{p}^{(i)}}=\sum_{i=1}^{n}\frac{\boldsymbol{p}^{(i)}\boldsymbol{p}^{(i)\mathrm{T}}}{\boldsymbol{p}^{(i)\mathrm{T}}\boldsymbol{A}\boldsymbol{p}^{(i)}},$$

即

$$\boldsymbol{A}^{-1}=\sum_{i=1}^{n}\frac{\boldsymbol{p}^{(i)}\boldsymbol{p}^{(i)\mathrm{T}}}{\boldsymbol{p}^{(i)\mathrm{T}}\boldsymbol{A}\boldsymbol{p}^{(i)}}.$$

17. 设有非线性规划问题

$$\begin{aligned}&\min\quad \frac{1}{2}\boldsymbol{x}^{\mathrm{T}}\boldsymbol{A}\boldsymbol{x}\\&\text{s.t.}\quad \boldsymbol{x}\geqslant\boldsymbol{b},\end{aligned}$$

其中 $\boldsymbol{A}$ 为 n 阶对称正定矩阵. 设 $\bar{\boldsymbol{x}}$ 是问题的最优解. 证明 $\bar{\boldsymbol{x}}$ 与 $\bar{\boldsymbol{x}}-\boldsymbol{b}$ 关于 $\boldsymbol{A}$ 共轭.

证 此问题属于凸规划，$\bar{x}$必是 K-T 点，即满足

$$\begin{cases} A\bar{x}-w^{\mathrm{T}}=\mathbf{0}, & (1)\\ w(\bar{x}-b)=0, & (2)\\ w\geqslant \mathbf{0}. \end{cases}$$

由方程(1)，得 $w=\bar{x}^{\mathrm{T}}A$，两边右乘$\bar{x}-b$，考虑到方程(2)，则有

$$\bar{x}^{\mathrm{T}}A(\bar{x}-b)=w(\bar{x}-b)=0,$$

即$\bar{x}$与$\bar{x}-b$关于A共轭.

18. 用 DFP 方法求解下列问题：

$$\min \quad x_1^2+3x_2^2,$$

取初始点及初始矩阵为

$$x^{(1)}=\begin{bmatrix}1\\-1\end{bmatrix},\quad H_1=\begin{bmatrix}2&1\\1&1\end{bmatrix}.$$

解 记 $f(x)=x_1^2+3x_2^2$，则 $g_k=\nabla f(x^{(k)})=\begin{bmatrix}2x_1\\6x_2\end{bmatrix}$. 第 1 次迭代：

$$g_1=\begin{bmatrix}2\\-6\end{bmatrix},\quad d^{(1)}=-H_1g_1=\begin{bmatrix}2\\4\end{bmatrix},\quad x^{(1)}+\lambda d^{(1)}=\begin{bmatrix}1+2\lambda\\-1+4\lambda\end{bmatrix},$$

$$\varphi(\lambda)=f(x^{(1)}+\lambda d^{(1)})=(1+2\lambda)^2+3(-1+4\lambda)^2.$$

令 $\varphi'(\lambda)=4(1+2\lambda)+24(-1+4\lambda)=0$，得 $\lambda_1=\dfrac{5}{26}$，故

$$x^{(2)}=\begin{bmatrix}1+2\lambda_1\\-1+4\lambda_1\end{bmatrix}=\begin{bmatrix}\frac{18}{13}\\-\frac{3}{13}\end{bmatrix},\quad g_2=\begin{bmatrix}\frac{36}{13}\\-\frac{18}{13}\end{bmatrix}.$$

第 2 次迭代：

记

$$p^{(1)}=x^{(2)}-x^{(1)}=\lambda_1 d^{(1)}=\frac{5}{13}\begin{bmatrix}1\\2\end{bmatrix},\quad q^{(1)}=g_2-g_1=\begin{bmatrix}\frac{36}{13}\\-\frac{18}{13}\end{bmatrix}-\begin{bmatrix}2\\-6\end{bmatrix}=\frac{10}{13}\begin{bmatrix}1\\6\end{bmatrix},$$

$$H_2=H_1+\frac{p^{(1)}p^{(1)\mathrm{T}}}{p^{(1)\mathrm{T}}q^{(1)}}-\frac{H_1q^{(1)}q^{(1)\mathrm{T}}H_1}{q^{(1)\mathrm{T}}H_1q^{(1)}}=\frac{1}{650}\begin{bmatrix}493&-28\\-28&113\end{bmatrix},\quad -H_2g_2=\frac{18\times 169}{650\times 13}\begin{bmatrix}-6\\1\end{bmatrix}.$$

令 $d^{(2)}=\begin{bmatrix}-6\\1\end{bmatrix}$，则 $x^{(2)}+\lambda d^{(2)}=\begin{bmatrix}\frac{18}{13}\\-\frac{3}{13}\end{bmatrix}+\begin{bmatrix}-6\lambda\\\lambda\end{bmatrix}=\begin{bmatrix}\frac{18}{13}-6\lambda\\-\frac{3}{13}+\lambda\end{bmatrix}$,

$\varphi(\lambda)=\left(\dfrac{18}{13}-6\lambda\right)^2+3\left(-\dfrac{3}{13}+\lambda\right)^2$. 令 $\varphi'(\lambda)=0$,

得到 $\lambda_2=\dfrac{9}{39}$,故 $\boldsymbol{x}^{(3)}=\begin{bmatrix}0\\0\end{bmatrix}$,$\nabla f(\boldsymbol{x}^{(3)})=\begin{bmatrix}0\\0\end{bmatrix}$. 最优解为$\bar{\boldsymbol{x}}=\begin{bmatrix}0\\0\end{bmatrix}$.

19. 用 DFP 方法求解问题的过程中,已知

$$\boldsymbol{H}_k=\begin{bmatrix}3&1\\1&1\end{bmatrix},\quad \boldsymbol{p}^{(k)}=\begin{bmatrix}1\\2\end{bmatrix},\quad \boldsymbol{q}^{(k)}=\begin{bmatrix}1\\1\end{bmatrix}.$$

求矩阵 $\boldsymbol{H}_{k+1}$.

解 代入相应公式,得到

$$\boldsymbol{H}_{k+1}=\begin{bmatrix}\dfrac{2}{3}&\dfrac{1}{3}\\\dfrac{1}{3}&\dfrac{5}{3}\end{bmatrix}.$$

20. 假如用 DFP 方法求解某问题时算得

$$\boldsymbol{H}_k=\begin{bmatrix}4&2\\2&3\end{bmatrix},\quad \boldsymbol{p}^{(k)}=\begin{bmatrix}17\\2\end{bmatrix},\quad \boldsymbol{q}^{(k)}=\begin{bmatrix}-1\\6\end{bmatrix},$$

这些数据有什么错误?

解 $\boldsymbol{p}^{(k)\mathrm{T}}\boldsymbol{q}^{(k)}=(17\quad 2)\begin{bmatrix}-1\\6\end{bmatrix}=-5<0$,运用 DFP 方法求解过程中,应有 $\boldsymbol{p}^{(k)\mathrm{T}}\boldsymbol{q}^{(k)}>0$.

第11章

CHAPTER 11

无约束最优化的直接方法题解

1. 用模式搜索法求解下列问题:

(1) $\min\ x_1^2+x_2^2-4x_1+2x_2+7$, 取初始点 $\boldsymbol{x}^{(1)}=(0,0)^{\mathrm{T}}$, 初始步长 $\delta=1$, $\alpha=1,\beta=\frac{1}{4}$.

(2) $\min\ x_1^2+2x_2^2-4x_1-2x_1x_2$, 取初始点 $\boldsymbol{x}^{(1)}=(1,1)^{\mathrm{T}}$, 初始步长$\delta=1,\alpha=1,\beta=\frac{1}{2}$.

解 (1) 记 $f(\boldsymbol{x})=x_1^2+x_2^2-4x_1+2x_2+7$, 坐标方向 $\boldsymbol{e}_1=\begin{bmatrix}1\\0\end{bmatrix},\boldsymbol{e}_2=\begin{bmatrix}0\\1\end{bmatrix}$, 初始点 $\boldsymbol{x}^{(1)}=\begin{bmatrix}0\\0\end{bmatrix}$, 则 $f(\boldsymbol{x}^{(1)})=7$.

从 $\boldsymbol{y}^{(1)}=\boldsymbol{x}^{(1)}=\begin{bmatrix}0\\0\end{bmatrix}$出发, 进行探测移动:

$$f(\boldsymbol{y}^{(1)}+\delta\boldsymbol{e}_1)=4<f(\boldsymbol{y}^{(1)})=7.$$

故令 $\boldsymbol{y}^{(2)}=\boldsymbol{y}^{(1)}+\delta\boldsymbol{e}_1=\begin{bmatrix}1\\0\end{bmatrix}$, 这时 $f(\boldsymbol{y}^{(2)})=4$.

$$f(\boldsymbol{y}^{(2)}+\delta\boldsymbol{e}_2)=7>f(\boldsymbol{y}^{(2)}),\quad f(\boldsymbol{y}^{(2)}-\delta\boldsymbol{e}_2)=3<f(\boldsymbol{y}^{(2)}),$$

故令 $\boldsymbol{y}^{(3)}=\boldsymbol{y}^{(2)}-\delta\boldsymbol{e}_2=\begin{bmatrix}1\\-1\end{bmatrix}$, 这时 $f(\boldsymbol{y}^{(3)})=3$, $f(\boldsymbol{y}^{(3)})<f(\boldsymbol{x}^{(1)})$, 故取第 2 个基点 $\boldsymbol{x}^{(2)}=\begin{bmatrix}1\\-1\end{bmatrix}$, 这时 $f(\boldsymbol{x}^{(2)})=3$. 沿方向 $\boldsymbol{x}^{(2)}-\boldsymbol{x}^{(1)}$ 进行模式移动:

令 $\boldsymbol{y}^{(1)}=\boldsymbol{x}^{(2)}+\alpha(\boldsymbol{x}^{(2)}-\boldsymbol{x}^{(1)})=\begin{bmatrix}2\\-2\end{bmatrix}$, 则 $f(\boldsymbol{y}^{(1)})=3$.

从 $\boldsymbol{y}^{(1)}=\begin{bmatrix}2\\-2\end{bmatrix}$出发，进行探测移动：

$$f(\boldsymbol{y}^{(1)}+\delta\boldsymbol{e}_1)=4>f(\boldsymbol{y}^{(1)}),\quad f(\boldsymbol{y}^{(1)}-\delta\boldsymbol{e}_1)=4>f(\boldsymbol{y}^{(1)}),$$

故令 $\boldsymbol{y}^{(2)}=\boldsymbol{y}^{(1)}=\begin{bmatrix}2\\-2\end{bmatrix}$，这时 $f(\boldsymbol{y}^{(2)})=3$.

$$f(\boldsymbol{y}^{(2)}+\delta\boldsymbol{e}_2)=2<f(\boldsymbol{y}^{(2)}),$$

故令 $\boldsymbol{y}^{(3)}=\boldsymbol{y}^{(2)}+\delta\boldsymbol{e}_2=\begin{bmatrix}2\\-1\end{bmatrix}$，这时 $f(\boldsymbol{y}^{(3)})=2$，$f(\boldsymbol{y}^{(3)})<f(\boldsymbol{x}^{(2)})$，故取第 3 个基点 $\boldsymbol{x}^{(3)}=\begin{bmatrix}2\\-1\end{bmatrix}$，这时 $f(\boldsymbol{x}^{(3)})=2$. 沿方向 $\boldsymbol{x}^{(3)}-\boldsymbol{x}^{(2)}$ 进行模式移动：

令 $\boldsymbol{y}^{(1)}=\boldsymbol{x}^{(3)}+\alpha(\boldsymbol{x}^{(3)}-\boldsymbol{x}^{(2)})=\begin{bmatrix}3\\-1\end{bmatrix}$，则 $f(\boldsymbol{y}^{(1)})=3$.

从 $\boldsymbol{y}^{(1)}=\begin{bmatrix}3\\-1\end{bmatrix}$出发，进行探测移动：

$$f(\boldsymbol{y}^{(1)}+\delta\boldsymbol{e}_1)=6>f(\boldsymbol{y}^{(1)}),\quad f(\boldsymbol{y}^{(1)}-\delta\boldsymbol{e}_1)=2<f(\boldsymbol{y}^{(1)}),$$

故令 $\boldsymbol{y}^{(2)}=\boldsymbol{y}^{(1)}-\delta\boldsymbol{e}_1=\begin{bmatrix}2\\-1\end{bmatrix}$，

$$f(\boldsymbol{y}^{(2)}+\delta\boldsymbol{e}_2)=3>f(\boldsymbol{y}^{(2)})=2,\quad f(\boldsymbol{y}^{(2)}-\delta\boldsymbol{e}_2)=3>f(\boldsymbol{y}^{(2)}),$$

故令 $\boldsymbol{y}^{(3)}=\boldsymbol{y}^{(2)}=\begin{bmatrix}2\\-1\end{bmatrix}=\boldsymbol{x}^{(3)}$.

缩小步长，令 $\delta=\frac{1}{4}$，取 $\boldsymbol{y}^{(1)}=\begin{bmatrix}2\\-1\end{bmatrix}$，则 $f(\boldsymbol{y}^{(1)})=2$.

从 $\boldsymbol{y}^{(1)}=\begin{bmatrix}2\\-1\end{bmatrix}$出发，进行探测移动：

$$f(\boldsymbol{y}^{(1)}+\delta\boldsymbol{e}_1)=\frac{33}{16}>f(\boldsymbol{y}^{(1)}),\quad f(\boldsymbol{y}^{(1)}-\delta\boldsymbol{e}_1)=\frac{33}{16}>f(\boldsymbol{y}^{(1)}),$$

故令 $\boldsymbol{y}^{(2)}=\boldsymbol{y}^{(1)}=\begin{bmatrix}2\\-1\end{bmatrix}$，这时 $f(\boldsymbol{y}^{(2)})=2$.

$$f(\boldsymbol{y}^{(2)}+\delta\boldsymbol{e}_2)=\frac{33}{16}>f(\boldsymbol{y}^{(2)}),\quad f(\boldsymbol{y}^{(2)}-\delta\boldsymbol{e}_2)=\frac{33}{16}>f(\boldsymbol{y}^{(2)}).$$

本轮探测失败. 基点 $\boldsymbol{x}^{(3)}$ 已经是最优解.

(2) 记 $f(\boldsymbol{x})=x_1^2+2x_2^2-4x_1-2x_1x_2$，从 $\boldsymbol{y}^{(1)}=\boldsymbol{x}^{(1)}=\begin{bmatrix}1\\1\end{bmatrix}$出发，进行探测移动：

$$f(\boldsymbol{y}^{(1)}+\delta\boldsymbol{e}_1)=-6<f(\boldsymbol{y}^{(1)})=-3,$$

故令 $y^{(2)}=y^{(1)}+\delta e_1=\begin{bmatrix}2\\1\end{bmatrix}$,这时 $f(y^{(2)})=-6$.

$$f(y^{(2)}+\delta e_2)=-4>f(y^{(2)}),\quad f(y^{(2)}-\delta e_2)=-4>f(y^{(2)}).$$

故令 $y^{(3)}=y^{(2)}=\begin{bmatrix}2\\1\end{bmatrix}$,这时 $f(y^{(3)})=-6<f(x^{(1)})$. 令 $x^{(2)}=y^{(3)}=\begin{bmatrix}2\\1\end{bmatrix}$. 沿方向 $x^{(2)}-x^{(1)}$ 进行模式移动:

令 $y^{(1)}=x^{(2)}+\alpha(x^{(2)}-x^{(1)})=2x^{(2)}-x^{(1)}=\begin{bmatrix}3\\1\end{bmatrix}$,则 $f(y^{(1)})=-7$.

从 $y^{(1)}=\begin{bmatrix}3\\1\end{bmatrix}$出发,进行第 2 轮探测:

$$f(y^{(1)}+\delta e_1)=-6>f(y^{(1)}),\quad f(y^{(1)}-\delta e_1)=-6>f(y^{(1)}),$$

故令 $y^{(2)}=y^{(1)}=\begin{bmatrix}3\\1\end{bmatrix}$,这时 $f(y^{(2)})=-7$.

$$f(y^{(2)}+\delta e_2)=-7=f(y^{(2)}),\quad f(y^{(2)}-\delta e_2)=-3>f(y^{(2)}),$$

故令 $y^{(3)}=y^{(2)}=\begin{bmatrix}3\\1\end{bmatrix}$. 基点 $x^{(3)}=\begin{bmatrix}3\\1\end{bmatrix}$,$f(x^{(3)})=-7$. 进行模式移动:

令 $y^{(1)}=x^{(3)}+\alpha(x^{(3)}-x^{(2)})=2x^{(3)}-x^{(2)}=\begin{bmatrix}4\\1\end{bmatrix}$,则 $f(y^{(1)})=-6$.

从 $y^{(1)}=\begin{bmatrix}4\\1\end{bmatrix}$出发,进行第 3 轮探测:

$$f(y^{(1)}+\delta e_1)=-3>f(y^{(1)}),\quad f(y^{(1)}-\delta e_1)=-7<f(y^{(1)})=-6,$$

故令 $y^{(2)}=y^{(1)}-\delta e_1=\begin{bmatrix}3\\1\end{bmatrix}$,这时 $f(y^{(2)})=-7$.

$$f(y^{(2)}+\delta e_2)=-7=f(y^{(2)}),\quad f(y^{(2)}-\delta e_2)=-3>f(y^{(2)}),$$

故令 $y^{(3)}=y^{(2)}=\begin{bmatrix}3\\1\end{bmatrix}=x^{(3)}$.

退回到 $x^{(3)}$,减小步长,令 $\delta=\frac{1}{2}$,进行第 4 轮探测:

令 $y^{(1)}=x^{(3)}=\begin{bmatrix}3\\1\end{bmatrix}$,这时 $f(y^{(1)})=-7$.

$$f(y^{(1)}+\delta e_1)=-6.75>f(y^{(1)}),\quad f(y^{(1)}-\delta e_1)=-6.75>f(y^{(1)}),$$

故令 $y^{(2)}=y^{(1)}=\begin{bmatrix}3\\1\end{bmatrix}$.

$$f(y^{(2)}+\delta e_2)=-7.5<f(y^{(2)})=-7,$$

故令 $\boldsymbol{y}^{(3)}=\boldsymbol{y}^{(2)}+\delta\boldsymbol{e}_2=\begin{bmatrix}3\\ \frac{3}{2}\end{bmatrix}$,这时 $f(\boldsymbol{y}^{(3)})<f(\boldsymbol{x}^{(3)})$.令基点 $\boldsymbol{x}^{(4)}=\boldsymbol{y}^{(3)}=\begin{bmatrix}3\\ \frac{3}{2}\end{bmatrix}$,则 $f(\boldsymbol{x}^{(4)})=-7.5$.沿方向 $\boldsymbol{x}^{(4)}-\boldsymbol{x}^{(3)}$ 进行模式移动:

令 $\boldsymbol{y}^{(1)}=\boldsymbol{x}^{(4)}+\alpha(\boldsymbol{x}^{(4)}-\boldsymbol{x}^{(3)})=2\boldsymbol{x}^{(4)}-\boldsymbol{x}^{(3)}=\begin{bmatrix}3\\2\end{bmatrix}$,则 $f(\boldsymbol{y}^{(1)})=-7$.

从 $\boldsymbol{y}^{(1)}$ 出发,进行第 5 轮探测:

$$f(\boldsymbol{y}^{(1)}+\delta\boldsymbol{e}_1)=-7.75<f(\boldsymbol{y}^{(1)}),$$

故令 $\boldsymbol{y}^{(2)}=\boldsymbol{y}^{(1)}+\delta\boldsymbol{e}_1=\begin{bmatrix}\frac{7}{2}\\2\end{bmatrix}$,这时 $f(\boldsymbol{y}^{(2)})=-7.75$.

$$f(\boldsymbol{y}^{(2)}+\delta\boldsymbol{e}_2)=-6.75>f(\boldsymbol{y}^{(2)}),\quad f(\boldsymbol{y}^{(2)}-\delta\boldsymbol{e}_2)=-7.75=f(\boldsymbol{y}^{(2)}),$$

故令 $\boldsymbol{y}^{(3)}=\boldsymbol{y}^{(2)}$.取基点 $\boldsymbol{x}^{(5)}=\boldsymbol{y}^{(3)}=\begin{bmatrix}\frac{7}{2}\\2\end{bmatrix}$,这时 $f(\boldsymbol{x}^{(5)})=-7.75$.沿方向 $\boldsymbol{x}^{(5)}-\boldsymbol{x}^{(4)}$ 作模式移动:

令 $\boldsymbol{y}^{(1)}=\boldsymbol{x}^{(5)}+\alpha(\boldsymbol{x}^{(5)}-\boldsymbol{x}^{(4)})=2\boldsymbol{x}^{(5)}-\boldsymbol{x}^{(4)}=\begin{pmatrix}4\\ \frac{5}{2}\end{pmatrix}$,则 $f(\boldsymbol{y}^{(1)})=-7.5$.

从 $\boldsymbol{y}^{(1)}$ 出发,进行第 6 轮探测:

$$f(\boldsymbol{y}^{(1)}+\delta\boldsymbol{e}_1)=-7.75<f(\boldsymbol{y}^{(1)}),$$

故令 $\boldsymbol{y}^{(2)}=\boldsymbol{y}^{(1)}+\delta\boldsymbol{e}_1=\begin{bmatrix}\frac{9}{2}\\ \frac{5}{2}\end{bmatrix}$,这时 $f(\boldsymbol{y}^{(2)})=-7.75$.

$$f(\boldsymbol{y}^{(2)}+\delta\boldsymbol{e}_2)=-6.75>f(\boldsymbol{y}^{(2)}),\quad f(\boldsymbol{y}^{(2)}-\delta\boldsymbol{e}_2)=-7.75=f(\boldsymbol{y}^{(2)}),$$

故令 $\boldsymbol{y}^{(3)}=\boldsymbol{y}^{(2)}$,这时 $f(\boldsymbol{y}^{(3)})=-7.75=f(\boldsymbol{x}^{(5)})$.

第 7 轮探测:

令 $\delta=\frac{1}{4}$,$\boldsymbol{y}^{(1)}=\boldsymbol{x}^{(5)}=\begin{bmatrix}\frac{7}{2}\\2\end{bmatrix}$,则 $f(\boldsymbol{y}^{(1)})=-7.75$.

$$f(\boldsymbol{y}^{(1)}+\delta\boldsymbol{e}_1)=-7.9375<f(\boldsymbol{y}^{(1)}),$$

故令 $\boldsymbol{y}^{(2)}=\boldsymbol{y}^{(1)}+\delta\boldsymbol{e}_1=\begin{bmatrix}3.75\\2\end{bmatrix}$,这时 $f(\boldsymbol{y}^{(2)})=-7.9375$.

$$f(\boldsymbol{y}^{(2)}+\delta\boldsymbol{e}_2)=-7.6875>f(\boldsymbol{y}^{(2)}),\quad f(\boldsymbol{y}^{(2)}-\delta\boldsymbol{e}_2)=-7.9375=f(\boldsymbol{y}^{(2)}),$$

故令 $\boldsymbol{y}^{(3)}=\boldsymbol{y}^{(2)}$,这时 $f(\boldsymbol{y}^{(3)})<f(\boldsymbol{x}^{(5)})=-7.75$. 令 $\boldsymbol{x}^{(6)}=\boldsymbol{y}^{(3)}=\begin{bmatrix}3.75\\2\end{bmatrix}$.

继续做下去,可以得到更好的近似解. 易知问题的精确解 $\bar{\boldsymbol{x}}=\begin{bmatrix}4\\2\end{bmatrix}$.

2. 用 Rosenbrock 方法解下列问题:

(1) $\min\ (x_2-2x_1)^2+(x_2-2)^4$,取初始点 $\boldsymbol{x}^{(1)}=(3,0)^{\mathrm{T}}$,初始步长

$$\delta_1^{(0)}=\delta_2^{(0)}=\frac{1}{10},\quad \alpha=2,\quad \beta=-\frac{1}{2}.$$

要求迭代两次.

(2) $\min\ x_1^2+x_2^2-3x_1-x_1x_2+3$,取初始点 $\boldsymbol{x}^{(1)}=(0,8)^{\mathrm{T}}$,初始步长

$$\delta_1^{(0)}=\delta_2^{(0)}=1,\quad \alpha=3,\quad \beta=-\frac{1}{2}.$$

解 (1) 记 $f(\boldsymbol{x})=(x_2-2x_1)^2+(x_2-2)^4$.

第 1 轮探测:

$$\boldsymbol{y}^{(1)}=\boldsymbol{x}^{(1)}=\begin{bmatrix}3\\0\end{bmatrix},\quad f(\boldsymbol{y}^{(1)})=f(\boldsymbol{x}^{(1)})=52,\quad \boldsymbol{d}^{(1)}=\begin{bmatrix}1\\0\end{bmatrix},\quad \boldsymbol{d}^{(2)}=\begin{bmatrix}0\\1\end{bmatrix},$$

$$\delta_{11}=\delta_{21}=0.1,\quad f(\boldsymbol{y}^{(1)}+\delta_{11}\boldsymbol{d}^{(1)})=54.44>f(\boldsymbol{y}^{(1)}),\quad \text{故令 } \delta_{12}=-0.05,$$

$$\boldsymbol{y}^{(2)}=\boldsymbol{y}^{(1)}=\begin{bmatrix}3\\0\end{bmatrix},\quad \text{这时 } f(\boldsymbol{y}^{(2)})=52.$$

$$f(\boldsymbol{y}^{(2)}+\delta_{21}\boldsymbol{d}^{(2)})=47.842<f(\boldsymbol{y}^{(2)}),\quad \text{故令 } \delta_{22}=0.2,$$

$$\boldsymbol{y}^{(3)}=\boldsymbol{y}^{(2)}+\delta_{21}\boldsymbol{d}^{(2)}=\begin{bmatrix}3\\0.1\end{bmatrix}.$$

第 2 轮探测:

$$\boldsymbol{y}^{(1)}=\begin{bmatrix}3\\0.1\end{bmatrix},\quad f(\boldsymbol{y}^{(1)})=47.842,\quad \delta_{12}=-0.05,\quad \delta_{22}=0.2.$$

$$f(\boldsymbol{y}^{(1)}+\delta_{12}\boldsymbol{d}^{(1)})=46.672<f(\boldsymbol{y}^{(1)}),\quad \text{故令 } \delta_{13}=-0.1,$$

$$\boldsymbol{y}^{(2)}=\boldsymbol{y}^{(1)}+\delta_{12}\boldsymbol{d}^{(1)}=\begin{bmatrix}2.95\\0.1\end{bmatrix},\quad \text{这时 } f(\boldsymbol{y}^{(2)})=46.672.$$

$$f(\boldsymbol{y}^{(2)}+\delta_{22}\boldsymbol{d}^{(2)})=39.712<f(\boldsymbol{y}^{(2)}),\quad \text{故令 } \delta_{23}=0.4,$$

$$\boldsymbol{y}^{(3)}=\boldsymbol{y}^{(2)}+\delta_{22}\boldsymbol{d}^{(2)}=\begin{bmatrix}2.95\\0.3\end{bmatrix},\quad \text{这时 } f(\boldsymbol{y}^{(3)})=39.712.$$

第 3 轮探测:

$$\boldsymbol{y}^{(1)}=\begin{bmatrix}2.95\\0.3\end{bmatrix},\quad f(\boldsymbol{y}^{(1)})=39.712,\quad \delta_{13}=-0.1,\quad \delta_{23}=0.4.$$

$$f(\boldsymbol{y}^{(1)}+\delta_{13}\boldsymbol{d}^{(1)})=37.512<f(\boldsymbol{y}^{(1)}),\quad 故令\ \delta_{14}=-0.2,$$

$$\boldsymbol{y}^{(2)}=\boldsymbol{y}^{(1)}+\delta_{13}\boldsymbol{d}^{(1)}=\begin{bmatrix}2.85\\0.3\end{bmatrix},\quad 这时\ f(\boldsymbol{y}^{(2)})=37.512.$$

$$f(\boldsymbol{y}^{(2)}+\delta_{23}\boldsymbol{d}^{(2)})=27.856<f(\boldsymbol{y}^{(2)}),\quad 故令\ \delta_{24}=0.8,$$

$$\boldsymbol{y}^{(3)}=\boldsymbol{y}^{(2)}+\delta_{23}\boldsymbol{d}^{(2)}=\begin{bmatrix}2.85\\0.7\end{bmatrix},\quad 这时\ f(\boldsymbol{y}^{(3)})=27.856.$$

第 4 轮探测：

$$\boldsymbol{y}^{(1)}=\begin{bmatrix}2.85\\0.7\end{bmatrix},\quad f(\boldsymbol{y}^{(1)})=27.856,\quad \delta_{14}=-0.2,\quad \delta_{24}=0.8.$$

$$f(\boldsymbol{y}^{(1)}+\delta_{14}\boldsymbol{d}^{(1)})=24.016<f(\boldsymbol{y}^{(1)}),\quad 故令\ \delta_{15}=-0.4,$$

$$\boldsymbol{y}^{(2)}=\boldsymbol{y}^{(1)}+\delta_{14}\boldsymbol{d}^{(1)}=\begin{bmatrix}2.65\\0.7\end{bmatrix},\quad 这时\ f(\boldsymbol{y}^{(2)})=24.016.$$

$$f(\boldsymbol{y}^{(2)}+\delta_{24}\boldsymbol{d}^{(2)})=14.503<f(\boldsymbol{y}^{(2)}),\quad 故令\ \delta_{25}=1.6,$$

$$\boldsymbol{y}^{(3)}=\boldsymbol{y}^{(2)}+\delta_{24}\boldsymbol{d}^{(2)}=\begin{bmatrix}2.65\\1.5\end{bmatrix},\quad 这时\ f(\boldsymbol{y}^{(3)})=14.503.$$

第 5 轮探测：

$$\boldsymbol{y}^{(1)}=\begin{bmatrix}2.65\\1.5\end{bmatrix},\quad f(\boldsymbol{y}^{(1)})=14.503,\quad \delta_{15}=-0.4,\quad \delta_{25}=1.6.$$

$$f(\boldsymbol{y}^{(1)}+\delta_{15}\boldsymbol{d}^{(1)})=9.063<f(\boldsymbol{y}^{(1)}),\quad 故令\ \delta_{16}=-0.8,$$

$$\boldsymbol{y}^{(2)}=\boldsymbol{y}^{(1)}+\delta_{15}\boldsymbol{d}^{(1)}=\begin{bmatrix}2.25\\1.5\end{bmatrix},\quad 这时\ f(\boldsymbol{y}^{(2)})=9.063.$$

$$f(\boldsymbol{y}^{(2)}+\delta_{25}\boldsymbol{d}^{(2)})=3.424<f(\boldsymbol{y}^{(2)}),\quad 故令\ \delta_{26}=3.2,$$

$$\boldsymbol{y}^{(3)}=\boldsymbol{y}^{(2)}+\delta_{25}\boldsymbol{d}^{(2)}=\begin{bmatrix}2.25\\3.1\end{bmatrix},\quad 这时\ f(\boldsymbol{y}^{(3)})=3.424.$$

第 6 轮探测：

$$\boldsymbol{y}^{(1)}=\begin{bmatrix}2.25\\3.1\end{bmatrix},\quad f(\boldsymbol{y}^{(1)})=3.424,\quad \delta_{16}=-0.8,\quad \delta_{26}=3.2.$$

$$f(\boldsymbol{y}^{(1)}+\delta_{16}\boldsymbol{d}^{(1)})=1.504<f(\boldsymbol{y}^{(1)}),\quad 故令\ \delta_{17}=-1.6,$$

$$\boldsymbol{y}^{(2)}=\boldsymbol{y}^{(1)}+\delta_{16}\boldsymbol{d}^{(1)}=\begin{bmatrix}1.45\\3.1\end{bmatrix},\quad 这时\ f(\boldsymbol{y}^{(2)})=1.504.$$

$$f(\boldsymbol{y}^{(2)}+\delta_{26}\boldsymbol{d}^{(2)})=353.440>f(\boldsymbol{y}^{(2)}),\quad 故令\ \delta_{27}=-1.6,$$

$$\boldsymbol{y}^{(3)}=\boldsymbol{y}^{(2)}=\begin{bmatrix}1.45\\3.1\end{bmatrix},\quad 这时\ f(\boldsymbol{y}^{(3)})=1.504.$$

第 7 轮探测：

$$y^{(1)}=\begin{bmatrix}1.45\\3.1\end{bmatrix},\quad f(y^{(1)})=1.504,\quad \delta_{17}=-1.6,\quad \delta_{27}=-1.6.$$

$$f(y^{(1)}+\delta_{17}d^{(1)})=13.024>f(y^{(1)}),\quad 故令\ \delta_{18}=0.8,$$

$$y^{(2)}=y^{(1)}=\begin{bmatrix}1.45\\3.1\end{bmatrix},\quad 这时\ f(y^{(2)})=1.504.$$

$$f(y^{(2)}+\delta_{27}d^{(2)})=2.023>f(y^{(2)}),$$

$$y^{(3)}=y^{(2)}=\begin{bmatrix}1.45\\3.1\end{bmatrix},\quad 这时\ f(y^{(3)})=1.504.$$

沿两个方向探测均失败，$f(y^{(3)})<f(x^{(1)})$，令

$$x^{(2)}=y^{(3)}=\begin{bmatrix}1.45\\3.1\end{bmatrix},\quad 这时\ f(x^{(2)})=1.504.$$

下面构造一组新的单位正交方向. 为此先求出沿每个方向移动步长的代数和. 由于

$$x^{(2)}-x^{(1)}=\begin{bmatrix}1.45\\3.1\end{bmatrix}-\begin{bmatrix}3\\0\end{bmatrix}=\begin{bmatrix}-1.55\\3.1\end{bmatrix},$$

沿 $d^{(1)}=\begin{bmatrix}1\\0\end{bmatrix}$移动步长的代数和 $\lambda_1=-1.55$，沿 $d^{(2)}=\begin{bmatrix}0\\1\end{bmatrix}$移动步长的代数和 $\lambda_2=3.1$. 再用施密特正交化方法构造一组新的标准正交基. 令

$$p^{(1)}=\lambda_1 d^{(1)}+\lambda_2 d^{(2)}=-1.55\begin{bmatrix}1\\0\end{bmatrix}+3.1\begin{bmatrix}0\\1\end{bmatrix}=\begin{bmatrix}-1.55\\3.1\end{bmatrix},$$

$$p^{(2)}=\lambda_2 d^{(2)}=\begin{bmatrix}0\\3.1\end{bmatrix}.$$

把 $p^{(1)}, p^{(2)}$ 正交化，令

$$q^{(1)}=p^{(1)}=\begin{bmatrix}-1.55\\3.1\end{bmatrix},\quad q^{(2)}=p^{(2)}-\frac{p^{(2)\mathrm{T}}q^{(1)}}{q^{(1)\mathrm{T}}q^{(1)}}q^{(1)}=\begin{bmatrix}1.24\\0.62\end{bmatrix}.$$

再单位化，令

$$d^{(1)}=\begin{bmatrix}-0.447\\0.894\end{bmatrix},\quad d^{(2)}=\begin{bmatrix}0.894\\0.447\end{bmatrix}.$$

从探测得到的点 $x^{(2)}$ 出发，沿着新的单位正交方向 $d^{(1)}, d^{(2)}$ 进行新一阶段的探测. 下面给出进一步探测过程.

第 1 轮探测：

令 $y^{(1)}=x^{(2)}=\begin{bmatrix}1.45\\3.1\end{bmatrix}$，$f(y^{(1)})=1.504$. 记 $\delta_{11}=\delta_{21}=0.1$，$\alpha=2$，$\beta=-0.5$. 探测方向为

$$d^{(1)}=\begin{bmatrix}-0.447\\0.894\end{bmatrix},\quad d^{(2)}=\begin{bmatrix}0.894\\0.447\end{bmatrix}.$$

$$f(y^{(1)}+\delta_{11}d^{(1)})=2.142>f(y^{(1)}),\quad 故令\ \delta_{12}=-0.05,$$

$$\boldsymbol{y}^{(2)}=\boldsymbol{y}^{(1)}=\begin{bmatrix}1.45\\3.1\end{bmatrix},\quad 这时\ f(\boldsymbol{y}^{(2)})=1.504.$$

$$f(\boldsymbol{y}^{(2)}+\delta_{21}\boldsymbol{d}^{(2)})=1.723>f(\boldsymbol{y}^{(2)}),\quad 故令\ \delta_{22}=-0.05,$$

$$\boldsymbol{y}^{(3)}=\boldsymbol{y}^{(2)}=\begin{bmatrix}1.45\\3.1\end{bmatrix},\quad 这时\ f(\boldsymbol{y}^{(3)})=1.504=f(\boldsymbol{x}^{(2)}),继续探测.$$

第 2 轮探测：

$$\boldsymbol{y}^{(1)}=\begin{bmatrix}1.45\\3.1\end{bmatrix},\quad f(\boldsymbol{y}^{(1)})=1.504,\quad \delta_{12}=-0.05,\quad \delta_{22}=-0.05.$$

$$f(\boldsymbol{y}^{(1)}+\delta_{12}\boldsymbol{d}^{(1)})=1.251<f(\boldsymbol{y}^{(1)}),\quad 故令\ \delta_{13}=-0.1,$$

$$\boldsymbol{y}^{(2)}=\boldsymbol{y}^{(1)}+\delta_{12}\boldsymbol{d}^{(1)}=\begin{bmatrix}1.472\\3.055\end{bmatrix},\quad 这时\ f(\boldsymbol{y}^{(2)})=1.251.$$

$$f(\boldsymbol{y}^{(2)}+\delta_{22}\boldsymbol{d}^{(2)})=1.171<f(\boldsymbol{y}^{(2)}),\quad 故令\ \delta_{23}=-0.1,$$

$$\boldsymbol{y}^{(3)}=\boldsymbol{y}^{(2)}+\delta_{22}\boldsymbol{d}^{(2)}=\begin{bmatrix}1.427\\3.033\end{bmatrix},\quad 这时\ f(\boldsymbol{y}^{(3)})=1.171.$$

第 3 轮探测：

$$\boldsymbol{y}^{(1)}=\begin{bmatrix}1.427\\3.033\end{bmatrix},\quad f(\boldsymbol{y}^{(1)})=1.171,\quad \delta_{13}=-0.1,\quad \delta_{23}=-0.1.$$

$$f(\boldsymbol{y}^{(1)}+\delta_{13}\boldsymbol{d}^{(1)})=0.794<f(\boldsymbol{y}^{(1)}),\quad 故令\ \delta_{14}=-0.2,$$

$$\boldsymbol{y}^{(2)}=\boldsymbol{y}^{(1)}+\delta_{13}\boldsymbol{d}^{(1)}=\begin{bmatrix}1.472\\2.944\end{bmatrix},\quad 这时\ f(\boldsymbol{y}^{(2)})=0.794.$$

$$f(\boldsymbol{y}^{(2)}+\delta_{23}\boldsymbol{d}^{(2)})=0.671<f(\boldsymbol{y}^{(2)}),\quad 故令\ \delta_{24}=-0.2,$$

$$\boldsymbol{y}^{(3)}=\boldsymbol{y}^{(2)}+\delta_{23}\boldsymbol{d}^{(2)}=\begin{bmatrix}1.383\\2.899\end{bmatrix},\quad 这时\ f(\boldsymbol{y}^{(3)})=0.671.$$

第 4 轮探测：

$$\boldsymbol{y}^{(1)}=\begin{bmatrix}1.383\\2.899\end{bmatrix},\quad f(\boldsymbol{y}^{(1)})=0.671,\quad \delta_{14}=-0.2,\quad \delta_{24}=-0.2.$$

$$f(\boldsymbol{y}^{(1)}+\delta_{14}\boldsymbol{d}^{(1)})=0.319<f(\boldsymbol{y}^{(1)}),\quad 故令\ \delta_{15}=-0.4,$$

$$\boldsymbol{y}^{(2)}=\boldsymbol{y}^{(1)}+\delta_{14}\boldsymbol{d}^{(1)}=\begin{bmatrix}1.472\\2.720\end{bmatrix},\quad 这时\ f(\boldsymbol{y}^{(2)})=0.319.$$

$$f(\boldsymbol{y}^{(2)}+\delta_{24}\boldsymbol{d}^{(2)})=0.161<f(\boldsymbol{y}^{(2)}),\quad 故令\ \delta_{25}=-0.4,$$

$$\boldsymbol{y}^{(3)}=\boldsymbol{y}^{(2)}+\delta_{24}\boldsymbol{d}^{(2)}=\begin{bmatrix}1.293\\2.631\end{bmatrix},\quad 这时\ f(\boldsymbol{y}^{(3)})=0.161.$$

第 5 轮探测：

$$\boldsymbol{y}^{(1)}=\begin{bmatrix}1.293\\2.631\end{bmatrix},\quad f(\boldsymbol{y}^{(1)})=0.161,\quad \delta_{15}=-0.4,\quad \delta_{25}=-0.4.$$

$$f(\boldsymbol{y}^{(1)}+\delta_{15}\boldsymbol{d}^{(1)})=0.456>f(\boldsymbol{y}^{(1)}),\quad \text{故令 } \delta_{16}=0.2,$$

$$\boldsymbol{y}^{(2)}=\boldsymbol{y}^{(1)}=\begin{bmatrix}1.293\\2.631\end{bmatrix},\quad \text{这时 } f(\boldsymbol{y}^{(2)})=0.161.$$

$$f(\boldsymbol{y}^{(2)}+\delta_{25}\boldsymbol{d}^{(2)})=0.380>f(\boldsymbol{y}^{(2)}),\quad \text{故令 } \delta_{26}=0.2,$$

$$\boldsymbol{y}^{(3)}=\boldsymbol{y}^{(2)}=\begin{bmatrix}1.293\\2.631\end{bmatrix},\quad \text{这时 } f(\boldsymbol{y}^{(3)})=0.161.$$

沿两个方向探测均失败，$f(\boldsymbol{y}^{(3)})<f(\boldsymbol{x}^{(2)})=1.504$，根据算法规定，需构造一组新的单位正交方向，再进行新的探测阶段. 这里不再做下去. 至此，得到近似解：

$$\boldsymbol{x}^{(3)}=\begin{bmatrix}1.293\\2.631\end{bmatrix},\quad f(\boldsymbol{x}^{(3)})=0.161.$$

问题的精确解 $\boldsymbol{x}^*=(1,2)^{\mathrm{T}}$.

(2) 记 $f(\boldsymbol{x})=x_1^2+x_2^2-3x_1-x_1x_2+3$，取初始探测方向 $\boldsymbol{d}^{(1)}=\begin{bmatrix}1\\0\end{bmatrix}$，$\boldsymbol{d}^{(2)}=\begin{bmatrix}0\\1\end{bmatrix}$. 初始点 $\boldsymbol{x}^{(1)}=\begin{bmatrix}0\\8\end{bmatrix}$.

第 1 轮探测：

$$\boldsymbol{y}^{(1)}=\boldsymbol{x}^{(1)}=\begin{bmatrix}0\\8\end{bmatrix},\quad f(\boldsymbol{y}^{(1)})=67,\quad \delta_{11}=\delta_{21}=1,\quad \alpha=3,\quad \beta=-\frac{1}{2}.$$

$$f(\boldsymbol{y}^{(1)}+\delta_{11}\boldsymbol{d}^{(1)})=57<f(\boldsymbol{y}^{(1)}),\quad \text{故令 } \delta_{12}=3,$$

$$\boldsymbol{y}^{(2)}=\boldsymbol{y}^{(1)}+\delta_{11}\boldsymbol{d}^{(1)}=\begin{bmatrix}1\\8\end{bmatrix},\quad \text{这时 } f(\boldsymbol{y}^{(2)})=57.$$

$$f(\boldsymbol{y}^{(2)}+\delta_{21}\boldsymbol{d}^{(2)})=73>f(\boldsymbol{y}^{(2)}),\quad \text{故令 } \delta_{22}=-0.5,$$

$$\boldsymbol{y}^{(3)}=\boldsymbol{y}^{(2)}=\begin{bmatrix}1\\8\end{bmatrix},\quad \text{这时 } f(\boldsymbol{y}^{(3)})=57.$$

第 2 轮探测：

$$\boldsymbol{y}^{(1)}=\begin{bmatrix}1\\8\end{bmatrix},\quad f(\boldsymbol{y}^{(1)})=57,\quad \delta_{12}=3,\quad \delta_{22}=-0.5.$$

$$f(\boldsymbol{y}^{(1)}+\delta_{12}\boldsymbol{d}^{(1)})=39<f(\boldsymbol{y}^{(1)}),\quad \text{故令 } \delta_{13}=9,$$

$$\boldsymbol{y}^{(2)}=\boldsymbol{y}^{(1)}+\delta_{12}\boldsymbol{d}^{(1)}=\begin{bmatrix}4\\8\end{bmatrix},\quad \text{这时 } f(\boldsymbol{y}^{(2)})=39.$$

$$f(\boldsymbol{y}^{(2)}+\delta_{22}\boldsymbol{d}^{(2)})=33.25<f(\boldsymbol{y}^{(2)}),\quad \text{故令 } \delta_{23}=-1.5,$$

$$\boldsymbol{y}^{(3)}=\boldsymbol{y}^{(2)}+\delta_{22}\boldsymbol{d}^{(2)}=\begin{bmatrix}4\\7.5\end{bmatrix},\quad \text{这时 } f(\boldsymbol{y}^{(3)})=33.25.$$

第 3 轮探测：

$$\boldsymbol{y}^{(1)}=\begin{bmatrix}4\\7.5\end{bmatrix},\quad f(\boldsymbol{y}^{(1)})=33.25,\quad \delta_{13}=9,\quad \delta_{23}=-1.5.$$

$$f(\boldsymbol{y}^{(1)}+\delta_{13}\boldsymbol{d}^{(1)})=91.75>f(\boldsymbol{y}^{(1)}),\quad \text{故令 } \delta_{14}=-4.5,$$

$$\boldsymbol{y}^{(2)}=\boldsymbol{y}^{(1)}=\begin{bmatrix}4\\7.5\end{bmatrix},\quad \text{这时 } f(\boldsymbol{y}^{(2)})=33.25.$$

$$f(\boldsymbol{y}^{(2)}+\delta_{23}\boldsymbol{d}^{(2)})=19<f(\boldsymbol{y}^{(2)}),\quad \text{故令 } \delta_{24}=-4.5,$$

$$\boldsymbol{y}^{(3)}=\boldsymbol{y}^{(2)}+\delta_{23}\boldsymbol{d}^{(2)}=\begin{bmatrix}4\\6\end{bmatrix},\quad \text{这时 } f(\boldsymbol{y}^{(3)})=19.$$

第 4 轮探测：

$$\boldsymbol{y}^{(1)}=\begin{bmatrix}4\\6\end{bmatrix},\quad f(\boldsymbol{y}^{(1)})=19,\quad \delta_{14}=-4.5,\quad \delta_{24}=-4.5.$$

$$f(\boldsymbol{y}^{(1)}+\delta_{14}\boldsymbol{d}^{(1)})=43.75>f(\boldsymbol{y}^{(1)}),\quad \text{故令 } \delta_{15}=2.25,$$

$$\boldsymbol{y}^{(2)}=\boldsymbol{y}^{(1)}=\begin{bmatrix}4\\6\end{bmatrix},\quad \text{这时 } f(\boldsymbol{y}^{(2)})=19.$$

$$f(\boldsymbol{y}^{(2)}+\delta_{24}\boldsymbol{d}^{(2)})=3.25<f(\boldsymbol{y}^{(2)}),\quad \text{故令 } \delta_{25}=-13.5,$$

$$\boldsymbol{y}^{(3)}=\boldsymbol{y}^{(2)}+\delta_{24}\boldsymbol{d}^{(2)}=\begin{bmatrix}4\\1.5\end{bmatrix},\quad \text{这时 } f(\boldsymbol{y}^{(3)})=3.25.$$

第 5 轮探测：

$$\boldsymbol{y}^{(1)}=\begin{bmatrix}4\\1.5\end{bmatrix},\quad f(\boldsymbol{y}^{(1)})=3.25,\quad \delta_{15}=2.25,\quad \delta_{25}=-13.5.$$

$$f(\boldsymbol{y}^{(1)}+\delta_{15}\boldsymbol{d}^{(1)})=16.188>f(\boldsymbol{y}^{(1)}),\quad \text{故令 } \delta_{16}=-1.125,$$

$$\boldsymbol{y}^{(2)}=\boldsymbol{y}^{(1)}=\begin{bmatrix}4\\1.5\end{bmatrix},\quad \text{这时 } f(\boldsymbol{y}^{(2)})=3.25.$$

$$f(\boldsymbol{y}^{(2)}+\delta_{25}\boldsymbol{d}^{(2)})=199>f(\boldsymbol{y}^{(2)}),\quad \text{故令 } \delta_{26}=6.75,$$

$$\boldsymbol{y}^{(3)}=\boldsymbol{y}^{(2)}=\begin{bmatrix}4\\1.5\end{bmatrix},\quad \text{这时 } f(\boldsymbol{y}^{(3)})=3.25.$$

沿两个方向探测均失败，$f(\boldsymbol{y}^{(3)})<f(\boldsymbol{x}^{(1)})=67$.

$$\text{令 } \boldsymbol{x}^{(2)}=\begin{bmatrix}4\\1.5\end{bmatrix},\quad \text{这时 } f(\boldsymbol{x}^{(2)})=3.25.$$

构造一组新的测探方向：

$$\lambda_1=1+3=4,\quad \lambda_2=-0.5-1.5-4.5=-6.5.$$

令

$$\boldsymbol{p}^{(1)}=\lambda_1\boldsymbol{d}^{(1)}+\lambda_2\boldsymbol{d}^{(2)}=\begin{bmatrix}4\\-6.5\end{bmatrix},\quad \boldsymbol{p}^{(2)}=\lambda_2\boldsymbol{d}^{(2)}=\begin{bmatrix}0\\-6.5\end{bmatrix}.$$

把 $\boldsymbol{p}^{(1)}$，$\boldsymbol{p}^{(2)}$ 正交化，令

$$\boldsymbol{q}^{(1)}=\boldsymbol{p}^{(1)}=\begin{bmatrix}4\\-6.5\end{bmatrix},\quad \boldsymbol{q}^{(2)}=\boldsymbol{p}^{(2)}-\frac{\boldsymbol{p}^{(2)\mathrm{T}}\boldsymbol{q}^{(1)}}{\boldsymbol{q}^{(1)\mathrm{T}}\boldsymbol{q}^{(1)}}\boldsymbol{q}^{(1)}=\begin{bmatrix}-2.901\\-1.785\end{bmatrix}.$$

再单位化，令

$$\boldsymbol{d}^{(1)}=\begin{bmatrix}0.524\\-0.852\end{bmatrix},\quad \boldsymbol{d}^{(2)}=\begin{bmatrix}-0.852\\-0.524\end{bmatrix}.$$

从探测得到的 $\boldsymbol{x}^{(2)}=\begin{bmatrix}4\\1.5\end{bmatrix}$出发，沿着新构造的单位正交方向探测.

第 1 轮探测：

$$\boldsymbol{y}^{(1)}=\boldsymbol{x}^{(2)}=\begin{bmatrix}4\\1.5\end{bmatrix},\quad f(\boldsymbol{y}^{(1)})=3.25,\quad \delta_{11}=\delta_{21}=1,\quad \alpha=3,\quad \beta=-\frac{1}{2}.$$

$$f(\boldsymbol{y}^{(1)}+\delta_{11}\boldsymbol{d}^{(1)})=7.383>f(\boldsymbol{y}^{(1)}),\quad 故令\ \delta_{12}=-0.5,$$

$$\boldsymbol{y}^{(2)}=\boldsymbol{y}^{(1)}=\begin{bmatrix}4\\1.5\end{bmatrix},\quad 这时\ f(\boldsymbol{y}^{(2)})=3.25.$$

$$f(\boldsymbol{y}^{(2)}+\delta_{21}\boldsymbol{d}^{(2)})=1.346<f(\boldsymbol{y}^{(2)}),\quad 故令\ \delta_{22}=3,$$

$$\boldsymbol{y}^{(3)}=\boldsymbol{y}^{(2)}+\delta_{21}\boldsymbol{d}^{(2)}=\begin{bmatrix}3.148\\0.976\end{bmatrix},\quad 这时\ f(\boldsymbol{y}^{(3)})=1.346.$$

第 2 轮探测：

$$\boldsymbol{y}^{(1)}=\begin{bmatrix}3.148\\0.976\end{bmatrix},\quad f(\boldsymbol{y}^{(1)})=1.346,\quad \delta_{12}=-0.5,\quad \delta_{22}=3.$$

$$f(\boldsymbol{y}^{(1)}+\delta_{12}\boldsymbol{d}^{(1)})=0.590<f(\boldsymbol{y}^{(1)}),\quad 故令\ \delta_{13}=-1.5,$$

$$\boldsymbol{y}^{(2)}=\boldsymbol{y}^{(1)}+\delta_{12}\boldsymbol{d}^{(1)}=\begin{bmatrix}2.886\\1.402\end{bmatrix},\quad 这时\ f(\boldsymbol{y}^{(2)})=0.590.$$

$$f(\boldsymbol{y}^{(2)}+\delta_{22}\boldsymbol{d}^{(2)})=2.204>f(\boldsymbol{y}^{(2)}),\quad 故令\ \delta_{23}=-1.5,$$

$$\boldsymbol{y}^{(3)}=\boldsymbol{y}^{(2)}=\begin{bmatrix}2.886\\1.402\end{bmatrix},\quad 这时\ f(\boldsymbol{y}^{(3)})=0.590.$$

第 3 轮探测：

$$\boldsymbol{y}^{(1)}=\begin{bmatrix}2.886\\1.402\end{bmatrix},\quad f(\boldsymbol{y}^{(1)})=0.590,\quad \delta_{13}=-1.5,\quad \delta_{23}=-1.5.$$

$$f(\boldsymbol{y}^{(1)}+\delta_{13}\boldsymbol{d}^{(1)})=2.664>f(\boldsymbol{y}^{(1)}),\quad 故令\ \delta_{14}=0.75,$$

$$\boldsymbol{y}^{(2)}=\boldsymbol{y}^{(1)}=\begin{bmatrix}2.886\\1.402\end{bmatrix},\quad 这时\ f(\boldsymbol{y}^{(2)})=0.590.$$

$$f(\boldsymbol{y}^{(2)}+\delta_{23}\boldsymbol{d}^{(2)})=3.523>f(\boldsymbol{y}^{(2)}),\quad 故令\ \delta_{24}=0.75,$$

$$\boldsymbol{y}^{(3)}=\boldsymbol{y}^{(2)}=\begin{bmatrix}2.886\\1.402\end{bmatrix},\quad 这时\ f(\boldsymbol{y}^{(3)})=0.590.$$

沿两个方向探测均失败，$f(\boldsymbol{y}^{(3)})<f(\boldsymbol{x}^{(2)})=3.25$. 令

$$x^{(3)} = \begin{bmatrix} 2.886 \\ 1.402 \end{bmatrix}, \quad 这时\ f(x^{(3)}) = 0.590.$$

需构造新的单位正交方向，再进行探测.这里不再作下去.近似解

$$x^{(3)} = \begin{bmatrix} 2.886 \\ 1.402 \end{bmatrix}, \quad 这时\ f(x^{(3)}) = 0.590.$$

实际上，问题最优解

$$x^* = \begin{bmatrix} 2 \\ 1 \end{bmatrix}, \quad f(x^*) = 0.$$

3. 用单纯形搜索法求解下列问题：

(1) $\min\ 4(x_1-5)^2+(x_2-6)^2$，取初始单纯形的顶点

$$x^{(1)} = \begin{bmatrix} 8 \\ 9 \end{bmatrix}, \quad x^{(2)} = \begin{bmatrix} 10 \\ 11 \end{bmatrix}, \quad x^{(3)} = \begin{bmatrix} 8 \\ 11 \end{bmatrix},$$

取因子 $\alpha=1,\gamma=2,\beta=\dfrac{1}{2}$.要求迭代 4 次.

(2) $\min\ (x_1-3)^2+(x_2-2)^2+(x_1+x_2-4)^2$，取初始单纯形的顶点

$$x^{(1)} = \begin{bmatrix} 0 \\ 8 \end{bmatrix}, \quad x^{(2)} = \begin{bmatrix} 0 \\ 9 \end{bmatrix}, \quad x^{(3)} = \begin{bmatrix} 1 \\ 9 \end{bmatrix},$$

取因子 $\alpha=1,\gamma=2,\beta=\dfrac{1}{2}$.要求画出这个算法的进程.

解 (1) 第 1 次迭代：

$f(x^{(1)})=45, f(x^{(2)})=125, f(x^{(3)})=61$，最高点 $x^{(h)}=x^{(2)}$，次高点 $x^{(g)}=x^{(3)}$，最低点 $x^{(l)}=x^{(1)}$.线段 $x^{(1)}x^{(3)}$ 的中点为

$$\bar{x} = \frac{1}{2}(x^{(1)}+x^{(3)}) = \begin{bmatrix} 8 \\ 10 \end{bmatrix},$$

最高点 $x^{(2)}$ 经过点 $\bar{x}$ 的反射点为

$$x^{(4)} = \bar{x}+\alpha(\bar{x}-x^{(2)}) = \begin{bmatrix} 6 \\ 9 \end{bmatrix}, \quad f(x^{(4)}) = 13 < f(x^{(l)}) = 45.$$

进行扩展，令

$$x^{(5)} = \bar{x}+\gamma(x^{(4)}-\bar{x}) = \begin{bmatrix} 4 \\ 8 \end{bmatrix}, \quad f(x^{(5)}) = 8 < f(x^{(4)}) = 13.$$

用扩展点 $x^{(5)}$ 取代最高点 $x^{(2)}$，得到新的单纯形，其顶点为

$$x^{(1)} = \begin{bmatrix} 8 \\ 9 \end{bmatrix}, \quad x^{(2)} = \begin{bmatrix} 4 \\ 8 \end{bmatrix}, \quad x^{(3)} = \begin{bmatrix} 8 \\ 11 \end{bmatrix}.$$

第 2 次迭代：

$f(x^{(1)})=45, f(x^{(2)})=8, f(x^{(3)})=61$.最高点 $x^{(h)}=x^{(3)}$，次高点 $x^{(g)}=x^{(1)}$，最低点

$x^{(l)}=x^{(2)}$.

$$\bar{x}=\frac{1}{2}(x^{(1)}+x^{(2)})=\begin{bmatrix}6\\8.5\end{bmatrix}.$$

最高点 $x^{(3)}$ 经过点 $\bar{x}$ 的反射点为

$$x^{(4)}=\bar{x}+\alpha(\bar{x}-x^{(3)})=\begin{bmatrix}4\\6\end{bmatrix},\quad f(x^{(4)})=4<f(x^{(l)})=8.$$

进行扩展，令

$$x^{(5)}=\bar{x}+\gamma(x^{(4)}-\bar{x})=\begin{bmatrix}2\\3.5\end{bmatrix},\quad f(x^{(5)})=42.25>f(x^{(4)})=4.$$

用 $x^{(4)}$ 替换最高点 $x^{(3)}$，得到新的单纯形，顶点是

$$x^{(1)}=\begin{bmatrix}8\\9\end{bmatrix},\quad x^{(2)}=\begin{bmatrix}4\\8\end{bmatrix},\quad x^{(3)}=\begin{bmatrix}4\\6\end{bmatrix}.$$

第 3 次迭代：

$f(x^{(1)})=45$，$f(x^{(2)})=8$，$f(x^{(3)})=4$，最高点 $x^{(h)}=x^{(1)}$，次高点 $x^{(g)}=x^{(2)}$，最低点 $x^{(l)}=x^{(3)}$.

$$\bar{x}=\frac{1}{2}(x^{(2)}+x^{(3)})=\begin{bmatrix}4\\7\end{bmatrix}.$$

$x^{(1)}$ 经 $\bar{x}$ 的反射点为

$$x^{(4)}=\bar{x}+\alpha(\bar{x}-x^{(1)})=\begin{bmatrix}0\\5\end{bmatrix},\quad f(x^{(4)})=101>f(x^{(g)})=8.$$

由于 $\min\{f(x^{(1)}),f(x^{(4)})\}=f(x^{(1)})=45$，将 $x^{(1)}$ 向 $\bar{x}$ 压缩，令

$$x^{(5)}=\bar{x}+\beta(x^{(1)}-\bar{x})=\begin{bmatrix}6\\8\end{bmatrix},\quad f(x^{(5)})=8<f(x^{(1)})=45.$$

用 $x^{(5)}$ 替换 $x^{(1)}$，得到新的单纯形，其顶点记为

$$x^{(1)}=\begin{bmatrix}6\\8\end{bmatrix},\quad x^{(2)}=\begin{bmatrix}4\\8\end{bmatrix},\quad x^{(3)}=\begin{bmatrix}4\\6\end{bmatrix}.$$

第 4 次迭代：

$f(x^{(1)})=8$，$f(x^{(2)})=8$，$f(x^{(3)})=4$. 由于 $x^{(1)}$，$x^{(2)}$ 两点函数值相等，任取其一作为最高点，不妨令 $x^{(h)}=x^{(1)}$. $x^{(2)}x^{(3)}$ 的中点是

$$\bar{x}=\frac{1}{2}(x^{(2)}+x^{(3)})=\begin{bmatrix}4\\7\end{bmatrix}.$$

$x^{(1)}$ 经 $\bar{x}$ 的反射点为

$$x^{(4)}=\bar{x}+\alpha(\bar{x}-x^{(1)})=\begin{bmatrix}2\\6\end{bmatrix},\quad f(x^{(4)})=36>f(x^{(g)})=8.$$

由于 $\min\{f(x^{(1)}),f(x^{(4)})\}=f(x^{(1)})$，将 $x^{(1)}$ 向 $\bar{x}$ 压缩，令

$$x^{(5)} = \bar{x} + \beta(x^{(1)} - \bar{x}) = \begin{bmatrix} 5 \\ 7.5 \end{bmatrix}, \quad f(x^{(5)}) = 2.25 < f(x^{(1)}) = 8.$$

用 $x^{(5)}$ 替换 $x^{(1)}$，得到新的单纯形，其顶点记为

$$x^{(1)} = \begin{bmatrix} 5 \\ 7.5 \end{bmatrix}, \quad x^{(2)} = \begin{bmatrix} 4 \\ 8 \end{bmatrix}, \quad x^{(3)} = \begin{bmatrix} 4 \\ 6 \end{bmatrix}.$$

$x^{(1)} = \begin{bmatrix} 5 \\ 7.5 \end{bmatrix}$作为近似解.精确解 $x^* = \begin{bmatrix} 5 \\ 6 \end{bmatrix}$.

(2) 第 2 个问题与(1)题解法类似，经多次迭代，得到以下列 3 点为顶点的单纯形：

$$x^{(1)} = \begin{bmatrix} 2.53 \\ 1.938 \end{bmatrix}, \quad x^{(2)} = \begin{bmatrix} 2.655 \\ 1.688 \end{bmatrix}, \quad x^{(3)} = \begin{bmatrix} 2.81 \\ 1.375 \end{bmatrix}.$$

其中 $x^{(2)}$ 可作为近似解，函数值 $f(x^{(2)})=0.334$.精确解 $x^* = \left(\frac{8}{3}, \frac{5}{3}\right)^{\mathrm{T}}$，$f(x^*)=\frac{1}{3}$.由于迭代进展比较缓慢，迭代过程从略.

4. 用 Powell 方法解下列问题：

$$\min \quad \frac{3}{2}x_1^2 + \frac{1}{2}x_2^2 - x_1 x_2 - 2x_1,$$

取初始点和初始搜索方向分别为

$$x^{(0)} = \begin{bmatrix} -2 \\ 4 \end{bmatrix}, \quad d^{(1,1)} = \begin{bmatrix} 1 \\ 0 \end{bmatrix}, \quad d^{(1,2)} = \begin{bmatrix} 0 \\ 1 \end{bmatrix}.$$

解 第 1 轮搜索：

记 $f(x)=\frac{3}{2}x_1^2+\frac{1}{2}x_2^2-x_1x_2-2x_1$，置 $x^{(1,0)}=x^{(0)}=\begin{bmatrix} -2 \\ 4 \end{bmatrix}$.从 $x^{(1,0)}$ 出发，沿 $d^{(1,1)}$ 搜索：

$$\min_{\lambda} \quad f(x^{(1,0)} + \lambda d^{(1,1)}),$$

其中

$$x^{(1,0)} + \lambda d^{(1,1)} = \begin{bmatrix} -2+\lambda \\ 4 \end{bmatrix}.$$

记

$$\varphi(\lambda) = f(x^{(1,0)} + \lambda d^{(1,1)}) = \frac{3}{2}(-2+\lambda)^2 + 8 - 4(-2+\lambda) - 2(-2+\lambda).$$

令 $\varphi'(\lambda)=3(-2+\lambda)-4-2=0$，得 $\lambda_1=4$，故

$$x^{(1,1)} = x^{(1,0)} + \lambda_1 d^{(1,1)} = \begin{bmatrix} 2 \\ 4 \end{bmatrix}.$$

再从 $x^{(1,1)}$ 出发，沿 $d^{(1,2)}$ 搜索：

$$\min_{\lambda} \quad f(x^{(1,1)} + \lambda d^{(1,2)})$$

其中

$$x^{(1,1)}+\lambda d^{(1,2)}=\begin{bmatrix}2\\4+\lambda\end{bmatrix}.$$

令

$$\varphi(\lambda)=f(x^{(1,1)}+\lambda d^{(1,2)})=6+\frac{1}{2}(4+\lambda)^2-2(4+\lambda)-4.$$

取 $\varphi'(\lambda)=(4+\lambda)-2=0$，得 $\lambda_2=-2$，故

$$x^{(1,2)}=x^{(1,1)}+\lambda_1 d^{(1,2)}=\begin{bmatrix}2\\2\end{bmatrix}.$$

令

$$d^{(1,3)}=x^{(1,2)}-x^{(1,0)}=\begin{bmatrix}4\\-2\end{bmatrix}.$$

从 $x^{(1,2)}$ 出发，沿方向 $d^{(1,3)}$ 搜索：

$$\min_{\lambda}\quad f(x^{(1,2)}+\lambda d^{(1,3)}),$$

其中

$$x^{(1,2)}+\lambda d^{(1,3)}=\begin{bmatrix}2+4\lambda\\2-2\lambda\end{bmatrix}.$$

令

$$\begin{aligned}\varphi(\lambda)&=f(x^{(1,2)}+\lambda d^{(1,3)})\\&=\frac{3}{2}(2+4\lambda)^2+\frac{1}{2}(2-2\lambda)^2-(2+4\lambda)(2-2\lambda)-2(2+4\lambda),\end{aligned}$$

取 $\varphi'(\lambda)=12(2+4\lambda)-2(2-2\lambda)-4(2-2\lambda)+2(2+4\lambda)-8=0$，则得 $\lambda_3=-\frac{2}{17}$，经第1轮搜索，得到

$$x^{(1)}=x^{(1,2)}+\lambda_3 d^{(1,3)}=\begin{bmatrix}\frac{26}{17}\\\frac{38}{17}\end{bmatrix}.$$

第2轮搜索：

$$d^{(2,1)}=d^{(1,2)}=\begin{bmatrix}0\\1\end{bmatrix},\quad d^{(2,2)}=d^{(1,3)}=\begin{bmatrix}4\\-2\end{bmatrix},\quad x^{(2,0)}=x^{(1)}=\begin{bmatrix}\frac{26}{17}\\\frac{38}{17}\end{bmatrix}.$$

从 $x^{(2,0)}$ 出发，沿 $d^{(2,1)}$ 搜索：

$$\min_{\lambda}\quad f(x^{(2,0)}+\lambda d^{(2,1)}),$$

其中

$$\boldsymbol{x}^{(2,0)}+\lambda\boldsymbol{d}^{(2,1)}=\begin{bmatrix}\frac{26}{17}\\ \frac{38}{17}\end{bmatrix}+\lambda\begin{bmatrix}0\\ 1\end{bmatrix}=\begin{bmatrix}\frac{26}{17}\\ \frac{38}{17}+\lambda\end{bmatrix}.$$

令

$$\varphi(\lambda)=\frac{3}{2}\left(\frac{26}{17}\right)^2+\frac{1}{2}\left(\frac{38}{17}+\lambda\right)^2-\frac{26}{17}\left(\frac{38}{17}+\lambda\right)-2\times\frac{26}{17},$$

取 $\varphi'(\lambda)=\frac{38}{17}+\lambda-\frac{26}{17}=0$,得 $\lambda_1=-\frac{12}{17}$,故

$$\boldsymbol{x}^{(2,1)}=\boldsymbol{x}^{(2,0)}+\lambda_1\boldsymbol{d}^{(2,1)}=\begin{bmatrix}\frac{26}{17}\\ \frac{26}{17}\end{bmatrix}.$$

从 $\boldsymbol{x}^{(2,1)}$ 出发,沿 $\boldsymbol{d}^{(2,2)}$ 搜索:

$$\min_{\lambda}\quad f(\boldsymbol{x}^{(2,1)}+\lambda\boldsymbol{d}^{(2,2)}),$$

其中

$$\boldsymbol{x}^{(2,1)}+\lambda\boldsymbol{d}^{(2,2)}=\begin{bmatrix}\frac{26}{17}\\ \frac{26}{17}\end{bmatrix}+\lambda\begin{bmatrix}4\\ -2\end{bmatrix}=\begin{bmatrix}\frac{26}{17}+4\lambda\\ \frac{26}{17}-2\lambda\end{bmatrix}.$$

令

$$\begin{aligned}\varphi(\lambda)&=f(\boldsymbol{x}^{(2,1)}+\lambda\boldsymbol{d}^{(2,2)})\\&=\frac{3}{2}\left(\frac{26}{17}+4\lambda\right)^2+\frac{1}{2}\left(\frac{26}{17}-2\lambda\right)^2-\left(\frac{26}{17}+4\lambda\right)\left(\frac{26}{17}-2\lambda\right)-2\left(\frac{26}{17}+4\lambda\right),\end{aligned}$$

取 $\varphi'(\lambda)=12\left(\frac{26}{17}+4\lambda\right)-2\left(\frac{26}{17}-2\lambda\right)-4\left(\frac{26}{17}-2\lambda\right)+2\left(\frac{26}{17}+4\lambda\right)-8=0$,得到 $\lambda_2=-\frac{18}{289}$,故

$$\boldsymbol{x}^{(2,2)}=\begin{bmatrix}\frac{370}{17^2}\\ \frac{478}{17^2}\end{bmatrix}.$$

由于

$$\boldsymbol{x}^{(2,2)}-\boldsymbol{x}^{(2,0)}=-\frac{24}{17^2}\begin{bmatrix}3\\ 7\end{bmatrix},$$

令 $\boldsymbol{d}^{(2,3)}=\begin{bmatrix}3\\ 7\end{bmatrix}$.

从 $\boldsymbol{x}^{(2,2)}$ 出发,沿方向 $\boldsymbol{d}^{(2,3)}$ 搜索:

$$\min_{\lambda}\quad f(\boldsymbol{x}^{(2,2)}+\lambda\boldsymbol{d}^{(2,3)}),$$

其中

$$x^{(2,2)}+\lambda d^{(2,3)}=\begin{bmatrix}\dfrac{370}{17^2}+3\lambda\\ \dfrac{478}{17^2}+7\lambda\end{bmatrix}.$$

令 $\varphi(\lambda)=f(x^{(2,2)}+\lambda d^{(2,3)})$，取 $\varphi'(\lambda)=0$，得到 $\lambda_3=-\dfrac{27}{17^2}$，故

$$x^{(2)}=x^{(2,3)}=x^{(2,2)}+\lambda_3 d^{(2,3)}=\begin{bmatrix}1\\1\end{bmatrix}.$$

已经达到最优解 $x^*=\begin{bmatrix}1\\1\end{bmatrix}$，$f(x^*)=-1$.

5. 用改进的 Powell 方法解下列问题：

$$\min\quad(-x_1+x_2+x_3)^2+(x_1-x_2+x_3)^2+(x_1+x_2-x_3)^2,$$

取初始点和初始搜索方向分别为

$$x^{(0)}=\begin{bmatrix}\dfrac{1}{2}\\1\\\dfrac{1}{2}\end{bmatrix},\quad d^{(1,1)}=\begin{bmatrix}1\\0\\0\end{bmatrix},\quad d^{(1,2)}=\begin{bmatrix}0\\1\\0\end{bmatrix},\quad d^{(1,3)}=\begin{bmatrix}0\\0\\1\end{bmatrix}.$$

解 第1轮搜索：

记 $f(x)=(-x_1+x_2+x_3)^2+(x_1-x_2+x_3)^2+(x_1+x_2-x_3)^2$，$x^{(1,0)}=x^{(0)}$，$f(x^{(1,0)})=2$.

从 $x^{(1,0)}$ 出发沿 $d^{(1,1)}$ 搜索：

$$\min_{\lambda}\quad f(x^{(1,0)}+\lambda d^{(1,1)}),$$

其中

$$x^{(1,0)}+\lambda d^{(1,1)}=\begin{bmatrix}\dfrac{1}{2}+\lambda\\1\\\dfrac{1}{2}\end{bmatrix}.$$

令

$$\varphi(\lambda)=f(x^{(1,0)}+\lambda d^{(1,1)})=(-\lambda+1)^2+\lambda^2+(\lambda+1)^2,$$

取 $\varphi'(\lambda)=0$，得到 $\lambda_1=0$，因此

$$x^{(1,1)}=x^{(1,0)}+\lambda_1 d^{(1,1)}=\begin{bmatrix}\dfrac{1}{2}\\1\\\dfrac{1}{2}\end{bmatrix},\quad f(x^{(1,1)})=2.$$

从 $\boldsymbol{x}^{(1,1)}$ 出发，沿 $\boldsymbol{d}^{(1,2)}$ 搜索：

$$\min_{\lambda} \quad f(\boldsymbol{x}^{(1,1)}+\lambda\boldsymbol{d}^{(1,2)}),$$

其中

$$\boldsymbol{x}^{(1,1)}+\lambda\boldsymbol{d}^{(1,2)}=\begin{bmatrix}\frac{1}{2}\\1+\lambda\\\frac{1}{2}\end{bmatrix}.$$

令

$$\varphi(\lambda)=f(\boldsymbol{x}^{(1,1)}+\lambda\boldsymbol{d}^{(1,2)})=(1+\lambda)^2+\lambda^2+(1+\lambda)^2,$$

取 $\varphi'(\lambda)=0$，得到 $\lambda_2=-\frac{2}{3}$，从而有

$$\boldsymbol{x}^{(1,2)}=\boldsymbol{x}^{(1,1)}+\lambda_2\boldsymbol{d}^{(1,2)}=\begin{bmatrix}\frac{1}{2}\\\frac{1}{3}\\\frac{1}{2}\end{bmatrix},\quad f(\boldsymbol{x}^{(1,2)})=\frac{2}{3}.$$

从 $\boldsymbol{x}^{(1,2)}$ 出发，沿 $\boldsymbol{d}^{(1,3)}$ 搜索：

$$\min_{\lambda} \quad f(\boldsymbol{x}^{(1,2)}+\lambda\boldsymbol{d}^{(1,3)}),$$

其中

$$\boldsymbol{x}^{(1,2)}+\lambda\boldsymbol{d}^{(1,3)}=\begin{bmatrix}\frac{1}{2}\\\frac{1}{3}\\\frac{1}{2}+\lambda\end{bmatrix}.$$

令

$$\varphi(\lambda)=f(\boldsymbol{x}^{(1,2)}+\lambda\boldsymbol{d}^{(1,3)})=\left(\frac{1}{3}+\lambda\right)^2+\left(\frac{2}{3}+\lambda\right)^2+\left(\frac{1}{3}-\lambda\right)^2,$$

取 $\varphi'(\lambda)=0$，得到 $\lambda_3=-\frac{2}{9}$，因此

$$\boldsymbol{x}^{(1,3)}=\boldsymbol{x}^{(1,2)}+\lambda_3\boldsymbol{d}^{(1,3)}=\begin{bmatrix}\frac{1}{2}\\\frac{1}{3}\\\frac{5}{18}\end{bmatrix},\quad f(\boldsymbol{x}^{(1,3)})=\frac{42}{81}.$$

令

$$d^{(1,4)}=x^{(1,3)}-x^{(1,0)}=\begin{bmatrix}0\\-\frac{2}{3}\\-\frac{2}{9}\end{bmatrix},$$

从 $x^{(1,0)}$ 出发，沿方向 $d^{(1,4)}$ 搜索：

$$\min_{\lambda}\quad f(x^{(1,0)}+\lambda d^{(1,4)}),$$

其中

$$x^{(1,0)}+\lambda d^{(1,4)}=\begin{bmatrix}\frac{1}{2}\\1-\frac{2}{3}\lambda\\\frac{1}{2}-\frac{2}{9}\lambda\end{bmatrix}.$$

令

$$\varphi(\lambda)=f(x^{(1,0)}+\lambda d^{(1,4)})=\left(1-\frac{8}{9}\lambda\right)^2+\left(\frac{4}{9}\lambda\right)^2+\left(1-\frac{4}{9}\lambda\right)^2,$$

取 $\varphi'(\lambda)=0$，得到 $\lambda_4=\frac{9}{8}$，因此

$$x^{(1)}=x^{(1,0)}+\lambda_4 d^{(1,4)}=\begin{bmatrix}\frac{1}{2}\\\frac{1}{4}\\\frac{1}{4}\end{bmatrix},\quad f(x^{(1)})=\frac{1}{2}.$$

$$\begin{aligned}&\max\{f(x^{(1,0)})-f(x^{(1,1)}),f(x^{(1,1)})-f(x^{(1,2)}),f(x^{(1,2)})-f(x^{(1,3)})\}\\=&\max\left\{0,\frac{4}{3},\frac{12}{81}\right\}\\=&f(x^{(1,1)})-f(x^{(1,2)}).\end{aligned}$$

记 $x^{(2,0)}=x^{(1)}$，$\left[\frac{f(x^{(1,0)})-f(x^{(2,0)})}{f(x^{(1,1)})-f(x^{(1,2)})}\right]^{\frac{1}{2}}=\sqrt{\frac{9}{8}}<\lambda_4=\frac{9}{8}.$

第 2 轮搜索：

$$d^{(2,1)}=d^{(1,1)}=\begin{bmatrix}1\\0\\0\end{bmatrix},\quad d^{(2,2)}=d^{(1,3)}=\begin{bmatrix}0\\0\\1\end{bmatrix},\quad d^{(2,3)}=d^{(1,4)}=\begin{bmatrix}0\\-\frac{2}{3}\\-\frac{2}{9}\end{bmatrix},$$

$$\boldsymbol{x}^{(2,0)}=\boldsymbol{x}^{(1)}=\begin{bmatrix}\frac{1}{2}\\ \frac{1}{4}\\ \frac{1}{4}\end{bmatrix},\quad f(\boldsymbol{x}^{(2,0)})=\frac{1}{2}.$$

从 $\boldsymbol{x}^{(2,0)}$ 出发,沿 $\boldsymbol{d}^{(2,1)}$ 搜索:

$$\min_{\lambda}\quad f(\boldsymbol{x}^{(2,0)}+\lambda\boldsymbol{d}^{(2,1)}),$$

其中

$$\boldsymbol{x}^{(2,0)}+\lambda\boldsymbol{d}^{(2,1)}=\begin{bmatrix}\frac{1}{2}\\ \frac{1}{4}\\ \frac{1}{4}\end{bmatrix}+\lambda\begin{bmatrix}1\\0\\0\end{bmatrix}=\begin{bmatrix}\frac{1}{2}+\lambda\\ \frac{1}{4}\\ \frac{1}{4}\end{bmatrix}.$$

令

$$\varphi(\lambda)=f(\boldsymbol{x}^{(2,0)}+\lambda\boldsymbol{d}^{(2,1)})=(-\lambda)^2+\left(\frac{1}{2}+\lambda\right)^2+\left(\frac{1}{2}+\lambda\right)^2,$$

取 $\varphi'(\lambda)=0$,得到 $\lambda_1=-\frac{1}{3}$,则

$$\boldsymbol{x}^{(2,1)}=\begin{bmatrix}\frac{1}{6}\\ \frac{1}{4}\\ \frac{1}{4}\end{bmatrix},\quad f(\boldsymbol{x}^{(2,1)})=\frac{1}{6}.$$

从 $\boldsymbol{x}^{(2,1)}$ 出发,沿 $\boldsymbol{d}^{(2,2)}$ 搜索:

$$\min_{\lambda}\quad f(\boldsymbol{x}^{(2,1)}+\lambda\boldsymbol{d}^{(2,2)}),$$

其中

$$\boldsymbol{x}^{(2,1)}+\lambda\boldsymbol{d}^{(2,2)}=\begin{bmatrix}\frac{1}{6}\\ \frac{1}{4}\\ \frac{1}{4}\end{bmatrix}+\lambda\begin{bmatrix}0\\0\\1\end{bmatrix}=\begin{bmatrix}\frac{1}{6}\\ \frac{1}{4}\\ \frac{1}{4}+\lambda\end{bmatrix}.$$

令

$$\varphi(\lambda)=f(\boldsymbol{x}^{(2,1)}+\lambda\boldsymbol{d}^{(2,2)})=\left(\frac{1}{3}+\lambda\right)^2+\left(\frac{1}{6}+\lambda\right)^2+\left(\frac{1}{6}-\lambda\right)^2,$$

取 $\varphi'(\lambda)=0$，得到 $\lambda_2=-\frac{1}{9}$，于是

$$x^{(2,2)}=\begin{bmatrix}\frac{1}{6}\\ \frac{1}{4}\\ \frac{5}{36}\end{bmatrix},\quad f(x^{(2,2)})=\frac{7}{54}.$$

从 $x^{(2,2)}$ 出发，沿 $d^{(2,3)}$ 搜索：

$$\min_{\lambda}\quad f(x^{(2,2)}+\lambda d^{(2,3)}),$$

其中

$$x^{(2,2)}+\lambda d^{(2,3)}=\begin{bmatrix}\frac{1}{6}\\ \frac{1}{4}\\ \frac{5}{36}\end{bmatrix}+\lambda\begin{bmatrix}0\\ -\frac{2}{3}\\ -\frac{2}{9}\end{bmatrix}=\begin{bmatrix}\frac{1}{6}\\ \frac{1}{4}-\frac{2}{3}\lambda\\ \frac{5}{36}-\frac{2}{9}\lambda\end{bmatrix}.$$

令

$$\varphi(\lambda)=f(x^{(2,2)}+\lambda d^{(2,3)})=\left(\frac{2}{9}-\frac{8}{9}\lambda\right)^2+\left(\frac{1}{18}+\frac{4}{9}\lambda\right)^2+\left(\frac{5}{18}-\frac{4}{9}\lambda\right)^2,$$

取 $\varphi'(\lambda)=0$，得到 $\lambda_3=\frac{1}{4}$，因此

$$x^{(2,3)}=\begin{bmatrix}\frac{1}{6}\\ \frac{1}{12}\\ \frac{1}{12}\end{bmatrix},\quad f(x^{(2,3)})=\frac{1}{18}.$$

令

$$d^{(2,4)}=x^{(2,3)}-x^{(2,0)}=\begin{bmatrix}-\frac{1}{3}\\ -\frac{1}{6}\\ -\frac{1}{6}\end{bmatrix},$$

从 $x^{(2,0)}$ 出发，沿 $d^{(2,4)}$ 搜索：

$$\min_{\lambda}\quad f(x^{(2,0)}+\lambda d^{(2,4)}),$$

其中

$$\boldsymbol{x}^{(2,0)}+\lambda\boldsymbol{d}^{(2,4)}=\begin{bmatrix}\frac{1}{2}\\ \frac{1}{4}\\ \frac{1}{4}\end{bmatrix}+\lambda\begin{bmatrix}-\frac{1}{3}\\ -\frac{1}{6}\\ -\frac{1}{6}\end{bmatrix}=\begin{bmatrix}\frac{1}{2}-\frac{1}{3}\lambda\\ \frac{1}{4}-\frac{1}{6}\lambda\\ \frac{1}{4}-\frac{1}{6}\lambda\end{bmatrix}.$$

令 $\varphi(\lambda)=f(\boldsymbol{x}^{(2,0)}+\lambda\boldsymbol{d}^{(2,4)})=2\left(\frac{1}{2}-\frac{1}{3}\lambda\right)^2$，取 $\varphi'(\lambda)=0$，得到 $\lambda_4=\frac{3}{2}$，因此

$$\boldsymbol{x}^{(2)}=\boldsymbol{x}^{(2,0)}+\lambda_4\boldsymbol{d}^{(2,4)}=\begin{bmatrix}0\\0\\0\end{bmatrix}.$$

已经达到最优解.

第12章

CHAPTER 12

可行方向法题解

1. 对于下列每种情形，写出在点 $\boldsymbol{x}\in S$ 处的可行方向集：

(1) $S=\{\boldsymbol{x}\,|\,\boldsymbol{Ax}=\boldsymbol{b},\boldsymbol{x}\geqslant\boldsymbol{0}\}$；　　(2) $S=\{\boldsymbol{x}\,|\,\boldsymbol{Ax}\leqslant\boldsymbol{b},\boldsymbol{Ex}=\boldsymbol{e},\boldsymbol{x}\geqslant\boldsymbol{0}\}$；

(3) $S=\{\boldsymbol{x}\,|\,\boldsymbol{Ax}\geqslant\boldsymbol{b},\boldsymbol{x}\geqslant\boldsymbol{0}\}$.

解　答案如下：

(1) $\{\boldsymbol{d}\,|\,\boldsymbol{Ad}=\boldsymbol{0},\boldsymbol{I}_1\boldsymbol{d}\geqslant\boldsymbol{0}\}$；

(2) $\{\boldsymbol{d}\,|\,\boldsymbol{A}_1\boldsymbol{d}\leqslant\boldsymbol{0},\boldsymbol{Ed}=\boldsymbol{0},\boldsymbol{I}_1\boldsymbol{d}\geqslant\boldsymbol{0}\}$；

(3) $\{\boldsymbol{d}\,|\,\boldsymbol{A}_1\boldsymbol{d}\geqslant\boldsymbol{0},\boldsymbol{I}_1\boldsymbol{d}\geqslant\boldsymbol{0}\}$.

各式中，$\boldsymbol{A}_1$ 和 $\boldsymbol{I}_1$ 分别是 $\boldsymbol{x}$ 处起作用约束系数矩阵.

2. 考虑下列问题：

$$\begin{aligned}
\min\quad & x_1^2+x_1x_2+2x_2^2-6x_1-2x_2-12x_3\\
\text{s.t.}\quad & x_1+x_2+x_3=2,\\
& -x_1+2x_2\leqslant 3,\\
& x_1,x_2,x_3\geqslant 0.
\end{aligned}$$

求出在点 $\hat{\boldsymbol{x}}=(1,1,0)^{\mathrm{T}}$ 处的一个下降可行方向.

解　目标函数 $f(\boldsymbol{x})=x_1^2+x_1x_2+2x_2^2-6x_1-2x_2-12x_3$ 的梯度是

$$\nabla f(\boldsymbol{x})=\begin{bmatrix}2x_1+x_2-6\\ x_1+4x_2-2\\ -12\end{bmatrix},\quad 故\nabla f(\hat{\boldsymbol{x}})=\begin{bmatrix}-3\\ 3\\ -12\end{bmatrix}.$$

在 $\hat{\boldsymbol{x}}=(1,1,0)^{\mathrm{T}}$ 处起作用约束有

$$\begin{aligned}
x_1+x_2+x_3&=2,\\
x_3&\geqslant 0.
\end{aligned}$$

在 $\hat{\boldsymbol{x}}$ 处可行方向满足下列条件：

$$\begin{cases} d_1 + d_2 + d_3 = 0, & (1) \\ d_3 \geqslant 0. & (2) \end{cases}$$

下降方向满足$\nabla f(\hat{\boldsymbol{x}})^{\mathrm{T}}\boldsymbol{d}<0$,即

$$-3d_1 + 3d_2 - 12d_3 < 0. \tag{3}$$

同时满足上述 3 个条件的方向是$\hat{\boldsymbol{x}}$处下降可行方向. 如 $\boldsymbol{d}=(0,-1,1)^{\mathrm{T}}$.

3. 用 Zoutendijk 方法求解下列问题:

(1) $\min \quad x_1^2+4x_2^2-34x_1-32x_2$

$\text{s. t.} \quad 2x_1+x_2\leqslant 6,$

$x_2\leqslant 2,$

$x_1,x_2\geqslant 0,$

取初始点 $\boldsymbol{x}^{(1)}=(1,2)^{\mathrm{T}}$.

(2) $\min \quad x_1^2+2x_2^2+3x_3^2+x_1x_2-2x_1x_3+x_2x_3-4x_1-6x_2$

$\text{s. t.} \quad x_1+2x_2+x_3\leqslant 4,$

$x_1,x_2,x_3\geqslant 0,$

取初始可行点 $\boldsymbol{x}^{(1)}=(0,0,0)^{\mathrm{T}}$.

解 (1) 将问题写作:

$$\begin{aligned} \min \quad & x_1^2 + 4x_2^2 - 34x_1 - 32x_2 \\ \text{s. t.} \quad & -2x_1 - x_2 \geqslant -6 \\ & -x_2 \geqslant -2 \\ & x_1, x_2 \geqslant 0 \end{aligned}$$

目标函数的梯度$\nabla f(\boldsymbol{x})=\begin{bmatrix}2x_1-34\\8x_2-32\end{bmatrix}$.

第 1 次迭代:

在点 $\boldsymbol{x}^{(1)}=\begin{bmatrix}1\\2\end{bmatrix}$,$\nabla f(\boldsymbol{x}^{(1)})=\begin{bmatrix}-32\\-16\end{bmatrix}$,起作用约束和不起作用约束的系数矩阵分别记为 $\boldsymbol{A}_1=[0,-1]$,$\boldsymbol{A}_2=\begin{bmatrix}-2&-1\\1&0\\0&1\end{bmatrix}$,约束右端分别记为 $\boldsymbol{b}_1=[-2]$,$\boldsymbol{b}_2=\begin{bmatrix}-6\\0\\0\end{bmatrix}$.

先求在 $\boldsymbol{x}^{(1)}=\begin{bmatrix}1\\2\end{bmatrix}$处下降可行方向 $\boldsymbol{d}=\begin{bmatrix}d_1\\d_2\end{bmatrix}$,解下列线性规划问题:

$$\begin{aligned} \min \quad & \nabla f(\boldsymbol{x}^{(1)})^{\mathrm{T}}\boldsymbol{d} \\ \text{s. t.} \quad & \boldsymbol{A}_1\boldsymbol{d} \geqslant 0, \\ & |d_1| \leqslant 1, \\ & |d_2| \leqslant 1. \end{aligned}$$

用单纯形方法，求得

$$d^{(1)} = \begin{bmatrix} 1 \\ 0 \end{bmatrix}.$$

再从 $x^{(1)}$ 出发，沿可行下降方向 $d^{(1)}$ 搜索：

$$\begin{aligned} \min \quad & f(x^{(1)} + \lambda d^{(1)}) \\ \text{s.t.} \quad & 0 \leqslant \lambda \leqslant \lambda_{\max}. \end{aligned} \tag{1}$$

其中 $\lambda_{\max}$ 是步长 λ 的上限. 为使后继点是可行点，λ 必须满足

$$A_2(x^{(1)} + \lambda d^{(1)}) \geqslant b_2.$$

记

$$\hat{d} = A_2 d^{(1)} = \begin{bmatrix} -2 \\ 1 \\ 0 \end{bmatrix}, \quad \hat{b} = b_2 - A_2 x^{(1)} = \begin{bmatrix} -2 \\ -1 \\ -2 \end{bmatrix},$$

则

$$\lambda_{\max} = \min\left\{ \frac{\hat{b}_i}{\hat{d}_i} \middle| \hat{d}_i < 0 \right\} = \left\{ \frac{-2}{-2} \right\} = 1.$$

问题(1)即

$$\begin{aligned} \min \quad & (1+\lambda)^2 - 34\lambda - 82 \\ \text{s.t.} \quad & 0 \leqslant \lambda \leqslant 1. \end{aligned}$$

解得 $\lambda_1 = 1$，后继点

$$x^{(2)} = x^{(1)} + \lambda_1 d^{(1)} = \begin{bmatrix} 2 \\ 2 \end{bmatrix}, \quad \nabla f(x^{(2)}) = \begin{bmatrix} -30 \\ -16 \end{bmatrix}.$$

第 2 次迭代：

在 $x^{(2)}$ 处起作用约束和不起作用约束系数矩阵分别记为

$$A_1 = \begin{bmatrix} -2 & -1 \\ 0 & -1 \end{bmatrix}, \quad A_2 = \begin{bmatrix} 1 & 0 \\ 0 & 1 \end{bmatrix},$$

相应的约束右端记为

$$b_1 = \begin{bmatrix} -6 \\ -2 \end{bmatrix}, \quad b_2 = \begin{bmatrix} 0 \\ 0 \end{bmatrix}.$$

求在 $x^{(2)}$ 处可行下降方向 $d = \begin{bmatrix} d_1 \\ d_2 \end{bmatrix}$：

$$\begin{aligned} \min \quad & \nabla f(x^{(2)})^{\mathrm{T}} d \\ \text{s.t.} \quad & A_1 d \geqslant 0, \\ & |d_1| \leqslant 1, \\ & |d_2| \leqslant 1. \end{aligned}$$

用单纯形方法求得 $\boldsymbol{d}^{(2)}=(0,0)^{\mathrm{T}}$.

根据教材中定理 12.1.2，$\boldsymbol{x}^{(2)}=(2,2)^{\mathrm{T}}$ 是 K-T 点. 由于给定问题是凸规划，因此 $\boldsymbol{x}^{(2)}$ 也是最优解，最优值 $f_{\min}=-112$.

(2) 目标函数的梯度记为

$$\nabla f(\boldsymbol{x})=\begin{bmatrix}2x_1+x_2-2x_3-4\\ x_1+4x_2+x_3-6\\ -2x_1+x_2+6x_3\end{bmatrix}.$$

第 1 次迭代：

在点 $\boldsymbol{x}^{(1)}=(0,0,0)^{\mathrm{T}}$，目标函数的梯度，起作用约束系数矩阵，不起作用约束系数矩阵及约束右端，分别记为

$$\nabla f(\boldsymbol{x}^{(1)})=\begin{bmatrix}-4\\-6\\0\end{bmatrix},\quad \boldsymbol{A}_1=\begin{bmatrix}1&0&0\\0&1&0\\0&0&1\end{bmatrix},\quad \boldsymbol{A}_2=[-1,-2,-1],\quad \boldsymbol{b}_1=\begin{bmatrix}0\\0\\0\end{bmatrix},\quad b_2=-4.$$

先求在 $\boldsymbol{x}^{(1)}$ 处下降可行方向 $\boldsymbol{d}=(d_1,d_2,d_3)^{\mathrm{T}}$：

$$\begin{aligned}\min\quad & \nabla f(\boldsymbol{x}^{(1)})^{\mathrm{T}}\boldsymbol{d}\\ \text{s. t.}\quad & \boldsymbol{A}_1\boldsymbol{d}\geqslant\boldsymbol{0},\\ & |d_i|\leqslant 1,\quad i=1,2,3.\end{aligned}$$

用单纯形方法，求得下降可行方向

$$\boldsymbol{d}^{(1)}=\begin{bmatrix}1\\1\\1\end{bmatrix}.$$

再从 $\boldsymbol{x}^{(1)}$ 出发，沿方向 $\boldsymbol{d}^{(1)}$ 搜索：

$$\begin{aligned}\min\quad & f(\boldsymbol{x}^{(1)}+\lambda\boldsymbol{d}^{(1)})\\ \text{s. t.}\quad & 0\leqslant\lambda\leqslant\lambda_{\max}.\end{aligned}\tag{1}$$

其中 $\lambda_{\max}$ 是步长 λ 的上限. 为保持可行性，λ 必须满足

$$\boldsymbol{A}_2(\boldsymbol{x}^{(1)}+\lambda\boldsymbol{d}^{(1)})\geqslant b_2.$$

记 $\hat{d}=\boldsymbol{A}_2\boldsymbol{d}^{(1)}=-4$，$\hat{b}=b_2-\boldsymbol{A}_2\boldsymbol{x}^{(1)}=-4$，则

$$\lambda_{\max}=\min\left\{\frac{\hat{b}_i}{\hat{d}_i}\,\middle|\,\hat{d}_i<0\right\}=1.$$

问题(1)即

$$\begin{aligned}\min\quad & 6\lambda^2-10\lambda\\ \text{s. t.}\quad & 0\leqslant\lambda\leqslant 1.\end{aligned}$$

解得 $\lambda_1=\frac{5}{6}$. 后继点

$$x^{(2)}=x^{(1)}+\lambda_1 d^{(1)}=\begin{bmatrix}\frac{5}{6}\\ \frac{5}{6}\\ \frac{5}{6}\end{bmatrix},\quad f(x^{(2)})=-4.167.$$

第 2 次迭代:

在点 $x^{(2)}=\left(\frac{5}{6},\frac{5}{6},\frac{5}{6}\right)^{\mathrm{T}}$, 目标函数的梯度 $\nabla f(x^{(2)})=\left(-\frac{19}{6},-1,\frac{25}{6}\right)^{\mathrm{T}}$. 在 $x^{(2)}$ 无起作用约束,因此令

$$d^{(2)}=\begin{bmatrix}\frac{19}{6}\\ 1\\ -\frac{25}{6}\end{bmatrix}.$$

从 $x^{(2)}$ 出发,沿最速下降方向 $d^{(2)}$ 搜索:

$$\begin{aligned}&\min \quad f(x^{(2)}+\lambda d^{(2)})\\ &\text{s.t.}\quad 0\leqslant\lambda\leqslant\lambda_{\max}.\end{aligned}\tag{2}$$

计算步长 λ 的上限 $\lambda_{\max}$.

$$A_2=\begin{bmatrix}-1&-2&-1\\ 1&0&0\\ 0&1&0\\ 0&0&1\end{bmatrix},\quad b_2=\begin{bmatrix}-4\\ 0\\ 0\\ 0\end{bmatrix},\quad \hat{d}=A_2 d^{(2)}=\begin{bmatrix}-1\\ \frac{19}{6}\\ 1\\ -\frac{25}{6}\end{bmatrix},$$

$$\hat{b}=b_2-A_2x^{(2)}=\begin{bmatrix}-\frac{2}{3}\\ -\frac{5}{6}\\ -\frac{5}{6}\\ -\frac{5}{6}\end{bmatrix},$$

$$\lambda_{\max}=\min\left\{\frac{\hat{b}_i}{\hat{d}_i}\,\middle|\,\hat{d}_i<0\right\}=\min\left\{\left(-\frac{2}{3}\right)\Big/(-1),\left(-\frac{5}{6}\right)\Big/\left(-\frac{25}{6}\right)\right\}=\frac{1}{5}.$$

问题(2)即

$$\begin{aligned}\min \quad & \varphi(\lambda) = f(\boldsymbol{x}^{(2)} + \lambda \boldsymbol{d}^{(2)}) \\ \text{s. t.} \quad & 0 \leqslant \lambda \leqslant \frac{1}{5}.\end{aligned}$$

令 $\varphi'(\lambda)=0$,得到 $\lambda_2=0.159$,后继点

$$\boldsymbol{x}^{(3)} = \boldsymbol{x}^{(2)} + \lambda_2 \boldsymbol{d}^{(2)} = \begin{bmatrix}1.337\\0.992\\0.171\end{bmatrix}, \quad f(\boldsymbol{x}^{(3)}) = -6.418.$$

第3次迭代:

在点 $\boldsymbol{x}^{(3)}$ 不存在起作用约束,令

$$\boldsymbol{d}^{(3)} = -\nabla f(\boldsymbol{x}^{(3)}) = \begin{bmatrix}0.676\\0.524\\0.656\end{bmatrix}.$$

从 $\boldsymbol{x}^{(3)}$ 出发,沿 $\boldsymbol{d}^{(3)}$ 搜索:

$$\begin{aligned}\min \quad & f(\boldsymbol{x}^{(3)} + \lambda \boldsymbol{d}^{(3)}) \\ \text{s. t.} \quad & 0 \leqslant \lambda \leqslant \lambda_{\max}.\end{aligned} \tag{3}$$

求 $\lambda_{\max}$:

$$\boldsymbol{A}_2 = \begin{bmatrix}-1 & -2 & -1\\1 & 0 & 0\\0 & 1 & 0\\0 & 0 & 1\end{bmatrix}, \quad \boldsymbol{b}_2 = \begin{bmatrix}-4\\0\\0\\0\end{bmatrix}, \quad \hat{\boldsymbol{b}} = \boldsymbol{b}_2 - \boldsymbol{A}_2\boldsymbol{x}^{(3)} = \begin{bmatrix}-0.508\\-1.337\\-0.992\\-0.171\end{bmatrix},$$

$$\hat{\boldsymbol{d}} = \boldsymbol{A}_2\boldsymbol{d}^{(3)} = \begin{bmatrix}-2.38\\0.676\\0.524\\0.656\end{bmatrix}, \quad \lambda_{\max} = \min\left\{\frac{\hat{b}_i}{\hat{d}_i} \,\middle|\, \hat{d}_i < 0\right\} = 0.213.$$

问题(3)即

$$\begin{aligned}\min \quad & \varphi(\lambda) = f(\boldsymbol{x}^{(3)} + \lambda \boldsymbol{d}^{(3)}) \\ \text{s. t.} \quad & 0 \leqslant \lambda \leqslant 0.213.\end{aligned}$$

令 $\varphi'(\lambda)=0$,得到 $\lambda_3=0.213$.

$$\boldsymbol{x}^{(4)} = \boldsymbol{x}^{(3)} + \lambda_3 \boldsymbol{d}^{(3)} = \begin{bmatrix}1.481\\1.104\\0.311\end{bmatrix}, \quad f(\boldsymbol{x}^{(4)}) = -6.570.$$

经3次迭代,得近似解 $\boldsymbol{x}^{(4)}=(1.481,1.104,0.311)^{\mathrm{T}}$,目标函数值 $f(\boldsymbol{x}^{(4)})=-6.570$.不再迭代.运用最优性条件,求得问题的精确解 $\boldsymbol{x}^*=\left(2,\frac{3}{4},\frac{1}{2}\right)^{\mathrm{T}}$,$f_{\min}=-6.75$.

4. 用梯度投影法求解下列问题：

(1) $\min \quad (4-x_2)(x_1-3)^2$

$$\begin{aligned} \text{s. t.} \quad & x_1+x_2\leqslant 3, \\ & x_1 \leqslant 2, \\ & x_2\leqslant 2, \\ & x_1,x_2 \geqslant 0, \end{aligned}$$

取初始点 $\boldsymbol{x}^{(1)}=(1,2)^{\mathrm{T}}$.

(2) $\min \quad x_1^2+x_2^2+2x_2+5$

$$\begin{aligned} \text{s. t.} \quad & x_1-2x_2\geqslant 0, \\ & x_1,x_2\geqslant 0, \end{aligned}$$

取初始点 $\boldsymbol{x}^{(1)}=(2,0)^{\mathrm{T}}$.

(3) $\min \quad x_1^2+x_1x_2+2x_2^2-6x_1-2x_2-12x_3$

$$\begin{aligned} \text{s. t.} \quad & x_1+x_2+x_3=2, \\ & x_1-2x_2 \geqslant -3, \\ & x_1,x_2,x_3\geqslant 0, \end{aligned}$$

取初始点 $\boldsymbol{x}^{(1)}=(1,0,1)^{\mathrm{T}}$.

解　(1) 目标函数 $f(\boldsymbol{x})=(4-x_2)(x_1-3)^2$，梯度

$$\nabla f(\boldsymbol{x})=\begin{bmatrix}2(x_1-3)(4-x_2)\\ -(x_1-3)^2\end{bmatrix}.$$

第 1 次迭代：

在点 $\boldsymbol{x}^{(1)}=\begin{bmatrix}1\\2\end{bmatrix}$处，目标函数梯度为$\nabla f(\boldsymbol{x}^{(1)})=\begin{bmatrix}-8\\-4\end{bmatrix}$，起作用约束和不起作用约束系数矩阵，相应的约束右端，分别为

$$\boldsymbol{A}_1=\begin{bmatrix}-1 & -1\\ 0 & -1\end{bmatrix},\quad \boldsymbol{A}_2=\begin{bmatrix}-1 & 0\\ 1 & 0\\ 0 & 1\end{bmatrix},\quad \boldsymbol{b}_1=\begin{bmatrix}-3\\-2\end{bmatrix},\quad \boldsymbol{b}_2=\begin{bmatrix}-2\\0\\0\end{bmatrix}.$$

投影矩阵

$$\boldsymbol{P}=\boldsymbol{I}-\boldsymbol{A}_1^{\mathrm{T}}(\boldsymbol{A}_1\boldsymbol{A}_1^{\mathrm{T}})^{-1}\boldsymbol{A}_1=\begin{bmatrix}0 & 0\\ 0 & 0\end{bmatrix},\quad \boldsymbol{d}^{(1)}=-\boldsymbol{P}\,\nabla f(\boldsymbol{x}^{(1)})=\begin{bmatrix}0\\0\end{bmatrix},$$

$$\boldsymbol{w}=(\boldsymbol{A}_1\boldsymbol{A}_1^{\mathrm{T}})^{-1}\boldsymbol{A}_1\,\nabla f(\boldsymbol{x}^{(1)})=\begin{bmatrix}8\\-4\end{bmatrix}.$$

从 $\boldsymbol{A}_1$ 中去掉第 2 行，记为

$$\hat{\boldsymbol{A}}_1=[-1,-1].$$

投影矩阵

$$\hat{\boldsymbol{P}}=\boldsymbol{I}-\hat{\boldsymbol{A}}_1^{\mathrm{T}}(\hat{\boldsymbol{A}}_1\hat{\boldsymbol{A}}_1^{\mathrm{T}})^{-1}\hat{\boldsymbol{A}}_1=\begin{bmatrix}\frac{1}{2} & -\frac{1}{2}\\ -\frac{1}{2} & \frac{1}{2}\end{bmatrix},$$

投影方向

$$\hat{\boldsymbol{d}}^{(1)}=-\hat{\boldsymbol{P}}\nabla f(\boldsymbol{x}^{(1)})=-\begin{bmatrix}\frac{1}{2}&-\frac{1}{2}\\-\frac{1}{2}&\frac{1}{2}\end{bmatrix}\begin{bmatrix}-8\\-4\end{bmatrix}=\begin{bmatrix}2\\-2\end{bmatrix}.$$

从 $\boldsymbol{x}^{(1)}$ 出发,沿 $\hat{\boldsymbol{d}}^{(1)}$ 搜索:

$$\begin{aligned}&\min\quad f(\boldsymbol{x}^{(1)}+\lambda\hat{\boldsymbol{d}}^{(1)})\\&\text{s. t.}\quad 0\leqslant\lambda\leqslant\lambda_{\max}.\end{aligned}\tag{1}$$

求步长上限 $\lambda_{\max}$:

$$\hat{\boldsymbol{b}}=\boldsymbol{b}_2-\boldsymbol{A}_2\boldsymbol{x}^{(1)}=\begin{bmatrix}-1\\-1\\-2\end{bmatrix},\quad \hat{\boldsymbol{d}}=\boldsymbol{A}_2\hat{\boldsymbol{d}}^{(1)}=\begin{bmatrix}-2\\2\\-2\end{bmatrix},$$

故

$$\lambda_{\max}=\min\left\{\frac{\hat{b}_i}{\hat{d}_i}\middle|\hat{d}_i<0\right\}=\frac{1}{2}.$$

问题(1)即

$$\begin{aligned}&\min\quad 8(\lambda+2)(\lambda-1)^2\\&\text{s. t.}\quad 0\leqslant\lambda\leqslant\frac{1}{2}.\end{aligned}$$

得到沿 $\hat{\boldsymbol{d}}^{(1)}$ 方向搜索步长 $\lambda_1=\frac{1}{2}$,后继点

$$\boldsymbol{x}^{(2)}=\boldsymbol{x}^{(1)}+\lambda_1\hat{\boldsymbol{d}}^{(1)}=\begin{bmatrix}2\\1\end{bmatrix},\quad 这时\ f(\boldsymbol{x}^{(2)})=3.$$

第 2 次迭代:

在点 $\boldsymbol{x}^{(2)}=\begin{bmatrix}2\\1\end{bmatrix}$ 处有

$$\nabla f(\boldsymbol{x}^{(2)})=\begin{bmatrix}-6\\-1\end{bmatrix},\quad \boldsymbol{A}_1=\begin{bmatrix}-1&-1\\-1&0\end{bmatrix},\quad \boldsymbol{A}_2=\begin{bmatrix}0&-1\\1&0\\0&1\end{bmatrix},\quad \boldsymbol{b}_1=\begin{bmatrix}-3\\-2\end{bmatrix},\quad \boldsymbol{b}_2=\begin{bmatrix}-2\\0\\0\end{bmatrix}.$$

投影矩阵

$$\boldsymbol{P}=\boldsymbol{I}-\boldsymbol{A}_1^{\mathrm{T}}(\boldsymbol{A}_1\boldsymbol{A}_1^{\mathrm{T}})^{-1}\boldsymbol{A}_1=\begin{bmatrix}0&0\\0&0\end{bmatrix},$$

$$\boldsymbol{d}^{(2)}=-\boldsymbol{P}\nabla f(\boldsymbol{x}^{(2)})=\begin{bmatrix}0\\0\end{bmatrix},\quad \boldsymbol{w}=(\boldsymbol{A}_1\boldsymbol{A}_1^{\mathrm{T}})^{-1}\boldsymbol{A}_1\nabla f(\boldsymbol{x}^{(2)})=\begin{bmatrix}1\\5\end{bmatrix}>0,$$

$\boldsymbol{x}^{(2)}=(2,1)^{\mathrm{T}}$ 是 K-T 点,满足最优解的二阶充分条件,因此也是最优解. $f_{\min}=3$.

(2) 在点 $\boldsymbol{x}^{(1)}=\begin{bmatrix}2\\0\end{bmatrix}$处，目标函数梯度、起作用约束及不起作用约束的系数矩阵、相应的约束右端分别为

$$\nabla f(\boldsymbol{x}^{(1)})=\begin{bmatrix}4\\2\end{bmatrix},\quad \boldsymbol{A}_1=[0,1],\quad \boldsymbol{A}_2=\begin{bmatrix}1&-2\\1&0\end{bmatrix},\quad b_1=0,\quad \boldsymbol{b}_2=\begin{bmatrix}0\\0\end{bmatrix}.$$

投影矩阵

$$\boldsymbol{P}=\boldsymbol{I}-\boldsymbol{A}_1^{\mathrm{T}}(\boldsymbol{A}_1\boldsymbol{A}_1^{\mathrm{T}})^{-1}\boldsymbol{A}_1=\begin{bmatrix}1&0\\0&0\end{bmatrix}.$$

搜索方向

$$\boldsymbol{d}^{(1)}=-\boldsymbol{P}\nabla f(\boldsymbol{x}^{(1)})=\begin{bmatrix}-4\\0\end{bmatrix}.$$

从 $\boldsymbol{x}^{(1)}$ 出发，沿 $\boldsymbol{d}^{(1)}$ 搜索：

$$\begin{aligned}&\min\quad f(\boldsymbol{x}^{(1)}+\lambda\boldsymbol{d}^{(1)})\\&\text{s.t.}\quad 0\leqslant\lambda\leqslant\lambda_{\max}.\end{aligned}\tag{1}$$

求步长 λ 的上限 $\lambda_{\max}$：

$$\hat{\boldsymbol{b}}=\boldsymbol{b}_2-\boldsymbol{A}_2\boldsymbol{x}^{(1)}=\begin{bmatrix}-2\\-2\end{bmatrix},\quad \hat{\boldsymbol{d}}=\boldsymbol{A}_2\boldsymbol{d}^{(1)}=\begin{bmatrix}-4\\-4\end{bmatrix},$$

故

$$\lambda_{\max}=\min\left\{\frac{\hat{b}_i}{\hat{d}_i}\,\middle|\,\hat{d}_i<0\right\}=\frac{1}{2}.$$

问题(1)即

$$\begin{aligned}&\min\quad (2-4\lambda)^2+5\\&\text{s.t.}\quad 0\leqslant\lambda\leqslant\frac{1}{2}.\end{aligned}$$

求得步长 $\lambda_1=\frac{1}{2}$，后继点

$$\boldsymbol{x}^{(2)}=\begin{bmatrix}0\\0\end{bmatrix},\quad \text{这时 } f(\boldsymbol{x}^{(2)})=5.$$

由于目标函数等值线是以(0,−1)为中心的一族同心圆，因此 $\boldsymbol{x}^{(2)}=(0,0)^{\mathrm{T}}$ 已是最优解.

(3) 第 1 次迭代：

在点 $\boldsymbol{x}^{(1)}=(1,0,1)^{\mathrm{T}}$ 处，目标函数梯度、不等式约束中起作用约束和不起作用约束的系数矩阵及右端、等式约束系数矩阵、起作用约束系数矩阵分别为：

$$\nabla f(\boldsymbol{x}^{(1)})=\begin{bmatrix}-4\\-1\\-12\end{bmatrix},\quad \boldsymbol{A}_1=[0,1,0],\quad \boldsymbol{A}_2=\begin{bmatrix}1&-2&0\\1&0&0\\0&0&1\end{bmatrix},$$

$$b_1=0,\quad \boldsymbol{b}_2=\begin{bmatrix}-3\\0\\0\end{bmatrix},\quad \boldsymbol{E}=[1,1,1],\quad \boldsymbol{M}=\begin{bmatrix}\boldsymbol{A}_1\\\boldsymbol{E}\end{bmatrix}=\begin{bmatrix}0&1&0\\1&1&1\end{bmatrix}.$$

投影矩阵

$$\boldsymbol{P}=\boldsymbol{I}-\boldsymbol{M}^{\mathrm{T}}(\boldsymbol{M}\boldsymbol{M}^{\mathrm{T}})^{-1}\boldsymbol{M}=\begin{bmatrix}\frac{1}{2}&0&-\frac{1}{2}\\0&0&0\\-\frac{1}{2}&0&\frac{1}{2}\end{bmatrix}.$$

搜索方向

$$\boldsymbol{d}^{(1)}=-\boldsymbol{P}\nabla f(\boldsymbol{x}^{(1)})=\begin{bmatrix}-4\\0\\4\end{bmatrix}.$$

从 $\boldsymbol{x}^{(1)}$ 出发,沿 $\boldsymbol{d}^{(1)}$ 搜索:

$$\begin{aligned}\min\quad & f(\boldsymbol{x}^{(1)}+\lambda\boldsymbol{d}^{(1)})\\ \text{s.t.}\quad & 0\leqslant\lambda\leqslant\lambda_{\max}.\end{aligned}\tag{1}$$

求步长上限 $\lambda_{\max}$:

$$\hat{\boldsymbol{b}}=\boldsymbol{b}_2-\boldsymbol{A}_2\boldsymbol{x}^{(1)}=\begin{bmatrix}-4\\-1\\-1\end{bmatrix},\quad \hat{\boldsymbol{d}}=\boldsymbol{A}_2\boldsymbol{d}^{(1)}=\begin{bmatrix}-4\\-4\\4\end{bmatrix},$$

故

$$\lambda_{\max}=\min\left\{\frac{\hat{b}_i}{\hat{d}_i}\,\middle|\,\hat{d}_i<0\right\}=\frac{1}{4}.$$

问题(1)即

$$\begin{aligned}\min\quad & \varphi(\lambda)=f(\boldsymbol{x}^{(1)}+\lambda\boldsymbol{d}^{(1)})\\ \text{s.t.}\quad & 0\leqslant\lambda\leqslant\frac{1}{4}.\end{aligned}$$

令 $\varphi'(\lambda)=0$,则得 $\lambda=1$.取搜索步长 $\lambda_1=\frac{1}{4}$.

后继点

$$\boldsymbol{x}^{(2)}=\begin{bmatrix}0\\0\\2\end{bmatrix},\quad 这时\ f(\boldsymbol{x}^{(2)})=-24.$$

第 2 次迭代:

在点 $\boldsymbol{x}^{(2)}$ 处,有

$$\nabla f(\boldsymbol{x}^{(2)}) = \begin{bmatrix} -6 \\ -2 \\ -12 \end{bmatrix}, \quad \boldsymbol{A}_1 = \begin{bmatrix} 1 & 0 & 0 \\ 0 & 1 & 0 \end{bmatrix}, \quad \boldsymbol{A}_2 = \begin{bmatrix} 1 & -2 & 0 \\ 0 & 0 & 1 \end{bmatrix},$$

$$\boldsymbol{b}_1 = \begin{bmatrix} 0 \\ 0 \end{bmatrix}, \quad \boldsymbol{b}_2 = \begin{bmatrix} -3 \\ 0 \end{bmatrix}, \quad \boldsymbol{E} = [1 \quad 1 \quad 1], \quad \boldsymbol{M} = \begin{bmatrix} \boldsymbol{A}_1 \\ \boldsymbol{E} \end{bmatrix} = \begin{bmatrix} 1 & 0 & 0 \\ 0 & 1 & 0 \\ 1 & 1 & 1 \end{bmatrix}.$$

投影矩阵

$$\boldsymbol{P} = \boldsymbol{I} - \boldsymbol{M}^{\mathrm{T}}(\boldsymbol{M}\boldsymbol{M}^{\mathrm{T}})^{-1}\boldsymbol{M} = \begin{bmatrix} 0 & 0 & 0 \\ 0 & 0 & 0 \\ 0 & 0 & 0 \end{bmatrix}.$$

令

$$\boldsymbol{d}^{(2)} = -\boldsymbol{P}\,\nabla f(\boldsymbol{x}^{(2)}) = [0 \quad 0 \quad 0]^{\mathrm{T}}, \quad \boldsymbol{w} = (\boldsymbol{M}\boldsymbol{M}^{\mathrm{T}})^{-1}\boldsymbol{M}\,\nabla f(\boldsymbol{x}^{(2)}) = \begin{bmatrix} 6 \\ 10 \\ -12 \end{bmatrix},$$

其中 $\boldsymbol{u}=\begin{bmatrix} 6 \\ 10 \end{bmatrix}\geqslant 0$，因此 $\boldsymbol{x}^{(2)}=(0,0,2)^{\mathrm{T}}$ 是 K-T 点. 由于是凸规划，K-T 点就是最优解，最优目标函数值 $f_{\min}=-24$.

5. 用既约梯度法求解下列问题：

(1) $\min \quad 2x_1^2+2x_2^2-2x_1x_2-4x_1-6x_2$

s. t. $\quad x_1+x_2+x_3=2,$

$\quad x_1+5x_2+x_4=5,$

$\quad x_j\geqslant 0, \quad j=1,2,3,4,$

取初始点 $\boldsymbol{x}^{(1)}=(1,0,1,4)^{\mathrm{T}}$.

(2) $\min \quad (x_1-2)^2+(x_2-2)^2$

s. t. $\quad x_1+x_2\leqslant 2,$

$\quad x_1,x_2\geqslant 0,$

取初始点 $\boldsymbol{x}^{(1)}=(1,0)^{\mathrm{T}}$.

解　(1) $f(x_1,x_2,x_3,x_4)=2x_1^2+2x_2^2-2x_1x_2-4x_1-6x_2$，$\nabla f(\boldsymbol{x})=(4x_1-2x_2-4,-2x_1+4x_2-6,0,0)^{\mathrm{T}}$，等式约束系数矩阵 $\boldsymbol{A}=\begin{bmatrix} 1 & 1 & 1 & 0 \\ 1 & 5 & 0 & 1 \end{bmatrix}$.

第 1 次迭代：

先求既约梯度. 在 $\boldsymbol{x}^{(1)}=(1,0,1,4)^{\mathrm{T}}$，目标函数的梯度为 $\nabla f(\boldsymbol{x}^{(1)})=(0,-8,0,0)^{\mathrm{T}}$. 取基变量

$$\boldsymbol{x}_{\boldsymbol{B}}^{(1)} = \begin{bmatrix} x_1 \\ x_4 \end{bmatrix} = \begin{bmatrix} 1 \\ 4 \end{bmatrix}, \quad \boldsymbol{B} = \begin{bmatrix} 1 & 0 \\ 1 & 1 \end{bmatrix}, \quad \nabla_{x_B} f(\boldsymbol{x}) = \begin{bmatrix} 0 \\ 0 \end{bmatrix},$$

非基变量 $\boldsymbol{x}_{\boldsymbol{N}}^{(1)}=\begin{bmatrix} x_2 \\ x_3 \end{bmatrix}=\begin{bmatrix} 0 \\ 1 \end{bmatrix}$，$\boldsymbol{N}=\begin{bmatrix} 1 & 1 \\ 5 & 0 \end{bmatrix}$，$\nabla_{x_N} f(\boldsymbol{x})=\begin{bmatrix} -8 \\ 0 \end{bmatrix}$.

既约梯度

$$r(x_N^{(1)}) = \nabla_{x_N} f(x) - (B^{-1}N)^{\mathrm{T}} \nabla_{x_B} f(x) = \begin{bmatrix} -8 \\ 0 \end{bmatrix}.$$

令 $d_N^{(1)} = \begin{bmatrix} d_2 \\ d_3 \end{bmatrix} = \begin{bmatrix} 8 \\ 0 \end{bmatrix}, d_B^{(1)} = \begin{bmatrix} d_1 \\ d_4 \end{bmatrix} = -B^{-1}Nd_N^{(1)} = \begin{bmatrix} -8 \\ -32 \end{bmatrix}.$

搜索方向 $d^{(1)} = [-8,8,0,-32]^{\mathrm{T}}$. 从 $x^{(1)}$ 出发,沿方向 $d^{(1)}$ 搜索:

$$\begin{aligned} \min \quad & f(x^{(1)} + \lambda d^{(1)}) \\ \text{s.t.} \quad & 0 \leqslant \lambda \leqslant \lambda_{\max}. \end{aligned} \tag{1}$$

其中步长上限

$$\lambda_{\max} = \left\{ -\frac{x_j^{(1)}}{d_j^{(1)}} \,\middle|\, d_j^{(1)} < 0 \right\} = \min\left\{ -\frac{1}{-8}, -\frac{4}{-32} \right\} = \frac{1}{8}.$$

问题(1)即

$$\begin{aligned} \min \quad & \varphi(\lambda) = f(x^{(1)} + \lambda d^{(1)}) \\ \text{s.t.} \quad & 0 \leqslant \lambda \leqslant \frac{1}{8}. \end{aligned}$$

令 $\varphi'(\lambda) = 0$,解得 $\lambda = \frac{1}{12} < \frac{1}{8}$,令步长 $\lambda_1 = \frac{1}{12}$,后继点

$$x^{(2)} = x^{(1)} + \lambda_1 d^{(1)} = \left[\frac{1}{3}, \frac{2}{3}, 1, \frac{4}{3}\right]^{\mathrm{T}}, \quad \text{这时 } f(x^{(2)}) = -\frac{14}{3}.$$

第 2 次迭代:

$$x^{(2)} = \left[\frac{1}{3}, \frac{2}{3}, 1, \frac{4}{3}\right]^{\mathrm{T}}, \quad \nabla f(x^{(2)}) = [-4,-4,0,0]^{\mathrm{T}}.$$

令

$$x_B^{(2)} = \begin{bmatrix} x_3 \\ x_4 \end{bmatrix} = \begin{bmatrix} 1 \\ \frac{4}{3} \end{bmatrix}, \quad B = \begin{bmatrix} 1 & 0 \\ 0 & 1 \end{bmatrix}, \quad \nabla_{x_B} f(x) = \begin{bmatrix} 0 \\ 0 \end{bmatrix},$$

$$x_N^{(2)} = \begin{bmatrix} x_1 \\ x_2 \end{bmatrix} = \begin{bmatrix} \frac{1}{3} \\ \frac{2}{3} \end{bmatrix}, \quad N = \begin{bmatrix} 1 & 1 \\ 1 & 5 \end{bmatrix}, \quad \nabla_{x_N} f(x) = \begin{bmatrix} -4 \\ -4 \end{bmatrix}.$$

既约梯度

$$r(x_N^{(2)}) = \nabla_{x_N} f(x) - (B^{-1}N)^{\mathrm{T}} \nabla_{x_B} f(x) = \begin{bmatrix} -4 \\ -4 \end{bmatrix}.$$

下面确定搜索方向,令

$$d_N^{(2)} = \begin{bmatrix} d_1 \\ d_2 \end{bmatrix} = \begin{bmatrix} 4 \\ 4 \end{bmatrix}, \quad d_B^{(2)} = \begin{bmatrix} d_3 \\ d_4 \end{bmatrix} = -B^{-1}Nd_N^{(2)} = \begin{bmatrix} -8 \\ -24 \end{bmatrix}.$$

搜索方向 $d^{(2)} = [4,4,-8,-24]^{\mathrm{T}}$. 从 $x^{(2)}$ 出发,沿 $d^{(2)}$ 搜索:

$$\min \quad f(x^{(2)} + \lambda d^{(2)})$$

$$\text{s.t.}\quad 0 \leqslant \lambda \leqslant \lambda_{\max}. \tag{2}$$

其中步长上限

$$\lambda_{\max} = \min\left\{ -\frac{x_j^{(2)}}{d_j^{(2)}} \middle| d_j^{(2)} < 0 \right\} = \frac{1}{18}.$$

问题(2)即

$$\begin{aligned} &\min \quad \varphi(\lambda) = f(\boldsymbol{x}^{(2)} + \lambda \boldsymbol{d}^{(2)}) \\ &\text{s.t.} \quad 0 \leqslant \lambda \leqslant \frac{1}{18}. \end{aligned}$$

令 $\varphi'(\lambda)=0$,得到 $\lambda=\frac{1}{2}>\frac{1}{18}$,因此令 $\lambda_2=\frac{1}{18}$,后继点

$$\boldsymbol{x}^{(3)} = \boldsymbol{x}^{(2)} + \lambda_2 \boldsymbol{d}^{(2)} = \left(\frac{5}{9}, \frac{8}{9}, \frac{5}{9}, 0\right)^{\mathrm{T}}, \quad 这时\ f(\boldsymbol{x}^{(3)}) = -6.346.$$

第 3 次迭代:

$$\boldsymbol{x}^{(3)} = \left(\frac{5}{9}, \frac{8}{9}, \frac{5}{9}, 0\right)^{\mathrm{T}}, \quad \nabla f(\boldsymbol{x}^{(3)}) = \left[-\frac{32}{9}, -\frac{32}{9}, 0, 0\right]^{\mathrm{T}}.$$

令

$$\boldsymbol{x}_B^{(3)} = \begin{bmatrix} x_1 \\ x_2 \end{bmatrix} = \begin{bmatrix} \frac{5}{9} \\ \frac{8}{9} \end{bmatrix}, \quad \boldsymbol{B} = \begin{bmatrix} 1 & 1 \\ 1 & 5 \end{bmatrix}, \quad \nabla_{x_B} f(\boldsymbol{x}) = \begin{bmatrix} -\frac{32}{9} \\ -\frac{32}{9} \end{bmatrix},$$

$$\boldsymbol{x}_N^{(3)} = \begin{bmatrix} x_3 \\ x_4 \end{bmatrix} = \begin{bmatrix} \frac{5}{9} \\ 0 \end{bmatrix}, \quad \boldsymbol{N} = \begin{bmatrix} 1 & 0 \\ 0 & 1 \end{bmatrix}, \quad \nabla_{x_N} f(\boldsymbol{x}) = \begin{bmatrix} 0 \\ 0 \end{bmatrix}.$$

既约梯度

$$\boldsymbol{r}(\boldsymbol{x}_N^{(3)}) = \nabla_{x_N} f(\boldsymbol{x}) - (\boldsymbol{B}^{-1}\boldsymbol{N})^{\mathrm{T}} \nabla_{x_B} f(\boldsymbol{x}) = \begin{bmatrix} \frac{32}{9} \\ 0 \end{bmatrix}.$$

由于 $x_3=\frac{5}{9}>0$,在搜索方向中应令 $d_3=-\frac{32}{9}$,因此令

$$\boldsymbol{d}_N^{(3)} = \begin{bmatrix} d_3 \\ d_4 \end{bmatrix} = \begin{bmatrix} -\frac{32}{9} \\ 0 \end{bmatrix}, \quad \boldsymbol{d}_B^{(3)} = \begin{bmatrix} d_1 \\ d_2 \end{bmatrix} = -\boldsymbol{B}^{-1}\boldsymbol{N}\boldsymbol{d}_N^{(3)} = \begin{bmatrix} \frac{40}{9} \\ -\frac{8}{9} \end{bmatrix}.$$

搜索方向 $\boldsymbol{d}^{(3)}=\left[\frac{40}{9},-\frac{8}{9},-\frac{32}{9},0\right]^{\mathrm{T}}$. 从 $\boldsymbol{x}^{(3)}$ 出发,沿 $\boldsymbol{d}^{(3)}$ 搜索:

$$\begin{aligned} &\min \quad f(\boldsymbol{x}^{(3)} + \lambda \boldsymbol{d}^{(3)}) \\ &\text{s.t.} \quad 0 \leqslant \lambda \leqslant \lambda_{\max}. \end{aligned} \tag{3}$$

其中步长上限

$$\lambda_{\max} = \min\left\{-\frac{x_j^{(3)}}{d_j^{(3)}} \middle| d_j^{(3)} < 0\right\} = \frac{5}{32}.$$

问题(3)即

$$\begin{aligned} \min \quad & \varphi(\lambda) = f(\boldsymbol{x}^{(3)} + \lambda \boldsymbol{d}^{(3)}) \\ \text{s. t.} \quad & 0 \leqslant \lambda \leqslant \frac{5}{32}. \end{aligned}$$

令 $\varphi'(\lambda)=0$,解得 $\lambda=\frac{4}{31}<\frac{5}{32}$,令 $\lambda_3=\frac{4}{31}$,后继点

$$\boldsymbol{x}^{(4)} = \boldsymbol{x}^{(3)} + \lambda_3 \boldsymbol{d}^{(3)} = \left(\frac{35}{31},\frac{24}{31},\frac{3}{31},0\right)^{\mathrm{T}}, \quad \text{这时 } f(\boldsymbol{x}^{(4)}) = -7.16.$$

第 4 次迭代:

$$\boldsymbol{x}^{(4)} = \left(\frac{35}{31},\frac{24}{31},\frac{3}{31},0\right)^{\mathrm{T}}, \quad \nabla f(\boldsymbol{x}^{(4)}) = \left[-\frac{32}{31}, -\frac{160}{31},0,0\right]^{\mathrm{T}}.$$

令

$$\boldsymbol{x}_{\boldsymbol{B}}^{(4)} = \begin{bmatrix} x_1 \\ x_2 \end{bmatrix} = \begin{bmatrix} \frac{35}{31} \\ \frac{24}{31} \end{bmatrix}, \quad \boldsymbol{B} = \begin{bmatrix} 1 & 1 \\ 1 & 5 \end{bmatrix}, \quad \nabla_{\boldsymbol{x}_{\boldsymbol{B}}} f(\boldsymbol{x}) = \begin{bmatrix} -\frac{32}{31} \\ -\frac{160}{31} \end{bmatrix},$$

$$\boldsymbol{x}_{\boldsymbol{N}}^{(4)} = \begin{bmatrix} x_3 \\ x_4 \end{bmatrix} = \begin{bmatrix} \frac{3}{31} \\ 0 \end{bmatrix}, \quad \boldsymbol{N} = \begin{bmatrix} 1 & 0 \\ 0 & 1 \end{bmatrix}, \quad \nabla_{\boldsymbol{x}_{\boldsymbol{N}}} f(\boldsymbol{x}) = \begin{bmatrix} 0 \\ 0 \end{bmatrix}.$$

既约梯度

$$\boldsymbol{r}(\boldsymbol{x}_{\boldsymbol{N}}^{(4)}) = \nabla_{\boldsymbol{x}_{\boldsymbol{N}}} f(\boldsymbol{x}) - (\boldsymbol{B}^{-1}\boldsymbol{N})^{\mathrm{T}} \nabla_{\boldsymbol{x}_{\boldsymbol{B}}} f(\boldsymbol{x}) = \begin{bmatrix} 0 \\ \frac{32}{31} \end{bmatrix}.$$

由于 $x_4^{(4)}=0$,搜索方向 $\boldsymbol{d}^{(4)}$ 中应令 $d_4=0$,因此

$$\boldsymbol{d}_{\boldsymbol{N}}^{(4)} = \begin{bmatrix} d_3 \\ d_4 \end{bmatrix} = \begin{bmatrix} 0 \\ 0 \end{bmatrix}, \quad \boldsymbol{d}_{\boldsymbol{B}}^{(4)} = \begin{bmatrix} d_1 \\ d_2 \end{bmatrix} = -\boldsymbol{B}^{-1}\boldsymbol{N}\boldsymbol{d}_{\boldsymbol{N}}^{(4)} = \begin{bmatrix} 0 \\ 0 \end{bmatrix}.$$

搜索方向 $\boldsymbol{d}^{(4)}=[0,0,0,0]^{\mathrm{T}}$,因此 $\boldsymbol{x}^{(4)}$ 是 K-T 点. 由于给定问题是凸规划,因此 $\boldsymbol{x}^{(4)}$ 就是最优解. 最优值 $f_{\min}=-7.161$.

(2) 引进松弛变量 x_3,将(2)题化为

$$\begin{aligned} \min \quad & (x_1-2)^2 + (x_2-2)^2 \\ \text{s. t.} \quad & x_1 + x_2 + x_3 = 2, \\ & x_1, x_2, x_3 \geqslant 0. \end{aligned}$$

初始点 $\boldsymbol{x}^{(1)}=(1,0,1)^{\mathrm{T}}$,$f(\boldsymbol{x}^{(1)})=5$. 目标函数的梯度为$\nabla f(\boldsymbol{x})=[2(x_1-2),2(x_2-2),0]^{\mathrm{T}}$.

第 1 次迭代:

$$\boldsymbol{x}^{(1)} = (1,0,1)^{\mathrm{T}}, \quad \nabla f(\boldsymbol{x}^{(1)}) = [-2,-4,0]^{\mathrm{T}}.$$

令

$$x_B^{(1)}=x_1=1,\quad B=[1],\quad \nabla_{x_B}f(\boldsymbol{x})=[-2],$$

$$\boldsymbol{x}_N=\begin{bmatrix}x_2\\x_3\end{bmatrix}=\begin{bmatrix}0\\1\end{bmatrix},\quad \boldsymbol{N}=[1,1],\quad \nabla_{\boldsymbol{x}_N}f(\boldsymbol{x})=\begin{bmatrix}-4\\0\end{bmatrix}.$$

既约梯度

$$\boldsymbol{r}(\boldsymbol{x}_N^{(1)})=\nabla_{\boldsymbol{x}_N}f(\boldsymbol{x})-(\boldsymbol{B}^{-1}\boldsymbol{N})^{\mathrm{T}}\nabla_{x_B}f(\boldsymbol{x})=\begin{bmatrix}-4\\0\end{bmatrix}-\begin{bmatrix}1\\1\end{bmatrix}(-2)=\begin{bmatrix}-2\\2\end{bmatrix}.$$

令 $\boldsymbol{d}_N^{(1)}=\begin{bmatrix}2\\-2\end{bmatrix}$, $\boldsymbol{d}_B^{(1)}=-B^{-1}\boldsymbol{N}\boldsymbol{d}_N^{(1)}=0$.

搜索方向 $\boldsymbol{d}^{(1)}=[0,2,-2]^{\mathrm{T}}$. 从 $\boldsymbol{x}^{(1)}$ 出发，沿 $\boldsymbol{d}^{(1)}$ 搜索：

$$\begin{aligned}\min\quad & f(\boldsymbol{x}^{(1)}+\lambda\boldsymbol{d}^{(1)})\\ \text{s.t.}\quad & 0\leqslant\lambda\leqslant\lambda_{\max}.\end{aligned}\tag{1}$$

其中步长上限

$$\lambda_{\max}=\min\left\{-\frac{x_j^{(1)}}{d_j^{(1)}}\,\middle|\,d_j^{(1)}<0\right\}=\frac{1}{2}.$$

问题(1)即

$$\begin{aligned}\min\quad & \varphi(\lambda)=f(\boldsymbol{x}^{(1)}+\lambda\boldsymbol{d}^{(1)})\\ \text{s.t.}\quad & 0\leqslant\lambda\leqslant\frac{1}{2}.\end{aligned}$$

$$\boldsymbol{x}^{(1)}+\lambda\boldsymbol{d}^{(1)}=\begin{bmatrix}1\\0\\1\end{bmatrix}+\lambda\begin{bmatrix}0\\2\\-2\end{bmatrix}=\begin{bmatrix}1\\2\lambda\\1-2\lambda\end{bmatrix},$$

$$\varphi(\lambda)=1+(2\lambda-2)^2.$$

令 $\varphi'(\lambda)=0$，得到 $\lambda=1>\frac{1}{2}$. 令 $\lambda_1=\frac{1}{2}$，后继点 $\boldsymbol{x}^{(2)}=(1,1,0)^{\mathrm{T}}$, $f(\boldsymbol{x}^{(2)})=2$.

第 2 次迭代：

$$\boldsymbol{x}^{(2)}=(1,1,0)^{\mathrm{T}},\quad \nabla f(\boldsymbol{x}^{(2)})=[-2,-2,0]^{\mathrm{T}}.$$

令

$$x_B^{(2)}=x_1=1,\quad B=[1],\quad \nabla_{x_B}f(\boldsymbol{x})=-2,$$

$$\boldsymbol{x}_N^{(2)}=\begin{bmatrix}x_2\\x_3\end{bmatrix}=\begin{bmatrix}1\\0\end{bmatrix},\quad \boldsymbol{N}=[1,1],\quad \nabla_{\boldsymbol{x}_N}f(\boldsymbol{x})=\begin{bmatrix}-2\\0\end{bmatrix}.$$

既约梯度

$$\boldsymbol{r}(\boldsymbol{x}_N^{(2)})=\nabla_{\boldsymbol{x}_N}f(\boldsymbol{x})-(B^{-1}\boldsymbol{N})^{\mathrm{T}}\nabla_{\boldsymbol{x}_B}f(\boldsymbol{x})=\begin{bmatrix}0\\2\end{bmatrix}.$$

由于 $\boldsymbol{x}^{(2)}=(1,1,0)^{\mathrm{T}}$ 中 $x_3^{(2)}=0$，因此令

$$\boldsymbol{d}_N^{(2)}=\begin{bmatrix}0\\0\end{bmatrix},\quad d_B^{(2)}=-B\boldsymbol{N}\boldsymbol{d}_N^{(2)}=0,\quad \boldsymbol{d}^{(2)}=\begin{bmatrix}0\\0\\0\end{bmatrix}.$$

$\boldsymbol{x}^{(2)}$ 是 K-T 点，由于给定问题是凸规划，因此$\bar{\boldsymbol{x}}=\begin{bmatrix}1\\1\end{bmatrix}$是最优解，$f_{\min}=2$.

6. 用 Frank-Wolfe 方法求解下列问题：

(1)
$$\begin{aligned}\min\quad & x_1^2+x_2^2-x_1x_2-2x_1+3x_2\\ \text{s.t.}\quad & x_1+x_2+x_3=3,\\ & x_1+5x_2+x_4=6,\\ & x_j\geqslant 0,\quad j=1,2,3,4,\end{aligned}$$

取初始点 $\boldsymbol{x}^{(1)}=(2,0,1,4)^{\mathrm{T}}$，迭代 2 次.

(2)
$$\begin{aligned}\min\quad & x_1^2+2x_2^2-x_1x_2+4x_2+4\\ \text{s.t.}\quad & x_1+x_2+x_3=5,\\ & x_1,x_2,x_3\geqslant 0,\end{aligned}$$

取初始点 $\boldsymbol{x}^{(1)}=(1,1,3)^{\mathrm{T}}$.

解 (1) 令 $f(\boldsymbol{x})=x_1^2+x_2^2-x_1x_2-2x_1+3x_2$，则$\nabla f(\boldsymbol{x})=(2x_1-x_2-2,-x_1+2x_2+3,0,0)^{\mathrm{T}}$，可行域记作 S.

第 1 次迭代：

$$\boldsymbol{x}^{(1)}=(2,0,1,4)^{\mathrm{T}},\quad \nabla f(\boldsymbol{x}^{(1)})=(2,1,0,0)^{\mathrm{T}}.$$

先解线性规划，确定搜索方向：

$$\begin{aligned}\min\quad & \nabla f(\boldsymbol{x}^{(1)})^{\mathrm{T}}\boldsymbol{x}\\ \text{s.t.}\quad & \boldsymbol{x}\in S.\end{aligned}$$

上式即

$$\begin{aligned}\min\quad & 2x_1+x_2\\ \text{s.t.}\quad & x_1+x_2+x_3=3,\\ & x_1+5x_2+x_4=6,\\ & x_j\geqslant 0,\quad j=1,2,3,4.\end{aligned}$$

线性规划最优解 $\boldsymbol{y}^{(1)}=(0,0,3,6)^{\mathrm{T}}$.

令搜索方向

$$\boldsymbol{d}^{(1)}=\boldsymbol{y}^{(1)}-\boldsymbol{x}^{(1)}=(-2,0,2,2)^{\mathrm{T}},$$

则$\nabla f(\boldsymbol{x}^{(1)})^{\mathrm{T}}\boldsymbol{d}^{(1)}=-4$.

从 $\boldsymbol{x}^{(1)}$ 出发，沿 $\boldsymbol{d}^{(1)}$ 搜索：

$$\begin{aligned}\min\quad & \varphi(\lambda)=f(\boldsymbol{x}^{(1)}+\lambda\boldsymbol{d}^{(1)})\\ \text{s.t.}\quad & 0\leqslant\lambda\leqslant 1.\end{aligned}$$

令 $\varphi'(\lambda)=0$，得 $\lambda=\frac{1}{2}$，令步长 $\lambda_1=\frac{1}{2}$. 得到

$$\boldsymbol{x}^{(2)}=\boldsymbol{x}^{(1)}+\lambda_1\boldsymbol{d}^{(1)}=(1,0,2,5)^{\mathrm{T}},\quad 这时\ f(\boldsymbol{x}^{(2)})=-1.$$

第 2 次迭代：

$$\boldsymbol{x}^{(2)}=(1,0,2,5)^{\mathrm{T}},\quad \nabla f(\boldsymbol{x}^{(2)})=(0,2,0,0)^{\mathrm{T}}.$$

解线性规划，确定搜索方向：

$$\begin{aligned}\min \quad & \nabla f(\boldsymbol{x}^{(2)})^{\mathrm{T}}\boldsymbol{x}\\ \text{s. t.} \quad & \boldsymbol{x}\in S.\end{aligned}$$

上式即

$$\begin{aligned}\min \quad & 2x_2\\ \text{s. t.} \quad & x_1+x_2+x_3=3,\\ & x_1+5x_2+x_4=6,\\ & x_j\geqslant 0,\quad j=1,2,3,4.\end{aligned}$$

线性规划最优解 $\boldsymbol{y}^{(2)}=(0,0,3,6)^{\mathrm{T}}$.

令搜索方向

$$\boldsymbol{d}^{(2)}=\boldsymbol{y}^{(2)}-\boldsymbol{x}^{(2)}=(-1,0,1,1)^{\mathrm{T}},$$

则$\nabla f(\boldsymbol{x}^{(2)})^{\mathrm{T}}\boldsymbol{d}^{(2)}=0$.

$\boldsymbol{x}^{(2)}=(1,0,2,5)^{\mathrm{T}}$ 是 K-T 点，由于给定问题是凸规划，因此也是最优解.

(2) 令 $f(\boldsymbol{x})=x_1^2+2x_2^2-x_1x_2+4x_2+4$，则$\nabla f(\boldsymbol{x})=(2x_1-x_2,-x_1+4x_2+4,0)^{\mathrm{T}}$，可行域记作 S.

第 1 次迭代：

$$\boldsymbol{x}^{(1)}=(1,1,3)^{\mathrm{T}},\quad \nabla f(\boldsymbol{x}^{(1)})=(1,7,0)^{\mathrm{T}}.$$

先解线性规划，确定搜索方向：

$$\begin{aligned}\min \quad & \nabla f(\boldsymbol{x}^{(1)})^{\mathrm{T}}\boldsymbol{x}\\ \text{s. t.} \quad & \boldsymbol{x}\in S.\end{aligned}$$

上式即

$$\begin{aligned}\min \quad & x_1+7x_2\\ \text{s. t.} \quad & x_1+x_2+x_3=5,\\ & x_1,x_2,x_3\geqslant 0.\end{aligned}$$

线性规划最优解 $\boldsymbol{y}^{(1)}=(0,0,5)^{\mathrm{T}}$.

令搜索方向

$$\boldsymbol{d}^{(1)}=\boldsymbol{y}^{(1)}-\boldsymbol{x}^{(1)}=[-1,-1,2]^{\mathrm{T}},$$

则$\nabla f(\boldsymbol{x}^{(1)})^{\mathrm{T}}\boldsymbol{d}^{(1)}=-8$.

从 $\boldsymbol{x}^{(1)}$ 出发，沿 $\boldsymbol{d}^{(1)}$ 搜索：

$$\begin{aligned}\min \quad & \varphi(\lambda)=f(\boldsymbol{x}^{(1)}+\lambda\boldsymbol{d}^{(1)})\\ \text{s. t.} \quad & 0\leqslant\lambda\leqslant 1.\end{aligned}$$

令 $\varphi'(\lambda)=0$，解得 $\lambda=2$，为保持可行性，令步长 $\lambda_1=1$. 则

$$\boldsymbol{x}^{(2)}=\boldsymbol{x}^{(1)}+\lambda_1\boldsymbol{d}^{(1)}=(0,0,5)^{\mathrm{T}},\quad f(\boldsymbol{x}^{(2)})=4.$$

第 2 次迭代：

$$\boldsymbol{x}^{(2)}=(0,0,5)^{\mathrm{T}},\quad \nabla f(\boldsymbol{x}^{(2)})=[0,4,0]^{\mathrm{T}}.$$

解线性规划，确定搜索方向：

$$\begin{aligned} \min \quad & \nabla f(\boldsymbol{x}^{(2)})^{\mathrm{T}}\boldsymbol{x} \\ \text{s.t.} \quad & \boldsymbol{x} \in S. \end{aligned}$$

上式即

$$\begin{aligned} \min \quad & 4x_2 \\ \text{s.t.} \quad & x_1 + x_2 + x_3 = 5, \\ & x_1, x_2, x_3 \geqslant 0. \end{aligned}$$

线性规划最优解 $\boldsymbol{y}^{(2)}=(0,0,5)^{\mathrm{T}}$.

令 $\boldsymbol{d}^{(2)}=\boldsymbol{y}^{(2)}-\boldsymbol{x}^{(2)}=(0,0,0)^{\mathrm{T}}$，则$\nabla f(\boldsymbol{x}^{(2)})^{\mathrm{T}}\boldsymbol{d}^{(2)}=0$. $\boldsymbol{x}^{(2)}=(0,0,5)^{\mathrm{T}}$ 是 K-T 点，也是最优解.

7. 考虑约束 $\boldsymbol{A}\boldsymbol{x}\leqslant\boldsymbol{b}$，令 $\boldsymbol{P}=\boldsymbol{I}-\boldsymbol{A}_1^{\mathrm{T}}(\boldsymbol{A}_1\boldsymbol{A}_1^{\mathrm{T}})^{-1}\boldsymbol{A}_1$，其中 $\boldsymbol{A}_1$ 的每一行是在已知点$\hat{\boldsymbol{x}}$处的紧约束的梯度，试解释下列各式的几何意义：

(1) $\boldsymbol{P}\nabla f(\hat{\boldsymbol{x}})=\boldsymbol{0}$；

(2) $\boldsymbol{P}\nabla f(\hat{\boldsymbol{x}})=\nabla f(\hat{\boldsymbol{x}})$；

(3) $\boldsymbol{P}\nabla f(\hat{\boldsymbol{x}})\neq\boldsymbol{0}$.

解 (1) $\boldsymbol{P}\nabla f(\hat{\boldsymbol{x}})$是向量$\nabla f(\hat{\boldsymbol{x}})$在矩阵 $\boldsymbol{A}_1$ 的零空间上的投影，$\boldsymbol{P}\nabla f(\hat{\boldsymbol{x}})=\boldsymbol{0}$ 表明$\nabla f(\hat{\boldsymbol{x}})$在 $\boldsymbol{A}_1$ 的零空间上的投影为零向量，因此在$\hat{\boldsymbol{x}}$处不存在下降可行方向.

(2) $\boldsymbol{P}\nabla f(\hat{\boldsymbol{x}})=\nabla f(\hat{\boldsymbol{x}})$表示$\nabla f(\hat{\boldsymbol{x}})$在 $\boldsymbol{A}_1$ 的零空间上的投影等于$\nabla f(\hat{\boldsymbol{x}})$，因此$\nabla f(\hat{\boldsymbol{x}})$在 $\boldsymbol{A}_1$ 的零空间上.

(3) $\boldsymbol{P}\nabla f(\hat{\boldsymbol{x}})\neq\boldsymbol{0}$，表明$\nabla f(\hat{\boldsymbol{x}})$在 $\boldsymbol{A}_1$ 的零空间上的投影不等于零向量，因此 $\boldsymbol{d}=-\boldsymbol{P}\nabla f(\hat{\boldsymbol{x}})$ 是$\hat{\boldsymbol{x}}$处下降可行方向.

8. 考虑问题

$$\begin{aligned} \min \quad & f(\boldsymbol{x}) \\ \text{s.t.} \quad & g_i(\boldsymbol{x}) \geqslant 0, \quad i=1,2,\cdots,m, \\ & h_j(\boldsymbol{x}) = 0, \quad j=1,2,\cdots,l. \end{aligned}$$

设$\hat{\boldsymbol{x}}$是可行点，$I=\{i\,|\,g_i(\hat{\boldsymbol{x}})=0\}$. 证明$\hat{\boldsymbol{x}}$为 K-T 点的充要条件是下列问题的目标函数的最优值为零：

$$\begin{aligned} \min \quad & \nabla f(\hat{\boldsymbol{x}})^{\mathrm{T}}\boldsymbol{d} \\ \text{s.t.} \quad & \nabla g_i(\hat{\boldsymbol{x}})^{\mathrm{T}}\boldsymbol{d} \geqslant 0, \quad i\in I, \\ & \nabla h_j(\hat{\boldsymbol{x}})^{\mathrm{T}}\boldsymbol{d} = 0, \quad j=1,2,\cdots,l, \\ & -1 \leqslant d_j \leqslant 1, \quad j=1,2,\cdots,n. \end{aligned}$$

证 $\hat{\boldsymbol{x}}$为 K-T 点的充要条件是，存在乘子 $w_i\geqslant 0\,(i\in I)$和 $v_j\,(j=1,2,\cdots,l)$，使得

$$\nabla f(\hat{\boldsymbol{x}}) - \sum_{i\in I} w_i \nabla g_i(\hat{\boldsymbol{x}}) - \sum_{j=1}^{l} v_j \nabla h_j(\hat{\boldsymbol{x}}) = \boldsymbol{0}. \tag{1}$$

记 $\boldsymbol{A}_1=[\nabla g_{i_1}(\hat{\boldsymbol{x}}),\nabla g_{i_2}(\hat{\boldsymbol{x}}),\cdots,\nabla g_{i_k}(\hat{\boldsymbol{x}})]$，$\boldsymbol{w}=(w_1,w_2,\cdots,w_k)^{\mathrm{T}}$，$\boldsymbol{B}=[\nabla h_1(\hat{\boldsymbol{x}}),\nabla h_2(\hat{\boldsymbol{x}}),\cdots,\nabla h_l(\hat{\boldsymbol{x}})]$，$\boldsymbol{v}=(v_1,v_2,\cdots,v_l)^{\mathrm{T}}=\boldsymbol{p}-\boldsymbol{q}$，$\boldsymbol{p}\geqslant\boldsymbol{0}$，$\boldsymbol{q}\geqslant\boldsymbol{0}$. (1)式可写成

$$(-\boldsymbol{A}_1,-\boldsymbol{B}_1,\boldsymbol{B})\begin{bmatrix}\boldsymbol{w}\\\boldsymbol{p}\\\boldsymbol{q}\end{bmatrix}=-\nabla f(\hat{\boldsymbol{x}}),\quad\begin{bmatrix}\boldsymbol{w}\\\boldsymbol{p}\\\boldsymbol{q}\end{bmatrix}\geqslant\boldsymbol{0}.\tag{2}$$

根据 Farkas 定理(参看定理 1.4.6)，系统(2)有解的充要条件是系统

$$\begin{bmatrix}-\boldsymbol{A}_1^{\mathrm{T}}\\-\boldsymbol{B}^{\mathrm{T}}\\\boldsymbol{B}^{\mathrm{T}}\end{bmatrix}\boldsymbol{d}\leqslant\boldsymbol{0},\quad-\nabla f(\hat{\boldsymbol{x}})^{\mathrm{T}}\boldsymbol{d}>0.\tag{3}$$

无解，即

$$\begin{cases}\nabla f(\hat{\boldsymbol{x}})^{\mathrm{T}}\boldsymbol{d}<0,\\\boldsymbol{A}_1^{\mathrm{T}}\boldsymbol{d}\geqslant\boldsymbol{0},\\\boldsymbol{B}^{\mathrm{T}}\boldsymbol{d}=\boldsymbol{0}\end{cases}$$

无解. 因此线性规划的最优值为零.

第13章

CHAPTER 13

惩罚函数法题解

1. 用外点法求解下列问题：

(1) min $x_1^2+x_2^2$

s. t. $x_2=1$；

(2) min $x_1^2+x_2^2$

s. t. $x_1+x_2-1=0$；

(3) min $-x_1-x_2$

s. t. $1-x_1^2-x_2^2=0$；

(4) min $x_1^2+x_2^2$

s. t. $2x_1+x_2-2\leqslant 0$，

$x_2\geqslant 1$；

(5) min $-x_1x_2x_3$

s. t. $72-x_1-2x_2-2x_3=0$.

解 (1) 记 $f(\boldsymbol{x})=x_1^2+x_2^2$，$h(\boldsymbol{x})=x_2-1$，定义罚函数

$$F(\boldsymbol{x},\sigma)=f(\boldsymbol{x})+\sigma h^2(\boldsymbol{x})=x_1^2+x_2^2+\sigma(x_2-1)^2,\quad \sigma>0\text{，很大}.$$

令

$$\begin{cases}\dfrac{\partial F(\boldsymbol{x},\sigma)}{\partial x_1}=0,\\[2mm]\dfrac{\partial F(\boldsymbol{x},\sigma)}{\partial x_2}=0,\end{cases}$$

即

$$\begin{cases}2x_1=0,\\2x_2+2\sigma(x_2-1)=0.\end{cases}$$

解得

$$\bar{\boldsymbol{x}}_\sigma=\begin{bmatrix}0\\ \dfrac{\sigma}{1+\sigma}\end{bmatrix},\quad \text{令 }\sigma\to+\infty\text{，则 }\bar{\boldsymbol{x}}_\sigma\to\bar{\boldsymbol{x}}=\begin{bmatrix}0\\1\end{bmatrix}.$$

$\bar{\boldsymbol{x}}$ 为最优解，最优值 $f_{\min}=1$.

(2) 记 $f(\boldsymbol{x})=x_1^2+x_2^2$,$h(\boldsymbol{x})=x_1+x_2-1$.定义罚函数

$$F(\boldsymbol{x},\sigma)=f(\boldsymbol{x})+\sigma h^2(\boldsymbol{x})=x_1^2+x_2^2+\sigma(x_1+x_2-1)^2,\quad \sigma>0,\text{很大}.$$

令

$$\begin{cases}\dfrac{\partial F(\boldsymbol{x},\sigma)}{\partial x_1}=0,\\[2ex]\dfrac{\partial F(\boldsymbol{x},\sigma)}{\partial x_2}=0,\end{cases}$$

即

$$\begin{cases}2x_1+2\sigma(x_1+x_2-1)=0,\\2x_2+2\sigma(x_1+x_2-1)=0.\end{cases}$$

解得

$$\bar{\boldsymbol{x}}_\sigma=\begin{bmatrix}\dfrac{\sigma}{1+2\sigma}\\[2ex]\dfrac{\sigma}{1+2\sigma}\end{bmatrix},\quad \text{令 }\sigma\to+\infty,\text{则}\bar{\boldsymbol{x}}_\sigma\to\bar{\boldsymbol{x}}=\begin{bmatrix}\dfrac{1}{2}\\[2ex]\dfrac{1}{2}\end{bmatrix}.$$

$\bar{\boldsymbol{x}}$ 为最优解,最优值 $f_{\min}=\dfrac{1}{2}$.

(3) 记 $f(\boldsymbol{x})=-x_1-x_2$,$h(\boldsymbol{x})=1-x_1^2-x_2^2$.定义罚函数

$$F(\boldsymbol{x},\sigma)=f(\boldsymbol{x})+\sigma h^2(\boldsymbol{x})=-x_1-x_2+\sigma(1-x_1^2-x_2^2)^2,\quad \sigma>0,\text{很大}.$$

令

$$\begin{cases}\dfrac{\partial F(\boldsymbol{x},\sigma)}{\partial x_1}=0,\\[2ex]\dfrac{\partial F(\boldsymbol{x},\sigma)}{\partial x_2}=0,\end{cases}$$

即

$$\begin{cases}-1-4\sigma x_1(1-x_1^2-x_2^2)=0,\\-1-4\sigma x_2(1-x_1^2-x_2^2)=0.\end{cases}$$

当点 $\boldsymbol{x}$ 不在可行域上时,$1-x_1^2-x_2^2\neq0$,由上式得 $x_1=x_2$,代入上式,则有

$$8\sigma x_1^3-4\sigma x_1-1=0,$$

即

$$2x_1^3-x_1=\frac{1}{4\sigma}.$$

由于有界闭域上的连续函数存在极小点,可令 $\sigma\to+\infty$,则

$$2\bar{x}_1^3-\bar{x}_1=0.$$

从而得到最小值点:$\bar{\boldsymbol{x}}=\left(\dfrac{1}{\sqrt{2}},\dfrac{1}{\sqrt{2}}\right)^{\mathrm{T}}$,最小值 $f_{\min}=-\sqrt{2}$.

(4) 记 $f(\boldsymbol{x})=x_1^2+x_2^2, g_1(\boldsymbol{x})=-2x_1-x_2+2, g_2(\boldsymbol{x})=x_2-1$. 定义罚函数：

$$F(\boldsymbol{x},\sigma)=x_1^2+x_2^2+\sigma[(\max\{0,2x_1+x_2-2\})^2+(\max\{0,1-x_2\})^2]$$

下面，分作 4 种情形，分别求解：

① 若极小点是可行域的内点，令

$$\begin{cases}\dfrac{\partial F(\boldsymbol{x},\sigma)}{\partial x_1}=0,\\[2mm]\dfrac{\partial F(\boldsymbol{x},\sigma)}{\partial x_2}=0.\end{cases}$$

解得 $\bar{\boldsymbol{x}}=(0,0)^{\mathrm{T}}$，$\bar{\boldsymbol{x}}$ 不是可行解.

② 若极小点在可行域的两条边界线上，则取

$$F(\boldsymbol{x},\sigma)=x_1^2+x_2^2+\sigma(-2x_1-x_2+2)^2+\sigma(x_2-1)^2.$$

令

$$\begin{cases}\dfrac{\partial F(\boldsymbol{x},\sigma)}{\partial x_1}=0,\\[2mm]\dfrac{\partial F(\boldsymbol{x},\sigma)}{\partial x_2}=0,\end{cases}$$

即

$$\begin{cases}2x_1-4\sigma(-2x_1-x_2+2)=0,\\[2mm]2x_2-2\sigma(-2x_1-x_2+2)+2\sigma(x_2-1)=0.\end{cases}$$

解得

$$\boldsymbol{x}(\sigma)=\left(\frac{4\sigma+2\sigma^2}{1+6\sigma+4\sigma^2},\frac{3\sigma+4\sigma^2}{1+6\sigma+4\sigma^2}\right)^{\mathrm{T}}.$$

令 $\sigma\to+\infty$，得到 $\bar{\boldsymbol{x}}=\left(\dfrac{1}{2},1\right)^{\mathrm{T}}$. $\bar{\boldsymbol{x}}$ 是可行点，但不是 K-T 点.

③ 若极小点在可行域的第 1 条边界上，则取

$$F(\boldsymbol{x},\sigma)=x_1^2+x_2^2+\sigma(-2x_1-x_2+2)^2.$$

令

$$\begin{cases}\dfrac{\partial F(\boldsymbol{x},\sigma)}{\partial x_1}=0,\\[2mm]\dfrac{\partial F(\boldsymbol{x},\sigma)}{\partial x_2}=0,\end{cases}$$

即

$$\begin{cases}2x_1-4\sigma(-2x_1-x_2+2)=0,\\[2mm]2x_2-2\sigma(-2x_1-x_2+2)=0.\end{cases}$$

解得

$$\boldsymbol{x}(\sigma)=\left(\frac{4\sigma}{1+5\sigma},\frac{2\sigma}{1+5\sigma}\right)^{\mathrm{T}}.$$

令 $\sigma \to +\infty$,得 $\bar{x}=\left(\frac{4}{5},\frac{2}{5}\right)^{\mathrm{T}}$,不是可行解.

④ 若极小点在可行域的第 2 条边界上,取

$$F(\boldsymbol{x},\sigma)=x_1^2+x_2^2+\sigma(x_2-1)^2.$$

令

$$\begin{cases}\dfrac{\partial F(\boldsymbol{x},\sigma)}{\partial x_1}=0,\\[2mm]\dfrac{\partial F(\boldsymbol{x},\sigma)}{\partial x_2}=0,\end{cases}$$

即

$$\begin{cases}2x_1=0,\\2x_2+2\sigma(x_2-1)=0.\end{cases}$$

解得

$$\boldsymbol{x}(\sigma)=\left(0,\frac{\sigma}{1+\sigma}\right)^{\mathrm{T}}.$$

令 $\sigma \to +\infty$,得到 $\bar{x}=(0,1)^{\mathrm{T}}$. 经检验,$\bar{x}$ 是可行解,也是 K-T 点. 由于给定问题是凸规划,因此 $\bar{x}$ 是最优解,最优值 $f_{\min}=1$.

(5) 记 $f(\boldsymbol{x})=-x_1x_2x_3$,$h(\boldsymbol{x})=72-x_1-2x_2-2x_3$. 定义罚函数

$$F(\boldsymbol{x},\sigma)=f(\boldsymbol{x})+\sigma h^2(\boldsymbol{x})=-x_1x_2x_3+\sigma(72-x_1-2x_2-2x_3)^2,\ \sigma>0.$$

令

$$\begin{cases}\dfrac{\partial F(\boldsymbol{x},\sigma)}{\partial x_1}=-x_2x_3-2\sigma(72-x_1-2x_2-2x_3)=0,\\[2mm]\dfrac{\partial F(\boldsymbol{x},\sigma)}{\partial x_2}=-x_1x_3-4\sigma(72-x_1-2x_2-2x_3)=0,\\[2mm]\dfrac{\partial F(\boldsymbol{x},\sigma)}{\partial x_3}=-x_1x_2-4\sigma(72-x_1-2x_2-2x_3)=0.\end{cases}$$

解非线性方程组,得解

$$\bar{\boldsymbol{x}}(\sigma)=\begin{bmatrix}12\left(\sigma-\sqrt{\sigma^2-4\sigma}\right)\\6\left(\sigma-\sqrt{\sigma^2-4\sigma}\right)\\6\left(\sigma-\sqrt{\sigma^2-4\sigma}\right)\end{bmatrix}.$$

令 $\sigma \to +\infty$,得到 $\bar{x}=(24,12,12)^{\mathrm{T}}$,易知 $\bar{x}$ 是 K-T 点,且满足二阶充分条件,因此是最优解,最优值 $f_{\min}=-3456$.

2. 考虑下列非线性规划问题:

$$\begin{aligned}\min\quad & x_1^3+x_2^3\\ \text{s.t.}\quad & x_1+x_2=1.\end{aligned}$$

(1) 求问题的最优解;

（2）定义罚函数

$$F(\boldsymbol{x},\sigma) = x_1^3 + x_2^3 + \sigma(x_1 + x_2 - 1)^2,$$

讨论能否通过求解无约束问题

$$\min \quad F(\boldsymbol{x},\sigma),$$

来获得原来约束问题的最优解？为什么？

解 （1）将 $x_2=1-x_1$ 代入目标函数，化成无约束问题：

$$\min f(x_1) = 3x_1^2 - 3x_1 + 1.$$

令 $f'(x_1)=6x_1-3=0$，得到 $x_1=\frac{1}{2}$. 约束问题的最优解 $\bar{\boldsymbol{x}}=\left(\frac{1}{2},\frac{1}{2}\right)^{\mathrm{T}}$，　$f_{\min}=\frac{1}{4}$.

（2）不能通过解 $\min \quad F(\boldsymbol{x},\sigma)$ 来获得约束问题的最优解. 因为不满足所有无约束问题最优解含于紧集的条件.

3. 用内点法求解下列问题：

（1）$\min \quad x$

$\text{s.t.} \quad x\geqslant 1$；

（2）$\min \quad (x+1)^2$

$\text{s.t.} \quad x\geqslant 0$.

解 （1）定义障碍函数

$$G(x,r_k) = x + \frac{r_k}{x-1},$$

解下列问题：

$$\begin{aligned} &\min \quad G(x,r_k) \\ &\text{s.t.} \quad x \in \operatorname{int} S, \end{aligned}$$

其中 $S=\{x\,|\,x-1\geqslant 0\}$，$r_k$ 是罚因子，$r_k>0$，很小. 令

$$\frac{\mathrm{d}G(x,r_k)}{\mathrm{d}x} = 1 - \frac{r_k}{(x-1)^2} = 0,$$

解得 $x_{r_k}=1+\sqrt{r_k}$. 令 $r_k\to 0$，得到 $\bar{x}=1$，$\bar{x}$ 是最优解，最优值 $f_{\min}=1$.

（2）定义障碍函数

$$G(x,r_k) = (x+1)^2 - r_k \ln x,$$

其中 $r_k>0$，很小. 解下列问题：

$$\begin{aligned} &\min \quad G(x,r_k) \\ &\text{s.t.} \quad x \in \operatorname{int} S, \end{aligned}$$

其中 $S=\{x\,|\,x\geqslant 0\}$. 令

$$\frac{\mathrm{d}G(x,r_k)}{\mathrm{d}x} = 2(x+1) - \frac{r_k}{x} = 0,$$

得解

$$x_k = \frac{1}{2}\left(-1 + \sqrt{1+2r_k}\right).$$

令 $r_k \to 0$，则 $x_k \to \bar{x}=0$，$\bar{x}$ 是最优解，最优值 $f_{\min}=1$.

4. 考虑下列问题：

$$\begin{aligned}&\min \quad x_1 x_2\\ &\text{s.t.} \quad g(\boldsymbol{x}) = -2x_1 + x_2 + 3 \geqslant 0.\end{aligned}$$

(1) 用二阶最优性条件证明点

$$\bar{\boldsymbol{x}} = \begin{bmatrix} \frac{3}{4} \\ -\frac{3}{2} \end{bmatrix}$$

是局部最优解. 并说明它是否为全局最优解？

(2) 定义障碍函数为

$$G(\boldsymbol{x}, r) = x_1 x_2 - r \ln g(\boldsymbol{x}),$$

试用内点法求解此问题，并说明内点法产生的序列趋向点 $\bar{\boldsymbol{x}}$.

解 (1) 在点 $\bar{\boldsymbol{x}}$，目标函数和约束函数的梯度分别是

$$\nabla f(\boldsymbol{x}) = \begin{bmatrix} x_2 \\ x_1 \end{bmatrix}_{\bar{x}} = \begin{bmatrix} -\frac{3}{2} \\ \frac{3}{4} \end{bmatrix}, \quad \nabla g(\bar{\boldsymbol{x}}) = \begin{bmatrix} -2 \\ 1 \end{bmatrix},$$

$g(\boldsymbol{x}) \geqslant 0$ 是起作用约束. 令

$$\begin{bmatrix} -\frac{3}{2} \\ \frac{3}{4} \end{bmatrix} - w \begin{bmatrix} -2 \\ 1 \end{bmatrix} = \begin{bmatrix} 0 \\ 0 \end{bmatrix},$$

解得 $w=\frac{3}{4}>0$，因此 $\bar{\boldsymbol{x}}$ 是 K-T 点.

取 Lagrange 函数

$$L(\boldsymbol{x}, w) = x_1 x_2 - w(-2x_1 + x_2 + 3),$$

则

$$\nabla_x^2 L(\boldsymbol{x}, w) = \begin{bmatrix} 0 & 1 \\ 1 & 0 \end{bmatrix}.$$

令

$$\nabla g(\bar{\boldsymbol{x}})^{\mathrm{T}} \boldsymbol{d} = [-2, 1] \begin{bmatrix} d_1 \\ d_2 \end{bmatrix} = 0, \text{则 } d_2 = 2d_1.$$

方向集

$$G=\left\{\boldsymbol{d}=\begin{bmatrix}d_1\\d_2\end{bmatrix}\middle|-2d_1+d_2=0,d\neq 0\right\}=\left\{\boldsymbol{d}\middle|\boldsymbol{d}=d_1\begin{bmatrix}1\\2\end{bmatrix},d_1\neq 0\right\}.$$

$\forall\,\boldsymbol{d}\in G$,有

$$\boldsymbol{d}^{\mathrm{T}}\,\nabla_x^2L(\bar{\boldsymbol{x}},w)\boldsymbol{d}=4d_1^2>0.$$

因此$\bar{\boldsymbol{x}}=\left(\frac{3}{4},-\frac{3}{2}\right)^{\mathrm{T}}$是严格局部最优解. 显然,$\bar{\boldsymbol{x}}$不是全局最优解.

(2) 对于障碍函数

$$G(\boldsymbol{x},r)=x_1x_2-r\ln(-2x_1+x_2+3),$$

令

$$\begin{cases}\dfrac{\partial G(\boldsymbol{x},r)}{\partial x_1}=x_2+\dfrac{2r}{-2x_1+x_2+3}=0,\\[2ex]\dfrac{\partial G(\boldsymbol{x},r)}{\partial x_2}=x_1-\dfrac{r}{-2x_1+x_2+3}=0.\end{cases}$$

此方程组的解为

$$\bar{\boldsymbol{x}}(r)=\left(\frac{3+\sqrt{9-16r}}{8},-\frac{3+\sqrt{9-16r}}{4}\right)^{\mathrm{T}}.$$

令 $r\to 0$,则

$$\bar{\boldsymbol{x}}(r)\to\bar{\boldsymbol{x}}=\left(\frac{3}{4},-\frac{3}{2}\right)^{\mathrm{T}}.$$

5. 用乘子法求解下列问题:

(1) $\min\quad x_1^2+x_2^2$

$\text{s.t.}\quad x_1\geqslant 1$;

(2) $\min\quad x_1+\frac{1}{3}(x_2+1)^2$

$\text{s.t.}\quad x_1\geqslant 0,$

$\qquad x_2\geqslant 1.$

解 (1) 定义增广 Lagrange 函数

$$\begin{aligned}\Phi(\boldsymbol{x},w,\sigma)&=x_1^2+x_2^2+\frac{1}{2\sigma}\left[(\max\{0,w-\sigma(x_1-1)\})^2-w^2\right]\\&=\begin{cases}x_1^2+x_2^2+\dfrac{1}{2\sigma}\{[w-\sigma(x_1-1)]^2-w^2\}, & x_1-1\leqslant\dfrac{w}{\sigma},\\[2ex] x_1^2+x_2^2-\dfrac{w^2}{2\sigma}, & x_1-1>\dfrac{w}{\sigma},\end{cases}\end{aligned}$$

则

$$\frac{\partial\Phi}{\partial x_1}=\begin{cases}2x_1-[w-\sigma(x_1-1)], & x_1-1\leqslant\dfrac{w}{\sigma},\\[2ex] 2x_1, & x_1-1>\dfrac{w}{\sigma},\end{cases}$$

$$\frac{\partial\Phi}{\partial x_2}=2x_2.$$

设第 k 次迭代取乘子 $w^{(k)}$，σ，求 $\Phi(\boldsymbol{x},w^{(k)},\sigma)$ 的极小点. 令

$$\begin{cases}\dfrac{\partial\Phi}{\partial x_1}=2x_1-[w^{(k)}-\sigma(x_1-1)]=0,\\[2ex]\dfrac{\partial\Phi}{\partial x_2}=2x_2=0,\end{cases}$$

解得

$$\boldsymbol{x}^{(k)}=\begin{bmatrix}x_1^{(k)}\\x_2^{(k)}\end{bmatrix}=\begin{bmatrix}\dfrac{w^{(k)}+\sigma}{2+\sigma}\\0\end{bmatrix}.$$

修改 $w^{(k)}$，令

$$w^{(k+1)}=\max\{0,w^{(k)}-\sigma(x_1^{(k)}-1)\}=\frac{2(w^{(k)}+\sigma)}{2+\sigma}.$$

当 $w^{(k)}<2$ 时，$w^{(k+1)}-w^{(k)}=\dfrac{\sigma(2-w^{(k)})}{2+\sigma}>0$，因此 $\{w^{(k)}\}$ 是单调增加有上界的数列，必有极限. 当 $k\to\infty$ 时，$w^{(k)}\to2$，$\boldsymbol{x}^{(k)}\to\bar{\boldsymbol{x}}=\begin{bmatrix}1\\0\end{bmatrix}$. $\bar{\boldsymbol{x}}$ 为最优解，最优值 $f_{\min}=1$.

(2) 定义增广 Lagrange 函数

$$\begin{aligned}\Phi(\boldsymbol{x},w,\sigma)&=f(\boldsymbol{x})+\frac{1}{2\sigma}\Big[(\max\{0,w_1-\sigma g_1(\boldsymbol{x})\})^2-w_1^2\\&\qquad+(\max\{0,w_2-\sigma g_2(\boldsymbol{x})\})^2-w_2^2\Big]\\&=x_1+\frac{1}{3}(x_2+1)^2+\frac{1}{2\sigma}\Big[(\max\{0,w_1-\sigma x_1\})^2\\&\qquad-w_1^2+(\max\{0,w_2-\sigma(x_2-1)\})^2-w_2^2\Big]\end{aligned}$$

则

$$\frac{\partial\Phi}{\partial x_1}=\begin{cases}1-(w_1-\sigma x_1), & x_1\leqslant\dfrac{w_1}{\sigma},\\[2ex]1, & x_1>\dfrac{w_1}{\sigma},\end{cases}$$

$$\frac{\partial\Phi}{\partial x_2}=\begin{cases}\dfrac{2}{3}(x_2+1)-[w_2-\sigma(x_2-1)], & x_2-1\leqslant\dfrac{w_2}{\sigma},\\[2ex]\dfrac{2}{3}(x_2+1), & x_2-1>\dfrac{w_2}{\sigma}.\end{cases}$$

第 k 次迭代中，令

$$\frac{\partial\Phi}{\partial x_1}=0,\quad\frac{\partial\Phi}{\partial x_2}=0,$$

即

$$\begin{cases}1-(w_1^{(k)}-\sigma x_1)=0,\\ \dfrac{2}{3}(x_2+1)-[w_2^{(k)}-\sigma(x_2-1)]=0,\end{cases}$$

解得

$$\boldsymbol{x}^{(k)}=\begin{bmatrix}x_1\\x_2\end{bmatrix}=\begin{bmatrix}\dfrac{w_1^{(k)}-1}{\sigma}\\ \dfrac{3w_2^{(k)}+3\sigma-2}{2+3\sigma}\end{bmatrix}.$$

修正乘子 $w^{(k)}$，令

$$w_1^{(k+1)}=\max\{0,w_1^{(k)}-\sigma x_1^{(k)}\}=1,$$

$$w_2^{(k+1)}=\max\left\{0,w_2^{(k)}-\sigma\left(\frac{3w_2^{(k)}+3\sigma-2}{2+3\sigma}-1\right)\right\}=\frac{2(w_2^{(k)}+2\sigma)}{2+3\sigma}.$$

当 $w_2^{(k)}<\dfrac{4}{3}$时，数列$\{w_2^{(k)}\}$单调增加有上界，必有极限. 当 $k\to\infty$时，$w_2^{(k)}\to\dfrac{4}{3}$，因此最优乘子$\bar{\boldsymbol{w}}=\begin{bmatrix}w_1\\w_2\end{bmatrix}=\begin{bmatrix}1\\ \dfrac{4}{3}\end{bmatrix}$. 最优解如下：

$$\bar{\boldsymbol{x}}=\begin{bmatrix}0\\1\end{bmatrix},\quad f_{\min}=\frac{4}{3}.$$

第14章

CHAPTER 14

二次规划题解

1. 用 Lagrange 方法求解下列问题：

(1) min　$2x_1^2+x_2^2+x_1x_2-x_1-x_2$

　　s. t.　$x_1+x_2=1$；

(2) min　$\frac{3}{2}x_1^2-x_1x_2+x_2^2-x_2x_3+\frac{1}{2}x_3^2+x_1+x_2+x_3$

　　s. t.　$x_1+2x_2+x_3=4$.

解　(1) 定义 Lagrange 函数

$$L(\boldsymbol{x},\lambda)=2x_1^2+x_2^2+x_1x_2-x_1-x_2-\lambda(x_1+x_2-1),$$

令

$$\begin{cases}\dfrac{\partial L(\boldsymbol{x},\lambda)}{\partial x_1}=4x_1+x_2-1-\lambda=0,\\[2mm]\dfrac{\partial L(\boldsymbol{x},\lambda)}{\partial x_2}=x_1+2x_2-1-\lambda=0,\\[2mm]\dfrac{\partial L(\boldsymbol{x},\lambda)}{\partial \lambda}=-(x_1+x_2-1)=0,\end{cases}$$

解得最优解

$$\bar{\boldsymbol{x}}=\begin{bmatrix}x_1\\x_2\end{bmatrix}=\begin{bmatrix}\dfrac{1}{4}\\[2mm]\dfrac{3}{4}\end{bmatrix},\quad \text{Lagrange 乘子 } \lambda=\frac{3}{4}.$$

(2) 定义 Lagrange 函数

$$L(\boldsymbol{x},\lambda)=\frac{3}{2}x_1^2-x_1x_2+x_2^2-x_2x_3+\frac{1}{2}x_3^2+x_1+x_2+x_3-\lambda(x_1+2x_2+x_3-4),$$

令

$$\begin{cases} \dfrac{\partial L(\boldsymbol{x},\lambda)}{\partial x_1} = 3x_1 - x_2 + 1 - \lambda = 0, \\ \dfrac{\partial L(\boldsymbol{x},\lambda)}{\partial x_2} = -x_1 + 2x_2 - x_3 + 1 - 2\lambda = 0, \\ \dfrac{\partial L(\boldsymbol{x},\lambda)}{\partial x_3} = -x_2 + x_3 + 1 - \lambda = 0, \\ \dfrac{\partial L(\boldsymbol{x},\lambda)}{\partial \lambda} = -x_1 - 2x_2 - x_3 + 4 = 0, \end{cases}$$

求得最优解

$$\bar{\boldsymbol{x}} = (x_1, x_2, x_3)^{\mathrm{T}} = \left(\frac{7}{18}, \frac{11}{9}, \frac{7}{6}\right)^{\mathrm{T}}, \quad \lambda = \frac{17}{18}.$$

2. 用起作用集方法求解下列问题：

(1) $\min \quad 9x_1^2 + 9x_2^2 - 30x_1 - 72x_2$

s. t. $\quad -2x_1 - x_2 \geqslant -4,$

$x_1, x_2 \geqslant 0,$

取初始可行点 $\boldsymbol{x}^{(1)} = (0,0)^{\mathrm{T}}$.

(2) $\min \quad x_1^2 - x_1 x_2 + x_2^2 - 3x_1$

s. t. $\quad -x_1 - x_2 \geqslant -2,$

$x_1, x_2 \geqslant 0,$

取初始可行点 $\boldsymbol{x}^{(1)} = (0,0)^{\mathrm{T}}$.

解 (1) 记 $f(\boldsymbol{x}) = 9x_1^2 + 9x_2^2 - 30x_1 - 72x_2$，则

$$\nabla f(\boldsymbol{x}) = \begin{bmatrix} 18x_1 - 30 \\ 18x_2 - 72 \end{bmatrix}, \quad \boldsymbol{H} = \nabla^2 f(\boldsymbol{x}) = \begin{bmatrix} 18 & 0 \\ 0 & 18 \end{bmatrix}, \quad \boldsymbol{H}^{-1} = \begin{bmatrix} \frac{1}{18} & 0 \\ 0 & \frac{1}{18} \end{bmatrix},$$

约束系数矩阵 $\boldsymbol{A} = \begin{bmatrix} \boldsymbol{a}^{(1)} \\ \boldsymbol{a}^{(2)} \\ \boldsymbol{a}^{(3)} \end{bmatrix} = \begin{bmatrix} -2 & -1 \\ 1 & 0 \\ 0 & 1 \end{bmatrix}$，约束右端向量 $\boldsymbol{b} = \begin{bmatrix} b_1 \\ b_2 \\ b_3 \end{bmatrix} = \begin{bmatrix} -4 \\ 0 \\ 0 \end{bmatrix}$.

第 1 次迭代：

初始点 $\boldsymbol{x}^{(1)} = \begin{bmatrix} 0 \\ 0 \end{bmatrix}$，$\boldsymbol{g}_1 = \nabla f(\boldsymbol{x}^{(1)}) = \begin{bmatrix} -30 \\ -72 \end{bmatrix}$，起作用约束集 $I_1^{(1)} = \{2,3\}$，$\boldsymbol{A}_1 = \begin{bmatrix} 1 & 0 \\ 0 & 1 \end{bmatrix}$.

求校正量 $\boldsymbol{\delta} = \begin{bmatrix} \delta_1 \\ \delta_2 \end{bmatrix}$：

$$\begin{aligned} \min \quad & \frac{1}{2} \boldsymbol{\delta}^{\mathrm{T}} \boldsymbol{H} \boldsymbol{\delta} + \nabla f(\boldsymbol{x}^{(1)})^{\mathrm{T}} \boldsymbol{\delta} \\ \text{s. t.} \quad & \boldsymbol{A}_1 \boldsymbol{\delta} = 0. \end{aligned}$$

即

$$\begin{aligned} \min \quad & 9\delta_1^2 + 9\delta_2^2 - 30\delta_1 - 72\delta_2 \\ \text{s. t.} \quad & \delta_1 = 0, \\ & \delta_2 = 0. \end{aligned} \tag{1}$$

解得$\bar{\boldsymbol{\delta}}=\begin{bmatrix}0\\0\end{bmatrix}$. 下面判别 $\boldsymbol{x}^{(1)}$ 是否为最优解.

计算 Lagrange 乘子

$$\boldsymbol{\lambda}=\begin{bmatrix}\lambda_1\\\lambda_2\end{bmatrix}=(\boldsymbol{A}_1\boldsymbol{H}^{-1}\boldsymbol{A}_1^{\mathrm{T}})^{-1}\boldsymbol{A}_1\boldsymbol{H}^{-1}\boldsymbol{g}_1=\begin{bmatrix}-30\\-72\end{bmatrix},$$

$\boldsymbol{x}^{(1)}$ 还不是最优解. 从(1)式中去掉第 2 个约束，置 $I_2^{(1)}=\{2\}$，再求校正量：

$$\begin{aligned}\min\quad & 9\delta_1^2+9\delta_2^2-30\delta_1-72\delta_2\\ \text{s. t.}\quad & \delta_1=0.\end{aligned}$$

解得$\bar{\boldsymbol{\delta}}=\begin{bmatrix}0\\4\end{bmatrix}$. 令

$$\boldsymbol{d}^{(1)}=\bar{\boldsymbol{\delta}}=\begin{bmatrix}0\\4\end{bmatrix}.$$

从 $\boldsymbol{x}^{(1)}$ 出发，沿 $\boldsymbol{d}^{(1)}$ 搜索，令

$$\boldsymbol{x}^{(2)}=\boldsymbol{x}^{(1)}+\alpha_1\boldsymbol{d}^{(1)}.$$

取步长 $\alpha_1=\min\{1,\hat{\alpha}_1\}$，其中

$$\hat{\alpha}_1=\min\left\{\frac{b_i-\boldsymbol{a}^{(i)}\boldsymbol{x}^{(1)}}{\boldsymbol{a}^{(i)}\boldsymbol{d}^{(1)}}\,\middle|\, i\notin I_2^{(1)},\boldsymbol{a}^{(i)}\boldsymbol{d}^{(1)}<0\right\}=\frac{b_1-\boldsymbol{a}^{(1)}\boldsymbol{x}^{(1)}}{\boldsymbol{a}^{(1)}\boldsymbol{d}^{((1)}}=1.$$

令 $\alpha_1=1$，得点

$$\boldsymbol{x}^{(2)}=\boldsymbol{x}^{(1)}+\alpha_1\boldsymbol{d}^{(1)}=\begin{bmatrix}0\\4\end{bmatrix}.$$

在 $\boldsymbol{x}^{(2)}$ 起作用约束集为 $I_3^{(1)}=\{1,2\}$.

第 2 次迭代：

初始点 $\boldsymbol{x}^{(2)}=\begin{bmatrix}0\\4\end{bmatrix}$，$\boldsymbol{g}_2=\nabla f(\boldsymbol{x}^{(2)})=\begin{bmatrix}-30\\0\end{bmatrix}$，起作用约束集 $I_1^{(2)}=\{1,2\}$，起作用约束矩阵

$$\boldsymbol{A}_1=\begin{bmatrix}-2&-1\\1&0\end{bmatrix},\quad \alpha_1=1.$$

计算 Lagrange 乘子

$$\boldsymbol{\lambda}=(\boldsymbol{A}_1\boldsymbol{H}^{-1}\boldsymbol{A}_1^{\mathrm{T}})^{-1}\boldsymbol{A}_1\boldsymbol{H}^{-1}\boldsymbol{g}_2=\begin{bmatrix}0\\-30\end{bmatrix},$$

从 $I_1^{(2)}$ 中去掉 2，置 $I_2^{(2)}=\{1\}$，$\boldsymbol{A}_1=(-2,-1)$. 求校正量$\boldsymbol{\delta}=(\delta_1,\delta_2)^{\mathrm{T}}$：

$$\begin{aligned}\min\quad & \frac{1}{2}\boldsymbol{\delta}^{\mathrm{T}}\boldsymbol{H}\boldsymbol{\delta}+\nabla f(\boldsymbol{x}^{(2)})^{\mathrm{T}}\boldsymbol{\delta}\\ \text{s. t.}\quad & \boldsymbol{A}_1\boldsymbol{\delta}=0.\end{aligned}$$

即

$$\min\quad 9\delta_1^2+9\delta_2^2-30\delta_1$$

$$\text{s.t.} \quad -2\delta_1 - \delta_2 = 0.$$

解得$\bar{\boldsymbol{\delta}}=\left(\frac{1}{3},-\frac{2}{3}\right)^{\mathrm{T}}$.

令 $\boldsymbol{d}^{(2)}=\bar{\boldsymbol{\delta}}=\left(\frac{1}{3},-\frac{2}{3}\right)^{\mathrm{T}}$，从 $\boldsymbol{x}^{(2)}$ 出发沿 $\boldsymbol{d}^{(2)}$ 搜索，令

$$\boldsymbol{x}^{(3)} = \boldsymbol{x}^{(2)} + \alpha_2 \boldsymbol{d}^{(2)},$$

其中搜索步长 $\alpha_2=\min\{1,\hat{\alpha}_2\}$，其中 $\hat{\alpha}_2=\min\left\{\frac{b_i-\boldsymbol{a}^{(i)}\boldsymbol{x}^{(2)}}{\boldsymbol{a}^{(i)}\boldsymbol{d}^{(2)}}\middle| i\notin I_2^{(2)},\boldsymbol{a}^{(i)}\boldsymbol{d}^{(2)}<0\right\}=\frac{b_3-\boldsymbol{a}^{(3)}\boldsymbol{x}^{(2)}}{\boldsymbol{a}^{(3)}\boldsymbol{d}^{(2)}}=6$，因此取 $\alpha_2=1$. 后继点

$$\boldsymbol{x}^{(3)} = \begin{bmatrix}0\\4\end{bmatrix}+\begin{bmatrix}\frac{1}{3}\\-\frac{2}{3}\end{bmatrix}=\begin{bmatrix}\frac{1}{3}\\\frac{10}{3}\end{bmatrix}.$$

第 3 次迭代：

初始点 $\boldsymbol{x}^{(3)}=\begin{bmatrix}\frac{1}{3}\\\frac{10}{3}\end{bmatrix}$，$\boldsymbol{g}_3=\nabla f(\boldsymbol{x}^{(3)})=\begin{bmatrix}-24\\-12\end{bmatrix}$，起作用约束集 $I_1^{(3)}=\{1\}$，$\boldsymbol{A}_1=(-2,-1)$，$\alpha_2=1$，计算 Lagrange 乘子

$$\lambda = (\boldsymbol{A}_1\boldsymbol{H}^{-1}\boldsymbol{A}_1^{\mathrm{T}})^{-1}\boldsymbol{A}_1\boldsymbol{H}^{-1}\boldsymbol{g}_3 = 12 > 0,$$

因此，$\boldsymbol{x}^{(3)}$ 是最优解，最优值 $f_{\min}=-149$.

(2) 记 $f(\boldsymbol{x})=x_1^2-x_1x_2+x_2^2-3x_1$，则梯度

$$\nabla f(\boldsymbol{x}) = \begin{bmatrix}2x_1-x_2-3\\-x_1+2x_2\end{bmatrix},\quad \boldsymbol{H}=\nabla^2 f(\boldsymbol{x})=\begin{bmatrix}2&-1\\-1&2\end{bmatrix},\quad \boldsymbol{H}^{-1}=\begin{bmatrix}\frac{2}{3}&\frac{1}{3}\\\frac{1}{3}&\frac{2}{3}\end{bmatrix},$$

约束矩阵 $\boldsymbol{A}=\begin{bmatrix}\boldsymbol{a}^{(1)}\\\boldsymbol{a}^{(2)}\\\boldsymbol{a}^{(3)}\end{bmatrix}=\begin{bmatrix}-1&-1\\1&0\\0&1\end{bmatrix}$，约束右端向量 $\boldsymbol{b}=\begin{bmatrix}b_1\\b_2\\b_3\end{bmatrix}=\begin{bmatrix}-2\\0\\0\end{bmatrix}$.

第 1 次迭代：

初始点 $\boldsymbol{x}^{(1)}=\begin{bmatrix}0\\0\end{bmatrix}$，梯度 $\boldsymbol{g}_1=\nabla f(\boldsymbol{x}^{(1)})=\begin{bmatrix}-3\\0\end{bmatrix}$，起作用约束集 $I_1^{(1)}=\{2,3\}$，起作用约束系数矩阵 $\boldsymbol{A}_1=\begin{bmatrix}1&0\\0&1\end{bmatrix}$.

求校正量$\boldsymbol{\delta}=\begin{bmatrix}\delta_1\\ \delta_2\end{bmatrix}$：

$$\begin{aligned}\min\quad & \frac{1}{2}\boldsymbol{\delta}^{\mathrm{T}}\boldsymbol{H}\boldsymbol{\delta}+\nabla f(\boldsymbol{x}^{(1)})^{\mathrm{T}}\boldsymbol{\delta}\\ \text{s.t.}\quad & \boldsymbol{A}_1\boldsymbol{\delta}=\boldsymbol{0}.\end{aligned}$$

即

$$\begin{aligned}\min\quad & \delta_1^2+\delta_2^2-\delta_1\delta_2-3\delta_1\\ \text{s.t.}\quad & \delta_1=0,\\ & \delta_2=0,\end{aligned}\tag{1}$$

得解$\bar{\boldsymbol{\delta}}=\begin{bmatrix}0\\ 0\end{bmatrix}$.

判别 $\boldsymbol{x}^{(1)}$是否为最优解，计算 Lagrange 乘子：

$$\boldsymbol{\lambda}=\begin{bmatrix}\lambda_2\\ \lambda_3\end{bmatrix}=(\boldsymbol{A}_1\boldsymbol{H}^{-1}\boldsymbol{A}_1^{\mathrm{T}})^{-1}\boldsymbol{A}_1\boldsymbol{H}^{-1}\boldsymbol{g}_1=\begin{bmatrix}-3\\ 0\end{bmatrix},$$

$\lambda_2=-3<0$，故 $\boldsymbol{x}^{(1)}$不是最优解. 从(1)式中去掉第 1 个约束，置 $I_2^{(1)}=\{3\}$，再求校正量：

$$\begin{aligned}\min\quad & \delta_1^2+\delta_2^2-\delta_1\delta_2-3\delta_1\\ \text{s.t.}\quad & \delta_2=0,\end{aligned}$$

解得$\bar{\boldsymbol{\delta}}=\begin{bmatrix}\frac{3}{2}\\ 0\end{bmatrix}$. 令 $\boldsymbol{d}^{(1)}=\bar{\boldsymbol{\delta}}=\begin{bmatrix}\frac{3}{2}\\ 0\end{bmatrix}$，从 $\boldsymbol{x}^{(1)}$出发沿 $\boldsymbol{d}^{(1)}$搜索：

$$\boldsymbol{x}^{(2)}=\boldsymbol{x}^{(1)}+\alpha_1\boldsymbol{d}^{(1)}.$$

步长 $\alpha_1=\min\{1,\hat{\alpha}_1\}$，其中

$$\hat{\alpha}_1=\min\left\{\frac{b_i-\boldsymbol{a}^{(i)}\boldsymbol{x}^{(1)}}{\boldsymbol{a}^{(i)}\boldsymbol{d}^{(1)}}\,\middle|\, i\notin I_2^{(1)},\boldsymbol{a}^{(i)}\boldsymbol{d}^{(1)}<0\right\}=\frac{b_1-\boldsymbol{a}^{(1)}\boldsymbol{x}^{(1)}}{\boldsymbol{a}^{(1)}\boldsymbol{d}^{(1)}}=\frac{4}{3},$$

故令 $\alpha_1=1$，得后继点

$$\boldsymbol{x}^{(2)}=\begin{bmatrix}0\\ 0\end{bmatrix}+1\cdot\begin{bmatrix}\frac{3}{2}\\ 0\end{bmatrix}=\begin{bmatrix}\frac{3}{2}\\ 0\end{bmatrix}.$$

第 2 次迭代：

初始点 $\boldsymbol{x}^{(2)}=\begin{bmatrix}\frac{3}{2}\\ 0\end{bmatrix}$，梯度 $\boldsymbol{g}_2=\nabla f(\boldsymbol{x}^{(2)})=\begin{bmatrix}0\\ -\frac{3}{2}\end{bmatrix}$，起作用约束集 $I_1^{(2)}=I_2^{(1)}=\{3\}$，$\boldsymbol{A}_1=(0,1)$，由于 $\alpha_1=1$，计算 Lagrange 乘子

$$\boldsymbol{\lambda}=(\boldsymbol{A}_1\boldsymbol{H}^{-1}\boldsymbol{A}_1^{\mathrm{T}})^{-1}\boldsymbol{A}_1\boldsymbol{H}^{-1}\boldsymbol{g}_2=-\frac{3}{2},$$

故 $\boldsymbol{x}^{(2)}$ 不是最优解,从 $I_1^{(2)}$ 中去掉指标 3,起作用约束集 $I_2^{(2)}=\varnothing$,求校正量

$$\min\quad \frac{1}{2}\boldsymbol{\delta}^{\mathrm{T}}\boldsymbol{H}\boldsymbol{\delta}+\nabla f(\boldsymbol{x}^{(2)})^{\mathrm{T}}\boldsymbol{\delta}$$

即

$$\min\quad \delta_1^2+\delta_2^2-\delta_1\delta_2-\frac{3}{2}\delta_2$$

解得 $\bar{\boldsymbol{\delta}}=\begin{bmatrix}\frac{1}{2}\\1\end{bmatrix}$. 令 $\boldsymbol{d}^{(2)}=\bar{\delta}$,从 $\boldsymbol{x}^{(2)}$ 出发沿 $\boldsymbol{d}^{(2)}$ 搜索:

$$\boldsymbol{x}^{(3)}=\boldsymbol{x}^{(2)}+\alpha_2\boldsymbol{d}^{(2)}.$$

步长 $\alpha_2=\min\{1,\hat{\alpha}_2\}$,其中 $\hat{\alpha}_2$ 计算如下:

$$\hat{\alpha}_2=\min\left\{\frac{b_i-\boldsymbol{a}^{(i)}\boldsymbol{x}^{(2)}}{\boldsymbol{a}^{(i)}\boldsymbol{d}^{(2)}}\,\middle|\, i\notin I_2^{(2)},\boldsymbol{a}^{(i)}\boldsymbol{d}^{(2)}<0\right\}=\frac{b_1-\boldsymbol{a}^{(1)}\boldsymbol{x}^{(2)}}{\boldsymbol{a}^{(1)}\boldsymbol{d}^{(2)}}=\frac{1}{3},$$

故令 $\alpha_2=\frac{1}{3}$. 在 $\boldsymbol{x}^{(3)}$ 起作用约束集为 $I_3^{(2)}=\{1\}$.

$$\boldsymbol{x}^{(3)}=\boldsymbol{x}^{(2)}+\frac{1}{3}\boldsymbol{d}^{(2)}=\begin{bmatrix}\frac{5}{3}\\\frac{1}{3}\end{bmatrix}.$$

第 3 次迭代:

初始点 $\boldsymbol{x}^{(3)}=\begin{bmatrix}\frac{5}{3}\\\frac{1}{3}\end{bmatrix}$, $\boldsymbol{g}_3=\nabla f(\boldsymbol{x}^{(3)})=\begin{bmatrix}0\\-1\end{bmatrix}$,起作用约束集 $I_1^{(3)}=I_3^{(2)}=\{1\}$, $\boldsymbol{A}_1=(-1,-1)$. 由于 $\alpha_2=\frac{1}{3}<1$,再求校正量 $\boldsymbol{\delta}=\begin{bmatrix}\delta_1\\\delta_2\end{bmatrix}$:

$$\begin{aligned}\min\quad &\frac{1}{2}\boldsymbol{\delta}^{\mathrm{T}}\boldsymbol{H}\boldsymbol{\delta}+\nabla f(\boldsymbol{x}^{(3)})^{\mathrm{T}}\boldsymbol{\delta}\\ \text{s.t.}\quad &\boldsymbol{A}_1\boldsymbol{\delta}=0.\end{aligned}$$

即

$$\begin{aligned}\min\quad &\delta_1^2+\delta_2^2-\delta_1\delta_2-\delta_2\\ \text{s.t.}\quad &-\delta_1-\delta_2=0.\end{aligned}$$

解得 $\bar{\boldsymbol{\delta}}=\begin{bmatrix}-\frac{1}{6}\\\frac{1}{6}\end{bmatrix}$.

令 $\boldsymbol{d}^{(3)}=\bar{\boldsymbol{\delta}}$，从 $\boldsymbol{x}^{(3)}$ 出发沿 $\boldsymbol{d}^{(3)}$ 搜索，令

$$\boldsymbol{x}^{(4)}=\boldsymbol{x}^{(3)}+\alpha_3\boldsymbol{d}^{(3)}.$$

步长 $\alpha_3=\min\{1,\hat{\alpha}_3\}$，$\hat{\alpha}_3$ 计算如下：

$$\hat{\alpha}_3=\min\left\{\frac{b_i-\boldsymbol{a}^{(i)}\boldsymbol{x}^{(3)}}{\boldsymbol{a}^{(i)}\boldsymbol{d}^{(3)}}\,\middle|\, i\notin I_1^{(3)},\boldsymbol{a}^{(i)}\boldsymbol{d}^{(3)}<0\right\}=\frac{b_2-\boldsymbol{a}^{(2)}\boldsymbol{x}^{(3)}}{\boldsymbol{a}^{(2)}\boldsymbol{d}^{(3)}}=10,$$

故令 $\alpha_3=1$. 后继点

$$\boldsymbol{x}^{(4)}=\begin{bmatrix}\frac{5}{3}\\ \frac{1}{3}\end{bmatrix}+1\cdot\begin{bmatrix}-\frac{1}{6}\\ \frac{1}{6}\end{bmatrix}=\begin{bmatrix}\frac{3}{2}\\ \frac{1}{2}\end{bmatrix}.$$

第 4 次迭代：

初始点 $\boldsymbol{x}^{(4)}=\begin{bmatrix}\frac{3}{2}\\ \frac{1}{2}\end{bmatrix}$，$\boldsymbol{g}_4=\nabla f(\boldsymbol{x}^{(4)})=\begin{bmatrix}-\frac{1}{2}\\ -\frac{1}{2}\end{bmatrix}$. 起作用约束集 $I_1^{(4)}=\{1\}$，$\boldsymbol{A}_1=(-1,-1)$，$\alpha_3=1$. 计算 Lagrange 乘子：

$$\boldsymbol{\lambda}=(\boldsymbol{A}_1\boldsymbol{H}^{-1}\boldsymbol{A}_1^{\mathrm{T}})^{-1}\boldsymbol{A}_1\boldsymbol{H}^{-1}\boldsymbol{g}_4=\frac{1}{2}>0,$$

得到最优解 $\boldsymbol{x}^{(4)}=\left(\frac{3}{2},\frac{1}{2}\right)^{\mathrm{T}}$，$f_{\min}=-\frac{11}{4}$.

3. 用 Lemke 方法求解下列问题：

(1) $\min\quad 2x_1^2+x_2^2-2x_1x_2-6x_1-2x_2$

s. t. $\quad -x_1-x_2\geqslant -2,$

$-2x_1+x_2\geqslant -2,$

$x_1,x_2\geqslant 0;$

(2) $\min\quad 2x_1^2+2x_2^2+x_3^2+2x_1x_2+2x_1x_3-8x_1-6x_2-4x_3+9$

s. t. $\quad -x_1-x_2-x_3\geqslant -3,$

$x_1,x_2,x_3\geqslant 0.$

解 (1) 目标函数的 Hesse 矩阵 $\boldsymbol{H}=\begin{bmatrix}4 & -2\\ -2 & 2\end{bmatrix}$，一次项系数向量 $\boldsymbol{c}=\begin{bmatrix}-6\\ -2\end{bmatrix}$，约束系数矩阵 $\boldsymbol{A}=\begin{bmatrix}-1 & -1\\ -2 & 1\end{bmatrix}$，约束右端向量 $\boldsymbol{b}=\begin{bmatrix}-2\\ -2\end{bmatrix}$. 取

$$\boldsymbol{M}=\begin{bmatrix}\boldsymbol{H} & -\boldsymbol{A}^{\mathrm{T}}\\ \boldsymbol{A} & \boldsymbol{0}\end{bmatrix}=\begin{bmatrix}4 & -2 & 1 & 2\\ -2 & 2 & 1 & -1\\ -1 & -1 & 0 & 0\\ -2 & 1 & 0 & 0\end{bmatrix},\quad \boldsymbol{q}=\begin{bmatrix}\boldsymbol{c}\\ -\boldsymbol{b}\end{bmatrix}=\begin{bmatrix}-6\\ -2\\ 2\\ 2\end{bmatrix},\quad \boldsymbol{z}=\begin{bmatrix}\boldsymbol{x}\\ \boldsymbol{y}\end{bmatrix},$$

线性互补问题是

$$\begin{cases} \boldsymbol{w}-\boldsymbol{M}\boldsymbol{z}=\boldsymbol{q}, \\ \boldsymbol{w},\quad \boldsymbol{z}\geqslant \boldsymbol{0}, \\ \boldsymbol{w}^{\mathrm{T}}\boldsymbol{z}=0, \end{cases}$$

即

$$\begin{aligned} w_1 \quad -4z_1+2z_2-z_3-2z_4&=-6, \\ w_2 \quad +2z_1-2z_2-z_3+z_4&=-2, \\ w_3+z_1+z_2&=2, \\ w_4+2z_1-z_2&=2, \\ w_i\geqslant 0, z_i\geqslant 0,\quad i&=1,2,3,4, \\ w_iz_i=0,\quad i&=1,2,3,4. \end{aligned}$$

引进人工变量 z_0，列下表，并按规定作主元消去运算：

	w_1	w_2	w_3	w_4	z_1	z_2	z_3	z_4	z_0	q
w_1	1	0	0	0	-4	2	-1	-2	(-1)	-6
w_2	0	1	0	0	2	-2	-1	1	-1	-2
w_3	0	0	1	0	1	1	0	0	-1	2
w_4	0	0	0	1	2	-1	0	0	-1	2
z_0	-1	0	0	0	4	-2	1	2	1	6
w_2	-1	1	0	0	(6)	-4	0	3	0	4
w_3	-1	0	1	0	5	-1	1	2	0	8
w_4	-1	0	0	1	6	-3	1	2	0	8
z_0	$-\frac{1}{3}$	$-\frac{2}{3}$	0	0	0	$\frac{2}{3}$	1	0	1	$\frac{10}{3}$
z_1	$-\frac{1}{6}$	$\frac{1}{6}$	0	0	1	$-\frac{2}{3}$	0	$\frac{1}{2}$	0	$\frac{2}{3}$
w_3	$-\frac{1}{6}$	$-\frac{5}{6}$	1	0	0	($\frac{7}{3}$)	1	$-\frac{1}{2}$	0	$\frac{14}{3}$
w_4	0	-1	0	1	0	1	1	-1	0	4
z_0	$-\frac{2}{7}$	$-\frac{3}{7}$	$-\frac{2}{7}$	0	0	0	($\frac{5}{7}$)	$\frac{1}{7}$	1	2
z_1	$-\frac{3}{14}$	$-\frac{1}{14}$	$\frac{2}{7}$	0	1	0	$\frac{2}{7}$	$\frac{5}{14}$	0	2
z_2	$-\frac{1}{14}$	$-\frac{5}{14}$	$\frac{3}{7}$	0	0	1	$\frac{3}{7}$	$-\frac{3}{14}$	0	2
w_4	$\frac{1}{14}$	$-\frac{9}{14}$	$-\frac{3}{7}$	1	0	0	$\frac{4}{7}$	$-\frac{11}{14}$	0	2

	w_1	w_2	w_3	w_4	z_1	z_2	z_3	z_4	z_0	$\boldsymbol{q}$
z_3	$-\frac{2}{5}$	$-\frac{3}{5}$	$-\frac{2}{5}$	0	0	0	1	$\frac{1}{5}$	$\frac{7}{5}$	$\frac{14}{5}$
z_1	$-\frac{1}{10}$	$\frac{1}{10}$	$\frac{2}{5}$	0	1	0	0	$\frac{3}{10}$	$-\frac{2}{5}$	$\frac{6}{5}$
z_2	$\frac{1}{10}$	$-\frac{1}{10}$	$\frac{3}{5}$	0	0	1	0	$\frac{3}{10}$	$-\frac{3}{5}$	$\frac{4}{5}$
w_4	$\frac{3}{10}$	$-\frac{3}{10}$	$-\frac{1}{5}$	1	0	0	0	$-\frac{9}{10}$	$-\frac{4}{5}$	$\frac{2}{5}$

得互补基本可行解

$$(w_1,w_2,w_3,w_4,z_1,z_2,z_3,z_4)=\left(0,0,0,\frac{2}{5},\frac{6}{5},\frac{4}{5},\frac{14}{5},0\right),$$

得 K-T 点$(x_1,x_2)=\left(\frac{6}{5},\frac{4}{5}\right)$. 问题是凸规划,K-T 点是最优解,最优值 $f_{\min}=-7.2$.

(2) 目标函数的 Hesse 矩阵

$$\boldsymbol{H}=\begin{bmatrix}4&2&2\\2&4&0\\2&0&2\end{bmatrix},\quad \boldsymbol{c}=\begin{bmatrix}-8\\-6\\-4\end{bmatrix},\quad \boldsymbol{A}=(-1,-1,-1),\quad \boldsymbol{b}=-3,$$

取

$$\boldsymbol{z}=\begin{bmatrix}\boldsymbol{x}\\\boldsymbol{y}\end{bmatrix},\quad \boldsymbol{M}=\begin{bmatrix}\boldsymbol{H}&-\boldsymbol{A}^{\mathrm{T}}\\\boldsymbol{A}&\boldsymbol{0}\end{bmatrix}=\begin{bmatrix}4&2&2&1\\2&4&0&1\\2&0&2&1\\-1&-1&-1&0\end{bmatrix},\quad \boldsymbol{q}=\begin{bmatrix}\boldsymbol{c}\\-\boldsymbol{b}\end{bmatrix}=\begin{bmatrix}-8\\-6\\-4\\3\end{bmatrix},$$

线性互补问题是

$$\begin{cases}\boldsymbol{w}-\boldsymbol{M}\boldsymbol{z}=\boldsymbol{q},\\ \boldsymbol{w},\boldsymbol{z}\geqslant\boldsymbol{0},\\ \boldsymbol{w}^{\mathrm{T}}\boldsymbol{z}=\boldsymbol{0},\end{cases}$$

即

$$\begin{cases}w_1-4z_1-2z_2-2z_3-z_4=-8,\\ w_2-2z_1-4z_2-z_4=-6,\\ w_3-2z_1-2z_3-z_4=-4,\\ w_4+z_1+z_2+z_3=3,\\ w_i\geqslant 0,\quad z_i\geqslant 0,\quad i=1,2,3,4,\\ w_iz_i\geqslant 0,\quad i=1,2,3,4.\end{cases}$$

引进人工变量 z_0,列下表,按规定作主元消去运算.

	w_1	w_2	w_3	w_4	z_1	z_2	z_3	z_4	z_0	$\boldsymbol{q}$
w_1	1	0	0	0	-4	-2	-2	-1	-1	-8
w_2	0	1	0	0	-2	-4	0	-1	-1	-6
w_3	0	0	1	0	-2	0	-2	-1	-1	-4
w_4	0	0	0	1	1	1	1	0	-1	3

z_0	-1	0	0	0	4	2	2	1	1	8
w_2	-1	1	0	0	2	-2	2	0	0	2
w_3	-1	0	1	0	2	2	0	0	0	4
w_4	-1	0	0	1	5	3	3	1	0	11

z_0	1	-2	0	0	0	6	-2	1	1	4
z_1	$-\frac{1}{2}$	$\frac{1}{2}$	0	0	1	-1	1	0	0	1
w_3	0	-1	1	0	0	4	-2	0	0	2
w_4	$\frac{3}{2}$	$-\frac{5}{2}$	0	1	0	8	-2	1	0	6

z_0	1	$-\frac{1}{2}$	$-\frac{3}{2}$	0	0	0	1	1	1	1
z_1	$-\frac{1}{2}$	$\frac{1}{4}$	$\frac{1}{4}$	0	1	0	$\frac{1}{2}$	0	0	$\frac{3}{2}$
z_2	0	$-\frac{1}{4}$	$\frac{1}{4}$	0	0	1	$-\frac{1}{2}$	0	0	$\frac{1}{2}$
w_4	$\frac{3}{2}$	$-\frac{1}{2}$	-2	1	0	0	2	1	0	2

z_3	1	$-\frac{1}{2}$	$-\frac{3}{2}$	0	0	0	1	1	1	1
z_1	-1	$\frac{1}{2}$	1	0	1	0	0	$-\frac{1}{2}$	$-\frac{1}{2}$	1
z_2	$\frac{1}{2}$	$-\frac{1}{2}$	$-\frac{1}{2}$	0	0	1	0	$\frac{1}{2}$	$\frac{1}{2}$	1
w_4	$-\frac{1}{2}$	$\frac{1}{2}$	1	1	0	0	0	-1	-2	0

得互补基本可行解

$$(w_1, w_2, w_3, w_4, z_1, z_2, z_3, z_4) = (0,0,0,0,1,1,1,0)$$

K-T 点$(x_1, x_2, x_3)=(1,1,1)$. 由于是凸规划,因此也是最优解,最优值 $f_{\min}=0$.

第15章

CHAPTER 15

整数规划简介题解

1. 用分支定界法解下列问题：

(1) $\min \quad 2x_1+x_2-3x_3$

$\text{s.t.} \quad x_1+x_2+2x_3\leqslant 5,$

$2x_1+2x_2-x_3\leqslant 1,$

$x_1,x_2,x_3\geqslant 0$，且为整数；

(2) $\min \quad 4x_1+7x_2+3x_3$

$\text{s.t.} \quad x_1+3x_2+x_3\geqslant 5,$

$3x_1+x_2+2x_3\geqslant 8,$

$x_1,x_2,x_3\geqslant 0$，且为整数.

解 (1) 先给出一个最优值的上界. 任取一个可行点，例如$(0,0,2)$，目标函数最优值的一个上界 $F_u=-6$，解下列松弛问题：

$$\begin{aligned}
\min \quad & 2x_1+x_2-3x_3 \\
\text{s.t.} \quad & x_1+x_2+2x_3\leqslant 5, \\
& 2x_1+2x_2-x_3\leqslant 1, \\
& x_1,x_2,x_3\geqslant 0.
\end{aligned} \tag{$\bar{\text{P}}$}$$

用单纯形方法求得松弛问题$(\bar{\text{P}})$的最优解$(x_1,x_2,x_3)=\left(0,0,\dfrac{5}{2}\right)$，最优值 $f_{\min}=-\dfrac{15}{2}$. 由此知，整数规划最优值的一个下界 $F_l=-\dfrac{15}{2}$. 整数规划最优值 $F^*\in\left[-\dfrac{15}{2},-6\right]$.

松弛问题$(\bar{\text{P}})$的解不满足整数要求，引进条件 $x_3\leqslant\left[\dfrac{5}{2}\right]=2$，$x_3\geqslant\left[\dfrac{5}{2}\right]+1=3$. 将整数规划分解成两个子问题：

$$\begin{aligned}
\min \quad & 2x_1+x_2-3x_3 \\
\text{s.t.} \quad & x_1+x_2+2x_3\leqslant 5, \\
& 2x_1+2x_2-x_3\leqslant 1, \\
& x_3\leqslant 2, \\
& x_1,x_2,x_3\geqslant 0\text{，且为整数，}
\end{aligned} \tag{P_1}$$

和

$$\begin{aligned}\min\quad & 2x_1+x_2-3x_3\\ \text{s.t.}\quad & x_1+x_2+2x_3\leqslant 5,\\ & 2x_1+2x_2-x_3\leqslant 1,\\ & x_3\geqslant 3,\\ & x_1,x_2,x_3\geqslant 0,\text{且为整数}.\end{aligned}\qquad (\mathrm{P}_2)$$

用单纯形方法求解(P_1)的松弛问题：

$$\begin{aligned}\min\quad & 2x_1+x_2-3x_3\\ \text{s.t.}\quad & x_1+x_2+2x_3\leqslant 5,\\ & 2x_1+2x_2-x_3\leqslant 1,\\ & x_3\leqslant 2,\\ & x_1,x_2,x_3\geqslant 0,\end{aligned}\qquad (\bar{\mathrm{P}}_1)$$

得到松弛问题($\bar{\mathrm{P}}_1$)的最优解$(x_1,x_2,x_3)=(0,0,2)$，也是子问题(P_1)的最优解，最优值 $f_{\min}=-6=F_{\mathrm{u}}$，子问题($\mathrm{P}_1$)不需要再分解.

再用单纯形方法解(P_2)的松弛问题($\bar{\mathrm{P}}_2$)：

$$\begin{aligned}\min\quad & 2x_1+x_2-3x_3\\ \text{s.t.}\quad & x_1+x_2+2x_3\leqslant 5,\\ & 2x_1+2x_2-x_3\leqslant 1,\\ & x_3\geqslant 3,\\ & x_1,x_2,x_3\geqslant 0.\end{aligned}\qquad (\bar{\mathrm{P}}_2)$$

用两阶段法求解($\bar{\mathrm{P}}_2$)，易知无可行解，因此子问题(P_2)无可行解.

综上，整数规划的最优解$(x_1,x_2,x_3)=(0,0,2)$，最优值 $F^*=-6$.

(2) 先给出最优值上界. 任取可行点$(x_1,x_2,x_3)=(1,1,2)$，整数规划最优值一个上界 $F_{\mathrm{u}}=17$. 解松弛问题($\bar{\mathrm{P}}$)：

$$\begin{aligned}\min\quad & 4x_1+7x_2+3x_3\\ \text{s.t.}\quad & x_1+3x_2+x_3\geqslant 5,\\ & 3x_1+x_2+2x_3\geqslant 8,\\ & x_1,x_2,x_3\geqslant 0.\end{aligned}\qquad (\bar{\mathrm{P}})$$

用单纯形方法求得松弛问题的最优解

$$(x_1,x_2,x_3)=\left(0,\frac{2}{5},\frac{19}{5}\right),\quad f_{\min}=\frac{71}{5}.$$

由此知整数规划最优值的一个下界 $F_1=\dfrac{71}{5}$，最优值 $F^*\in\left[\dfrac{71}{5},17\right]$.

松弛问题的最优解不满足整数要求，引入条件 $x_2\leqslant\left[\dfrac{2}{5}\right]=0$，$x_2\geqslant\left[\dfrac{2}{5}\right]+1=1$，将整数

规划分解成两个子问题：

$$\begin{aligned} \min \quad & 4x_1 + 7x_2 + 3x_3 \\ \text{s. t.} \quad & x_1 + 3x_2 + x_3 \geqslant 5, \\ & 3x_1 + x_2 + 2x_3 \geqslant 8, \\ & x_2 \leqslant 0, \\ & x_1, x_2, x_3 \geqslant 0, \text{且为整数}, \end{aligned} \tag{P$_1$}$$

和

$$\begin{aligned} \min \quad & 4x_1 + 7x_2 + 3x_3 \\ \text{s. t.} \quad & x_1 + 3x_2 + x_3 \geqslant 5, \\ & 3x_1 + x_2 + 2x_3 \geqslant 8, \\ & x_2 \geqslant 1, \\ & x_1, x_2, x_3 \geqslant 0, \text{且为整数}. \end{aligned} \tag{P$_2$}$$

求解子问题(P_1)的松弛问题：

$$\begin{aligned} \min \quad & 4x_1 + 7x_2 + 3x_3 \\ \text{s. t.} \quad & x_1 + 3x_2 + x_3 \geqslant 5, \\ & 3x_1 + x_2 + 2x_3 \geqslant 8, \\ & x_2 \leqslant 0, \\ & x_1, x_2, x_3 \geqslant 0. \end{aligned} \tag{$\bar{P}_1$}$$

用单纯形方法求得($\bar{P}_1$)的最优解$(x_1,x_2,x_3)=(0,0,5)$，最优值 $f_{\min}=15$. $\bar{\boldsymbol{x}}=(0,0,5)^{\mathrm{T}}$ 是子问题(P_1)的可行解，也是(P_1)的最优解，整数规划最优值新的上界 $F_{\mathrm{u}}=15$.

再用单纯形方法解(P_2)的松弛问题：

$$\begin{aligned} \min \quad & 4x_1 + 7x_2 + 3x_3 \\ \text{s. t.} \quad & x_1 + 3x_2 + x_3 \geqslant 5, \\ & 3x_1 + x_2 + 2x_3 \geqslant 8, \\ & x_2 \geqslant 1, \\ & x_1, x_2, x_3 \geqslant 0. \end{aligned}$$

最优解$(x_1,x_2,x_3)=\left(\frac{7}{3},1,0\right)$，最优值 $f_{\min}=\frac{49}{3}>F_{\mathrm{u}}=15$. 由此可知，($P_2$)没有更好的整数解.

综上，整数规划的最优解$(x_1,x_2,x_3)=(0,0,5)$，最优值 $F^*=15$.

2. 用割平面法解下列问题：

(1) $\min \quad x_1-2x_2$

$\text{s. t.} \quad x_1+x_2\leqslant 10,$

$-x_1+x_2\leqslant 5,$

(2) $\min \quad 5x_1+3x_2$

$\text{s. t.} \quad 2x_1+x_2\geqslant 10,$

$x_1+3x_2\geqslant 9,$

$x_1, x_2 \geqslant 0$，　且为整数；　　　　　　$x_1, x_2 \geqslant 0$，　且为整数.

解　(1) 先用单纯形方法解松弛问题：

$$\begin{aligned} \min \quad & x_1 - 2x_2 \\ \text{s.t.} \quad & x_1 + x_2 + x_3 = 10, \\ & -x_1 + x_2 + x_4 = 5, \\ & x_j \geqslant 0, \quad j = 1,2,3,4. \end{aligned}$$

最优表如下：

	x_1	x_2	x_3	x_4	
x_1	1	0	$\frac{1}{2}$	$-\frac{1}{2}$	$\frac{5}{2}$
x_2	0	1	$\frac{1}{2}$	$\frac{1}{2}$	$\frac{15}{2}$
	0	0	$-\frac{1}{2}$	$-\frac{3}{2}$	$-\frac{25}{2}$

松弛问题的最优解不满足整数要求，任选一个取值非整数的基变量，比如取 x_1，源约束为

$$x_1 + \frac{1}{2}x_3 - \frac{1}{2}x_4 = \frac{5}{2},$$

x_3 和 x_4 的系数及常数项分别分解为

$$\frac{1}{2} = 0 + \frac{1}{2}, \quad -\frac{1}{2} = -1 + \frac{1}{2}, \quad \frac{5}{2} = 2 + \frac{1}{2},$$

切割条件为

$$\frac{1}{2} - \frac{1}{2}x_3 - \frac{1}{2}x_4 \leqslant 0, \quad \text{即} -x_3 - x_4 \leqslant -1.$$

将此条件置入松弛问题最优表：

	x_1	x_2	x_3	x_4	x_5	
x_1	1	0	$\frac{1}{2}$	$-\frac{1}{2}$	0	$\frac{5}{2}$
x_2	0	1	$\frac{1}{2}$	$\frac{1}{2}$	0	$\frac{15}{2}$
x_5	0	0	-1	-1	1	-1
	0	0	$-\frac{1}{2}$	$-\frac{3}{2}$	0	$-\frac{25}{2}$

用对偶单纯形方法,得下表:

	x_1	x_2	x_3	x_4	x_5	
x_1	1	0	0	-1	$\frac{1}{2}$	2
x_2	0	1	0	0	$\frac{1}{2}$	7
x_3	0	0	1	1	-1	1
	0	0	0	-1	$-\frac{1}{2}$	-12

整数规划最优解$(x_1,x_2)=(2,7)$,最优值 $f_{\min}=-12$.

(2) 先用单纯形方法解松弛问题:

$$\begin{aligned} \min \quad & 5x_1+3x_2 \\ \text{s.t.} \quad & 2x_1+x_2-x_3=10, \\ & x_1+3x_2-x_4=9, \\ & x_j \geqslant 0, \quad j=1,2,3,4. \end{aligned}$$

最优表如下:

	x_1	x_2	x_3	x_4	
x_1	1	0	$-\frac{3}{5}$	$\frac{1}{5}$	$\frac{21}{5}$
x_2	0	1	$\frac{1}{5}$	$-\frac{2}{5}$	$\frac{8}{5}$
	0	0	$-\frac{12}{5}$	$-\frac{1}{5}$	$\frac{129}{5}$

松弛问题的解不满足整数要求,选择源约束

$$x_1-\frac{3}{5}x_3+\frac{1}{5}x_4=\frac{21}{5},$$

记$-\frac{3}{5}=-1+\frac{2}{5}$,$\frac{1}{5}=0+\frac{1}{5}$,$\frac{21}{5}=4+\frac{1}{5}$,切割条件为

$$\frac{1}{5}-\frac{2}{5}x_3-\frac{1}{5}x_4 \leqslant 0, \quad 即 -2x_3-x_4 \leqslant -1.$$

将此约束条件置于松弛问题的最优表,并用对偶单纯形方法求解:

	x_1	x_2	x_3	x_4	x_5	
x_1	1	0	$-\frac{3}{5}$	$\frac{1}{5}$	0	$\frac{21}{5}$
x_2	0	1	$\frac{1}{5}$	$-\frac{2}{5}$	0	$\frac{8}{5}$
x_5	0	0	-2	(-1)	1	-1
	0	0	$-\frac{12}{5}$	$-\frac{1}{5}$	0	$\frac{129}{5}$

x_1	1	0	-1	0	$\frac{1}{5}$	4
x_2	0	1	1	0	$-\frac{2}{5}$	2
x_4	0	0	2	1	-1	1
	0	0	-2	0	$-\frac{1}{5}$	26

整数规划的最优解$(x_1,x_2)=(4,2)$，最优值 $f_{\min}=26$.

3. 求解下列 0-1 规划：

(1) $\min\quad 2x_1+3x_2+4x_3$

$$\begin{aligned}\text{s.t.}\quad & -3x_1+5x_2-2x_3\geqslant -4,\\ & 3x_1+x_2+4x_3\geqslant 3,\\ & x_1+x_2\geqslant 1,\\ & x_1,x_2,x_3 \text{ 取 0 或 1};\end{aligned}$$

(2) $\min\quad x_1+2x_2+3x_3+4x_4+5x_5$

$$\begin{aligned}\text{s.t.}\quad & 2x_1+3x_2+5x_3+4x_4+7x_5\geqslant 8,\\ & x_1+x_2+4x_3+2x_4+2x_5\geqslant 5,\\ & x_j \text{ 取 0 或 1},\quad j=1,2,\cdots,5;\end{aligned}$$

(3) $\min\quad x_1+x_2+2x_3+4x_4+6x_5$

$$\begin{aligned}\text{s.t.}\quad & -2x_1+x_2+3x_3+x_4+2x_5\geqslant 2,\\ & 3x_1-2x_2+4x_3+2x_4+3x_5\geqslant 3,\\ & x_j \text{ 取 0 或 1},\quad j=1,2,\cdots,5;\end{aligned}$$

(4) $\min\quad x_1+3x_2+4x_3+6x_4+7x_5$

$$\begin{aligned}\text{s.t.}\quad & x_1-5x_2+3x_3-4x_4+x_5\geqslant 3,\\ & 4x_1+x_2-2x_3+3x_4-x_5\geqslant 2,\\ & -2x_1+2x_2+4x_3-x_4+x_5\geqslant 1,\end{aligned}$$

x_j 取 0 或 1， $j=1,2,\cdots,5.$

解 (1) 记 $\boldsymbol{x}=(x_1,x_2,x_3)^{\mathrm{T}}$，$\boldsymbol{c}=(c_1,c_2,c_3)=(2,3,4)$，则 $f=\boldsymbol{cx}$，

$$\boldsymbol{A}=\begin{bmatrix}\boldsymbol{A}_1\\\boldsymbol{A}_2\\\boldsymbol{A}_3\end{bmatrix}=\begin{bmatrix}-3&5&-2\\3&1&4\\1&1&0\end{bmatrix},\quad \boldsymbol{b}=\begin{bmatrix}b_1\\b_2\\b_3\end{bmatrix}=\begin{bmatrix}-4\\3\\1\end{bmatrix}.$$

给定一个可行解 $\bar{\boldsymbol{x}}=(0,0,1)^{\mathrm{T}}$，最优值的上界 $\bar{f}=4$. 下面用隐数法求解.

① 置子问题 $\{\sigma\}=\varnothing$，探测点 $\boldsymbol{\sigma}_0=(0,0,0)^{\mathrm{T}}$；

② $\boldsymbol{c\sigma}_0=0<\bar{f}=4$；

③ 松弛变量 $s_1=\boldsymbol{A}_1\boldsymbol{\sigma}_0-b_1=4$，$s_2=\boldsymbol{A}_2\boldsymbol{\sigma}_0-b_2=-3$，$s_3=\boldsymbol{A}_3\boldsymbol{\sigma}_0-b_3=-1$. 违背约束集 $I=\{2,3\}$；

④ 自由变量有 x_1,x_2,x_3，$\boldsymbol{c\sigma}_0+c_1=2<\bar{f}=4$，$\boldsymbol{c\sigma}_0+c_2=3$，$\boldsymbol{c\sigma}_0+c_3=4$；

⑤ 可选集 $J=\{j\mid\boldsymbol{c\sigma}_0+c_j<\bar{f}\}=\{1,2\}$. 对每个违背约束，约束函数值可增加的上限为 $q_2=3+1=4$，$q_3=1+1=2$，$s_2+q_2=-3+4=1$，$s_3+q_3=-1+2=1$；

⑥ 令 $l=\min\{j\mid j\in J\}=1$.

① 置子问题 $\{\sigma\}=\{+1\}$，探测点 $\boldsymbol{\sigma}_0=(1,0,0)^{\mathrm{T}}$；

② $\boldsymbol{c\sigma}_0=2<\bar{f}=4$；

③ 松弛变量 $s_1=\boldsymbol{A}_1\boldsymbol{\sigma}_0-b_1=1$，$s_2=\boldsymbol{A}_2\boldsymbol{\sigma}_0-b_2=0$，$s_3=\boldsymbol{A}_3\boldsymbol{\sigma}_0-b_3=0$，$\boldsymbol{\sigma}_0=(1,0,0)^{\mathrm{T}}$ 是可行点，置 $\bar{\boldsymbol{x}}=\boldsymbol{\sigma}_0=(1,0,0)^{\mathrm{T}}$，$\bar{f}=\boldsymbol{c\sigma}_0=2$.

① 置子问题 $\{\sigma\}=\{-1\}$，探测点 $\boldsymbol{\sigma}_0=(0,0,0)^{\mathrm{T}}$；

② $\boldsymbol{c\sigma}_0=0<\bar{f}=2$；

③ 松弛变量 $s_1=\boldsymbol{A}_1\boldsymbol{\sigma}_0-b_1=4$，$s_2=\boldsymbol{A}_2\boldsymbol{\sigma}_0-b_2=-3$，$s_3=\boldsymbol{A}_3\boldsymbol{\sigma}_0-b_3=-1$. 违背约束集 $I=\{2,3\}$；

④ 自由变量有 x_2,x_3，$\boldsymbol{c\sigma}_0+c_2=3>\bar{f}=2$，子问题没有更好的可行解.

$\{\sigma\}$ 中固定变量全为 0，探测完毕.

最优解 $\bar{\boldsymbol{x}}=(1,0,0)^{\mathrm{T}}$，最优值 $f_{\min}=2$.

(2) 记 $\boldsymbol{x}=(x_1,x_2,x_3,x_4,x_5)^{\mathrm{T}}$，目标函数系数 $\boldsymbol{c}=(c_1,c_2,c_3,c_4,c_5)=(1,2,3,4,5)$，则 $f=\boldsymbol{cx}$，

$$\boldsymbol{A}=\begin{bmatrix}\boldsymbol{A}_1\\\boldsymbol{A}_2\end{bmatrix}=\begin{bmatrix}2&3&5&4&7\\1&1&4&2&2\end{bmatrix},\quad \boldsymbol{b}=\begin{bmatrix}b_1\\b_2\end{bmatrix}=\begin{bmatrix}8\\5\end{bmatrix}.$$

给定一个可行解 $\bar{\boldsymbol{x}}=(1,1,1,0,0)^{\mathrm{T}}$，最优值上界 $\bar{f}=\boldsymbol{c}\,\bar{\boldsymbol{x}}=6$. 下面用隐数法求解.

① 置子问题 $\{\sigma\}=\{\varnothing\}$，探测点 $\boldsymbol{\sigma}_0=(0,0,0,0,0)^{\mathrm{T}}$；

② $\boldsymbol{c\sigma}_0=0<\bar{f}=6$；

③ 松弛变量 $s_1=\boldsymbol{A}_1\boldsymbol{\sigma}_0-b_1=-8$，$s_2=\boldsymbol{A}_2\boldsymbol{\sigma}_0-b_2=-5$. 违背约束集 $I=\{1,2\}$；

④ 自由变量有 x_1, x_2, x_3, x_4, x_5，$\boldsymbol{c\sigma}_0+c_1=1<\bar{f}=6$，$\boldsymbol{c\sigma}_0+c_2=2$，$\boldsymbol{c\sigma}_0+c_3=3$，$\boldsymbol{c\sigma}_0+c_4=4$，$\boldsymbol{c\sigma}_0+c_5=5$；

⑤ 可选集 $J=\{j \mid \boldsymbol{c\sigma}_0+c_j<\bar{f}\}=\{1,2,3,4,5\}$，约束函数值可增加的上限 $q_1=\sum\limits_{j=1}^{5} a_{1j}=21$，$q_2=\sum\limits_{j=1}^{5} a_{2j}=10$，$s_1+q_1=13$，$s_2+q_2=5$；

⑥ 令 $l=\min\{j \mid j\in J\}=1$.

① 置子问题 $\{\sigma\}=\{+1\}$，探测点 $\boldsymbol{\sigma}_0=(1,0,0,0,0)^{\mathrm{T}}$；

② $\boldsymbol{c\sigma}_0=1<\bar{f}=6$；

③ 松弛变量 $s_1=\boldsymbol{A}_1\boldsymbol{\sigma}_0-b_1=-6$，$s_2=\boldsymbol{A}_2\boldsymbol{\sigma}_0-b_2=-4$，违背约束集 $I=\{1,2\}$；

④ 自由变量有 x_2, x_3, x_4, x_5，$\boldsymbol{c\sigma}_0+c_2=3<\bar{f}=6$，$\boldsymbol{c\sigma}_0+c_3=4$，$\boldsymbol{c\sigma}_0+c_4=5$，$\boldsymbol{c\sigma}_0+c_5=6$；

⑤ 可选集 $J=\{j \mid \boldsymbol{c\sigma}+c_j<\bar{f}\}=\{2,3,4\}$，约束函数值可增加的上限 $q_1=\sum\limits_{j=2}^{4} a_{1j}=12$，$q_2=\sum\limits_{j=2}^{4} a_{2j}=7$，$s_1+q_1=6$，$s_2+q_2=3$；

⑥ 令 $l=\min\{j \mid j\in J\}=2$.

① 置子问题 $\{\sigma\}=\{+1,+2\}$，探测点 $\boldsymbol{\sigma}_0=(1,1,0,0,0)^{\mathrm{T}}$；

② $\boldsymbol{c\sigma}_0=3<\bar{f}=6$；

③ 松弛变量 $s_1=\boldsymbol{A}_1\boldsymbol{\sigma}_0-b_1=-3$，$s_2=\boldsymbol{A}_2\boldsymbol{\sigma}_0-b_2=-3$，违背约束集 $I=\{1,2\}$；

④ 自由变量有 x_3, x_4, x_5，$\boldsymbol{c\sigma}_0+c_3=6=\bar{f}$，本子问题没有比 $\bar{\boldsymbol{x}}$ 好的可行解.

① 置子问题 $\{\sigma\}=\{+1,-2\}$，探测点 $\boldsymbol{\sigma}_0=(1,0,0,0,0)^{\mathrm{T}}$；

② $\boldsymbol{c\sigma}_0=1<\bar{f}=6$；

③ 松弛变量 $s_1=\boldsymbol{A}_1\boldsymbol{\sigma}_0-b_1=-6$，$s_2=\boldsymbol{A}_2\boldsymbol{\sigma}_0-b_2=-4$，违背约束集 $I=\{1,2\}$；

④ 自由变量有 x_3, x_4, x_5，$\boldsymbol{c\sigma}_0+c_3=4<\bar{f}=6$，$\boldsymbol{c\sigma}_0+c_4=5$，$\boldsymbol{c\sigma}_0+c_5=6=\bar{f}$；

⑤ 可选集 $J=\{j \mid \boldsymbol{c\sigma}_0+c_j<\bar{f}\}=\{3,4\}$，$q_1=9$，$q_2=6$，$s_1+q_1=3$，$s_2+q_2=2$；

⑥ 令 $l=\min\{j \mid j\in J\}=3$.

① 置子问题 $\{\sigma\}=\{+1,-2,+3\}$，探测点 $\boldsymbol{\sigma}_0=(1,0,1,0,0)^{\mathrm{T}}$；

② $\boldsymbol{c\sigma}_0=4<\bar{f}$；

③ 松弛变量 $s_1=\boldsymbol{A}_1\boldsymbol{\sigma}_0-b_1=-1$，$s_2=\boldsymbol{A}_2\boldsymbol{\sigma}_0-b_2=0$，违背约束集 $I=\{1\}$；

④ 自由变量有 x_4, x_5，$\boldsymbol{c\sigma}_0+c_4=8>\bar{f}=6$，本子问题没有更好的可行解.

① 置子问题 $\{\sigma\}=\{+1,-2,-3\}$，探测点 $\boldsymbol{\sigma}_0=\{1,0,0,0,0\}^{\mathrm{T}}$；

② $\boldsymbol{c\sigma}_0=1<\bar{f}=6$；

③ 松弛变量 $s_1=\boldsymbol{A}_1\boldsymbol{\sigma}_0-b_1=-6$，$s_2=\boldsymbol{A}_2\boldsymbol{\sigma}_0-b_2=-4$，违背约束集 $I=\{1,2\}$；

④ 自由变量有 x_4,x_5，$\boldsymbol{c}\boldsymbol{\sigma}_0+c_4=5<\bar{f}=6$，$\boldsymbol{c}\boldsymbol{\sigma}_0+c_5=6=\bar{f}$；

⑤ 可选集 $J=\{j\mid\boldsymbol{c}\boldsymbol{\sigma}_0+c_j<\bar{f}\}=\{4\}$；$q_1=4$，$q_2=2$，$s_1+q_1=-2$，$s_2+q_2=-2$. 本子问题没有更好的可行解.

① 置子问题 $\{\sigma\}=\{-1\}$，$\boldsymbol{\sigma}_0=(0,0,0,0,0)^{\mathrm{T}}$；

② $\boldsymbol{c}\boldsymbol{\sigma}_0=0<\bar{f}=6$；

③ 松弛变量 $s_1=\boldsymbol{A}_1\boldsymbol{\sigma}_0-b_1=-8$，$s_2=\boldsymbol{A}_2\boldsymbol{\sigma}_0-b_2=-5$，违背约束集 $I=\{1,2\}$；

④ 自由变量有 x_2,x_3,x_4,x_5，$\boldsymbol{c}\boldsymbol{\sigma}_0+c_2=2$，$\boldsymbol{c}\boldsymbol{\sigma}_0+c_3=3$，$\boldsymbol{c}\boldsymbol{\sigma}_0+c_4=4$，$\boldsymbol{c}\boldsymbol{\sigma}_0+c_5=5<\bar{f}=6$；

⑤ 可选集 $J=\{j\mid\boldsymbol{c}\boldsymbol{\sigma}_0+c_j<\bar{f}\}=\{2,3,4,5\}$，$q_1=19$，$q_2=9$，$s_1+q_1=11$，$s_2+q_2=4$；

⑥ 令 $l=\min\{j\mid j\in J\}=2$.

① 置子问题 $\{\sigma\}=\{-1,+2\}$，$\boldsymbol{\sigma}_0=\{0,1,0,0,0\}^{\mathrm{T}}$；

② $\boldsymbol{c}\boldsymbol{\sigma}_0=2<\bar{f}=6$；

③ 松弛变量 $s_1=\boldsymbol{A}_1\boldsymbol{\sigma}_0-b_1=-5$，$s_2=\boldsymbol{A}_2\boldsymbol{\sigma}_0-b_2=-4$，违背约束集 $I=\{1,2\}$；

④ 自由变量有 x_3,x_4,x_5，$\boldsymbol{c}\boldsymbol{\sigma}_0+c_3=5<\bar{f}=6$，$\boldsymbol{c}\boldsymbol{\sigma}_0+c_4=6=\bar{f}$；

⑤ 可选集 $J=\{j\mid\boldsymbol{c}\boldsymbol{\sigma}_0+c_j<\bar{f}\}=\{3\}$，$q_1=5$，$q_2=4$，$s_1+q_1=0$，$s_2+q_2=0$；

⑥ 令 $l=\min\{j\mid j\in J\}=3$.

① 置子问题 $\{\sigma\}=\{-1,+2,+3\}$，$\boldsymbol{\sigma}_0=\{0,1,1,0,0\}^{\mathrm{T}}$；

② $\boldsymbol{c}\boldsymbol{\sigma}_0=5<\bar{f}=6$；

③ 松弛变量 $s_1=\boldsymbol{A}_1\boldsymbol{\sigma}_0-b_1=0$，$s_2=\boldsymbol{A}_2\boldsymbol{\sigma}_0-b_2=0$，$\boldsymbol{\sigma}_0$ 是可行解，置 $\bar{\boldsymbol{x}}=\boldsymbol{\sigma}_0=(0,1,1,0,0)^{\mathrm{T}}$，$\bar{f}=\boldsymbol{c}\boldsymbol{\sigma}_0=5$.

① 置子问题 $\{\sigma\}=\{-1,+2,-3\}$，探测点 $\boldsymbol{\sigma}_0=(0,1,0,0,0)^{\mathrm{T}}$；

② $\boldsymbol{c}\boldsymbol{\sigma}_0=2<\bar{f}=5$；

③ 松弛变量 $s_1=\boldsymbol{A}_1\boldsymbol{\sigma}_0-b_1=-5$，$s_2=\boldsymbol{A}_2\boldsymbol{\sigma}_0-b_2=-4$，违背约束集 $I=\{1,2\}$；

④ 自由变量有 x_4,x_5，$\boldsymbol{c}\boldsymbol{\sigma}_0+c_4=6>\bar{f}$. 本子问题没有更好可行解.

① 置子问题 $\{\sigma\}=\{-1,-2\}$，探测点为 $\boldsymbol{\sigma}_0=(0,0,0,0,0)^{\mathrm{T}}$；

② $\boldsymbol{c}\boldsymbol{\sigma}_0=0<\bar{f}=5$；

③ 松弛变量 $s_1=\boldsymbol{A}_1\boldsymbol{\sigma}_0-b_1=-8$，$s_2=\boldsymbol{A}_2\boldsymbol{\sigma}_0-b_2=-5$，违背约束集 $I=\{1,2\}$；

④ 自由变量有 x_3,x_4,x_5，$\boldsymbol{c}\boldsymbol{\sigma}_0+c_3=3<\bar{f}=5$，$\boldsymbol{c}\boldsymbol{\sigma}_0+c_4=4$，$\boldsymbol{c}\boldsymbol{\sigma}_0+c_5=5=\bar{f}$；

⑤ 可选集 $J=\{j\mid\boldsymbol{c}\boldsymbol{\sigma}_0+c_j<\bar{f}\}=\{3,4\}$，$q_1=9$，$q_2=6$，$s_1+q_1=1$，$s_2+q_2=1$；

⑥ 令 $l=\min\{j\mid j\in J\}=3$.

① 置子问题$\{\sigma\}=\{-1,-2,+3\}$，探测点$\boldsymbol{\sigma}_0=(0,0,1,0,0)^{\mathrm{T}}$；

② $\boldsymbol{c\sigma}_0=3<\bar{f}=5$；

③ 松弛变量 $s_1=\boldsymbol{A}_1\boldsymbol{\sigma}_0-b_1=-3$，$s_2=\boldsymbol{A}_2\boldsymbol{\sigma}_0-b_2=-1$，违背约束集 $I=\{1,2\}$；

④ 自由变量 x_4,x_5，$\boldsymbol{c\sigma}_0+c_4=7>\bar{f}=5$. 本子问题没有更好可行解.

① 置子问题$\{\sigma\}=\{-1,-2,-3\}$，探测点$\boldsymbol{\sigma}_0=(0,0,0,0,0)^{\mathrm{T}}$；

② $\boldsymbol{c\sigma}_0=0<\bar{f}=5$；

③ 松弛变量 $s_1=\boldsymbol{A}_1\boldsymbol{\sigma}_0-b_1=-8$，$s_2=\boldsymbol{A}_2\boldsymbol{\sigma}_0-b_2=-5$，违背约束集 $I=\{1,2\}$；

④ 自由变量有 x_4,x_5，$\boldsymbol{c\sigma}_0+c_4=4<\bar{f}=5$，$\boldsymbol{c\sigma}_0+c_5=5=\bar{f}$；

⑤ 可选集 $J=\{j\,|\,\boldsymbol{c\sigma}_0+c_j<\bar{f}\}=\{4\}$，$q_1=4$，$q_2=2$，$s_1+q_1=-4$，$s_2+q_2=-3$. 本子问题没有更好可行解.

$\{\sigma\}$的固定变量均为 0，探测完毕.

最优解$\bar{\boldsymbol{x}}=(c_1,c_2,c_3,c_4,c_5)=(0,1,1,0,0)^{\mathrm{T}}$，最优值$\bar{f}=5$.

(3) 记 $\boldsymbol{x}=(x_1,x_2,x_3,x_4,x_5)^{\mathrm{T}}$，目标函数系数 $\boldsymbol{c}=(c_1,c_2,c_3,c_4,c_5)=(1,1,2,4,6)$，则 $f=\boldsymbol{cx}$，

$$\boldsymbol{A}=(a_{ij})_{2\times 5}=\begin{bmatrix}\boldsymbol{A}_1\\ \boldsymbol{A}_2\end{bmatrix}=\begin{bmatrix}-2 & 1 & 3 & 1 & 2\\ 3 & -2 & 4 & 2 & 3\end{bmatrix},\quad \boldsymbol{b}=\begin{bmatrix}b_1\\ b_2\end{bmatrix}=\begin{bmatrix}2\\ 3\end{bmatrix}.$$

给定一个可行点$\bar{\boldsymbol{x}}=(0,0,0,0,1)^{\mathrm{T}}$，目标函数最优值上界$\bar{f}=\boldsymbol{c}\,\bar{\boldsymbol{x}}=6$. 用隐数法求解.

① 置子问题$\{\sigma\}=\{\varnothing\}$，$\boldsymbol{\sigma}_0=(0,0,0,0,0)^{\mathrm{T}}$；

② $\boldsymbol{c\sigma}_0=0<\bar{f}=6$；

③ 松弛变量 $s_1=\boldsymbol{A}_1\boldsymbol{\sigma}_0-b_1=-2$，$s_2=\boldsymbol{A}_2\boldsymbol{\sigma}_0-b_2=-3$，违背约束集 $I=\{1,2\}$；

④ 自由变量有 x_1,x_2,x_3,x_4,x_5，$\boldsymbol{c\sigma}_0+c_1=1<\bar{f}=6$，$\boldsymbol{c\sigma}_0+c_2=1$，$\boldsymbol{c\sigma}_0+c_3=2$，$\boldsymbol{c\sigma}_0+c_4=4$，$\boldsymbol{c\sigma}_0+c_5=6=\bar{f}$；

⑤ 可选集 $J=\{j\,|\,\boldsymbol{c\sigma}_0+c_j<\bar{f}\}=\{1,2,3,4\}$，$J_1=\{j\,|\,j\in J,a_{1j}>0\}=\{2,3,4\}$，$J_2=\{j\,|\,j\in J,a_{2j}>0\}=\{1,3,4\}$，$q_1=\sum\limits_{j\in J_1}a_{1j}=5$，$q_2=\sum\limits_{j\in J_2}a_{2j}=9$，$s_1+q_1=3$，$s_2+q_2=6$；

⑥ 检验 J 中的每个指标，仍有 $J=\{1,2,3,4\}$. 令 $l=\min\{j\,|\,j\in J\}=1$.

① 置子问题$\{\sigma\}=\{+1\}$，$\boldsymbol{\sigma}_0=(1,0,0,0,0)^{\mathrm{T}}$；

② $\boldsymbol{c\sigma}_0=1<\bar{f}=6$；

③ 松弛变量 $s_1=\boldsymbol{A}_1\boldsymbol{\sigma}_0-b_1=-4$，$s_2=\boldsymbol{A}_2\boldsymbol{\sigma}_0-b_2=0$，违背约束集 $I=\{1\}$；

④ 自由变量有 x_2,x_3,x_4,x_5，$\boldsymbol{c\sigma}_0+c_2=2<\bar{f}=6$，$\boldsymbol{c\sigma}_0+c_3=3$，$\boldsymbol{c\sigma}_0+c_4=5$，$\boldsymbol{c\sigma}_0+c_5=7>\bar{f}$；

⑤ 可选集 $J=\{j\,|\,\boldsymbol{c\sigma}_0+c_j<\bar{f}\}=\{2,3,4\}$，$J_1=\{j\,|\,j\in J,a_{1j}>0\}=\{2,3,4\}$，$q_1=\sum\limits_{j\in J_1}a_{1j}=$

$5, s_1+q_1=1$；

⑥ 经检验仍有 $J=\{2,3,4\}$. $l=\min\{2,3,4\}=2$.

① 置子问题 $\{\sigma\}=\{+1,+2\}$，$\boldsymbol{\sigma}_0=(1,1,0,0,0)^{\mathrm{T}}$；

② $\boldsymbol{c\sigma}_0=2<\bar{f}=6$；

③ 松弛变量 $s_1=\boldsymbol{A}_1\boldsymbol{\sigma}_0-b_1=-3$，$s_2=\boldsymbol{A}_2\boldsymbol{\sigma}_0-b_2=-2$，违背约束集 $I=\{1,2\}$；

④ 自由变量有 x_3,x_4,x_5，$\boldsymbol{c\sigma}_0+c_3=4<\bar{f}=6$，$\boldsymbol{c\sigma}_0+c_4=6=\bar{f}$；

⑤ 可选集 $J=\{\boldsymbol{c\sigma}_0+c_j<\bar{f}\}=\{3\}$，$q_1=3$，$q_2=4$，$s_1+q_1=0$，$s_2+q_2=2$；

⑥ 置 $l=3$.

① 置子问题 $\{\sigma\}=\{+1,+2,+3\}$，探测点 $\boldsymbol{\sigma}_0=(1,1,1,0,0)^{\mathrm{T}}$；

② $\boldsymbol{c\sigma}_0=4<\bar{f}=6$；

③ 松弛变量 $s_1=\boldsymbol{A}_1\boldsymbol{\sigma}_0-b_1=0$，$s_2=\boldsymbol{A}_2\boldsymbol{\sigma}_0-b_2=2$. $\boldsymbol{\sigma}_0$ 是可行点，置 $\bar{\boldsymbol{x}}=(1,1,1,0,0)^{\mathrm{T}}$，$\bar{f}=\boldsymbol{c}\boldsymbol{\sigma}_0=4$.

① 置子问题 $\{\sigma\}=\{+1,+2,-3\}$，探测点 $\boldsymbol{\sigma}_0=(1,1,0,0,0)^{\mathrm{T}}$；

② $\boldsymbol{c\sigma}_0=2<\bar{f}=4$；

③ 松弛变量 $s_1=\boldsymbol{A}_1\boldsymbol{\sigma}_0-b_1=-3$，$s_2=\boldsymbol{A}_2\boldsymbol{\sigma}_0-b_2=-2$，违背约束集 $I=\{1,2\}$；

④ 自由变量有 x_4,x_5，$\boldsymbol{c\sigma}_0+c_4=6>\bar{f}=4$. 本子问题无更好的可行解.

① 置子问题 $\{\sigma\}=\{+1,-2\}$，探测点 $\boldsymbol{\sigma}_0=(1,0,0,0,0)^{\mathrm{T}}$；

② $\boldsymbol{c\sigma}_0=1<\bar{f}=4$；

③ 松弛变量 $s_1=\boldsymbol{A}_1\boldsymbol{\sigma}_0-b_1=-4$，$s_2=\boldsymbol{A}_2\boldsymbol{\sigma}_0-b_2=0$，违背约束集 $I=\{1\}$；

④ 自由变量有 x_3,x_4,x_5，$\boldsymbol{c\sigma}_0+c_3=3<\bar{f}=4$，$\boldsymbol{c\sigma}_0+c_4=5>\bar{f}=4$，可选集 $J=\{3\}$，$q_1=3$，$q_2=4$，$s_1+q_1=-1<0$，$s_2+q_2=4$. 本子问题无更好的可行解.

① 置子问题 $\{\sigma\}=\{-1\}$，探测点 $\boldsymbol{\sigma}_0=(0,0,0,0,0)^{\mathrm{T}}$；

② $\boldsymbol{c\sigma}_0=0<\bar{f}=4$；

③ 松弛变量 $s_1=\boldsymbol{A}_1\boldsymbol{\sigma}_0-b_1=-2$，$s_2=\boldsymbol{A}_2\boldsymbol{\sigma}_0-b_2=-3$，违背约束集 $I=\{1,2\}$；

④ 自由变量有 x_2,x_3,x_4,x_5，$\boldsymbol{c\sigma}_0+c_2=1<\bar{f}=4$，$\boldsymbol{c\sigma}_0+c_3=2$，$\boldsymbol{c\sigma}_0+c_4=4=\bar{f}$；

⑤ 可选集 $J=\{2,3\}$，$J_1=\{2,3\}$，$J_2=\{3\}$，$q_1=1+3=4$，$q_2=4$，$s_1+q_1=2$，$s_2+q_2=1$；

⑥ 检验 J 中的每个指标，$s_2+q_2+a_{22}=-1$，可选集中去掉指标 2. 令 $J=\{3\}$，$l=\min\{3\}=3$.

① 置子问题 $\{\sigma\}=\{-1,-2,+3\}$，探测点 $\boldsymbol{\sigma}_0=(0,0,1,0,0)^{\mathrm{T}}$；

② $\boldsymbol{c\sigma}_0=2<\bar{f}=4$；

③ 松弛变量 $s_1=\boldsymbol{A}_1\boldsymbol{\sigma}_0-b_1=1$，$s_2=\boldsymbol{A}_2\boldsymbol{\sigma}_0-b_2=1$，$\boldsymbol{\sigma}_0$ 是可行点，置 $\bar{\boldsymbol{x}}=\boldsymbol{\sigma}_0=(0,0,1,0,

$0)^{\mathrm{T}}$，$\bar{f}=\boldsymbol{c\sigma}_0=2$.

① 置子问题$\{\sigma\}=\{-1,-2,-3\}$，探测点$\boldsymbol{\sigma}_0=(0,0,0,0,0)^{\mathrm{T}}$；

② $\boldsymbol{c\sigma}_0=0<\bar{f}=2$；

③ 松弛变量 $s_1=\boldsymbol{A}_1\boldsymbol{\sigma}_0-b_1=-2$，$s_2=\boldsymbol{A}_2\boldsymbol{\sigma}_0-b_2=-3$，违背约束集 $I=\{1,2\}$；

④ 自由变量有 x_4,x_5，$\boldsymbol{c\sigma}_0+c_4=4>\bar{f}=2$，子问题$\{\sigma\}$无更好的可行解.

$\{\sigma\}$中固定变量全为 0，探测完毕. 最优解$\bar{\boldsymbol{x}}=(0,0,1,0,0)$，最优值$\bar{f}=2$.

(4) 记 $\boldsymbol{x}=(x_1,x_2,x_3,x_4,x_5)^{\mathrm{T}}$，$\boldsymbol{c}=(c_1,c_2,c_3,c_4,c_5)=(1,3,4,6,7)$，

$$\boldsymbol{A}=(a_{ij})_{3\times5}=\begin{bmatrix}\boldsymbol{A}_1\\\boldsymbol{A}_2\\\boldsymbol{A}_3\end{bmatrix}=\begin{bmatrix}1&-5&3&-4&1\\4&1&-2&3&-1\\-2&2&4&-1&1\end{bmatrix},\quad \boldsymbol{b}=\begin{bmatrix}b_1\\b_2\\b_3\end{bmatrix}=\begin{bmatrix}3\\2\\1\end{bmatrix},$$

则 $f=\boldsymbol{cx}$，最优值上界$\bar{f}=+\infty$. 下面用隐数法求解.

① 置子问题$\{\sigma\}=\{\varnothing\}$，探测点$\boldsymbol{\sigma}_0=(0,0,0,0,0)^{\mathrm{T}}$；

② $\boldsymbol{c\sigma}_0=0<\bar{f}=+\infty$；

③ 松弛变量 $s_1=\boldsymbol{A}_1\boldsymbol{\sigma}_0-b_1=-3$，$s_2=\boldsymbol{A}_2\boldsymbol{\sigma}_0-b_2=-2$，$s_3=\boldsymbol{A}_3\boldsymbol{\sigma}_0-b_3=-1$，违背约束集 $I=\{1,2,3\}$；

④ 自由变量有 x_1,x_2,x_3,x_4,x_5，$\boldsymbol{c\sigma}_0+c_1=1<\bar{f}=+\infty$，$\boldsymbol{c\sigma}_0+c_2=3$，$\boldsymbol{c\sigma}_0+c_3=4$，$\boldsymbol{c\sigma}_0+c_4=6$，$\boldsymbol{c\sigma}_0+c_5=7$；

⑤ 可选集 $J=\{1,2,3,4,5\}$，各违背约束中，属于 J 的有正系数的自由变量下标集：$J_1=\{1,3,5\}$，$J_2=\{1,2,4\}$，$J_3=\{2,3,5\}$，$q_1=\sum\limits_{j\in J_1}a_{1j}=5$，$q_2=\sum\limits_{j\in J_2}a_{2j}=8$，$q_3=\sum\limits_{j\in J_3}a_{3j}=7$，$s_1+q_1=2$，$s_2+q_2=6$，$s_3+q_3=6$；

⑥ 检验 J 中每个指标：$s_1+q_1+a_{12}=-3$，$s_1+q_1+a_{14}=-2$，从 J 中去掉指标$\{2,4\}$. 令可选集 $J=\{1,3,5\}$，$l=\min\{j\mid j\in J\}=1$.

① 置子问题$\{\sigma\}=\{+1\}$，探测点$\boldsymbol{\sigma}_0=(1,0,0,0,0)^{\mathrm{T}}$；

② $\boldsymbol{c\sigma}_0=1<\bar{f}=+\infty$；

③ 松弛变量 $s_1=\boldsymbol{A}_1\boldsymbol{\sigma}_0-b_1=-2$，$s_2=\boldsymbol{A}_2\boldsymbol{\sigma}_0-b_2=2$，$s_3=\boldsymbol{A}_3\boldsymbol{\sigma}_0-b_3=-3$，违背约束集 $I=\{1,3\}$；

④ 自由变量有 x_2,x_3,x_4,x_5，$\boldsymbol{c\sigma}_0+c_2=4<\bar{f}=+\infty$，$\boldsymbol{c\sigma}_0+c_3=5$，$\boldsymbol{c\sigma}_0+c_4=7$，$\boldsymbol{c\sigma}_0+c_5=8$；

⑤ 可选集 $J=\{2,3,4,5\}$，各违背约束中，有正系数的自由变量下标集 $J_1=\{3,5\}$，$J_3=\{2,3,5\}$，$q_1=\sum\limits_{j\in J_1}a_{1j}=4$，$q_2=\sum\limits_{j\in J_3}a_{3j}=7$，$s_1+q_1=2$，$s_3+q_3=4$；

⑥ 检验 J 中每个指标：$s_1+q_1+a_{12}=-3$，$s_1+q_{14}=-2$，从 J 中去掉指标$\{2,4\}$. 令可选

集 $J=\{3,5\}$，$l=\min\{j\mid j\in J\}=3$.

① 置子问题$\{\sigma\}=\{+1,-2,+3\}$，探测点$\boldsymbol{\sigma}_0=(1,0,1,0,0)^{\mathrm{T}}$；

② $\boldsymbol{c\sigma}_0=5<\bar{f}=+\infty$；

③ 松弛变量 $s_1=\boldsymbol{A}_1\boldsymbol{\sigma}_0-b_1=1$，$s_2=\boldsymbol{A}_2\boldsymbol{\sigma}_0-b_2=0$，$s_3=\boldsymbol{A}_3\boldsymbol{\sigma}_0-b_3=1$. $\boldsymbol{\sigma}_0=(1,0,1,0,0)^{\mathrm{T}}$ 是可行点，令$\bar{\boldsymbol{x}}=\boldsymbol{\sigma}_0=(1,0,1,0,0)^{\mathrm{T}}$，则$\bar{f}=\boldsymbol{c}\bar{\boldsymbol{x}}=5$.

① 置子问题$\{\sigma\}=\{+1,-2,-3\}$，探测点$\boldsymbol{\sigma}_0=(1,0,0,0,0)^{\mathrm{T}}$；

② $\boldsymbol{c\sigma}_0=1<\bar{f}=5$；

③ 松弛变量 $s_1=\boldsymbol{A}_1\boldsymbol{\sigma}_0-b_1=-2$，$s_2=\boldsymbol{A}_2\boldsymbol{\sigma}_0-b_2=2$，$s_3=\boldsymbol{A}_3\boldsymbol{\sigma}_0-b_3=-3$，违背约束集 $I=\{1,3\}$；

④ 自由变量有 x_4，x_5，$\boldsymbol{c\sigma}_0+c_5=7>\bar{f}=5$. 本子问题无更好的可行解.

① 置子问题$\{\sigma\}=\{-1\}$，$\boldsymbol{\sigma}_0=(0,0,0,0,0)^{\mathrm{T}}$；

② $\boldsymbol{c\sigma}_0=0<\bar{f}=5$；

③ 松弛变量 $s_1=\boldsymbol{A}_1\boldsymbol{\sigma}_0-b_1=-3$，$s_2=\boldsymbol{A}_2\boldsymbol{\sigma}_0-b_2=-2$，$s_3=\boldsymbol{A}_3\boldsymbol{\sigma}_0-b_3=-1$，违背约束集 $I=\{1,2,3\}$；

④ 自由变量有 x_2，x_3，x_4，x_5，$\boldsymbol{c\sigma}_0+c_2=3<\bar{f}=5$，$\boldsymbol{c\sigma}_0+c_3=4$，$\boldsymbol{c\sigma}_0+c_4=6>\bar{f}=5$；

⑤ 可选集 $J=\{j\mid c\sigma_j-c_j<\bar{f}\}=\{2,3\}$. 各违背约束中，属于 J 的有正系数的自由变量下标集 $J_1=\{3\}$，$J_2=\{2\}$，$J_3=\{2,3\}$，$q_1=\sum\limits_{j\in J_1}a_{1j}=3$，$q_2=\sum\limits_{j\in J_2}a_{2j}=1$，$q_3=\sum\limits_{j\in J_3}a_{3j}=6$，$s_1+q_1=0$，$s_2+q_2=-1$，$s_3+q_3=5$. 本子问题没有更好的可行解.

子问题$\{\sigma\}=\{-1\}$中，固定变量均取 0，探测完毕. 最优解$\bar{\boldsymbol{x}}=(1,0,1,0,0)^{\mathrm{T}}$，最优值$\bar{f}=5$.

4. 假设分派甲、乙、丙、丁、戊 5 人去完成 A,B,C,D,E 5 项任务，每人必须完成一项，每项任务必须由 1 人完成. 每个人完成各项任务所需时间 c_{ij} 如下表所示，问怎样分派任务才能使完成 5 项任务的总时间最少？

	A	B	C	D	E
甲	16	14	18	17	20
乙	14	13	16	15	17
丙	18	16	17	19	20
丁	19	17	15	16	19
戊	17	15	19	18	21

解 设第 i 个人完成第 j 项任务的工作量为 x_{ij}，$i,j=1,2,\cdots,5$. 数学模型如下：

$$\min\quad \sum_{i=1}^{5}\sum_{j=1}^{5}c_{ij}x_{ij}$$

$$\text{s.t.}\quad \boldsymbol{A}\boldsymbol{x} = \boldsymbol{e},$$
$$x_j \geqslant 0,\text{且取 } 0 \text{ 或 } 1, j = 1,2,\cdots,5,$$

其中

$$\boldsymbol{x} = (x_{11},x_{12},\cdots,x_{15},\cdots,x_{51},x_{52},\cdots,x_{55})^{\mathrm{T}},\quad \boldsymbol{c} = (c_{11},c_{12},\cdots,c_{15},\cdots,c_{51},c_{52},\cdots,c_{55}),$$
$$\boldsymbol{A} = (\boldsymbol{p}_{11},\boldsymbol{p}_{12},\cdots,\boldsymbol{p}_{15},\cdots,\boldsymbol{p}_{51},\boldsymbol{p}_{52},\cdots,\boldsymbol{p}_{55}),$$

$\boldsymbol{p}_{ij}$ 的第 i 和第 $5+j$ 个分量是 1,其余分量是 0,向量 $\boldsymbol{e}$ 的分量均为 1.

将费用系数向量 $\boldsymbol{c}$ 写成矩阵形式:

$$(c_{ij})_{5\times5} = \begin{bmatrix} c_{11} & c_{12} & c_{13} & c_{14} & c_{15} \\ c_{21} & c_{22} & c_{23} & c_{24} & c_{25} \\ c_{31} & c_{32} & c_{33} & c_{34} & c_{35} \\ c_{41} & c_{42} & c_{43} & c_{44} & c_{45} \\ c_{51} & c_{52} & c_{53} & c_{54} & c_{55} \end{bmatrix} = \begin{bmatrix} 16 & 14 & 18 & 17 & 20 \\ 14 & 13 & 16 & 15 & 17 \\ 18 & 16 & 17 & 19 & 20 \\ 19 & 17 & 15 & 16 & 19 \\ 17 & 15 & 19 & 18 & 21 \end{bmatrix}.$$

下面求约化矩阵 $(\hat{c}_{ij})_{5\times5}$.

令 $u_i = \min\limits_j\{c_{ij}\}, i=1,2,\cdots,5$. 第 i 行的每个元素减去本行的最小数 $u_i(i=1,2,\cdots,5)$,得到下列矩阵:

$$\begin{bmatrix} 2 & 0 & 4 & 3 & 6 \\ 1 & 0 & 3 & 2 & 4 \\ 2 & 0 & 1 & 3 & 4 \\ 4 & 2 & 0 & 1 & 4 \\ 2 & 0 & 4 & 3 & 6 \end{bmatrix}.$$

再从所得矩阵的每一列各元素减去本列的最小数 $v_j(j=1,2,\cdots,5)$,得到约化矩阵:

$$(\hat{c}_{ij})_{5\times5} = \begin{bmatrix} 1 & 0 & 4 & 2 & 2 \\ 0 & 0 & 3 & 1 & 0 \\ 1 & 0 & 1 & 2 & 0 \\ 3 & 2 & 0 & 0 & 0 \\ 1 & 0 & 4 & 2 & 2 \end{bmatrix}. \tag{1}$$

用最少直线覆盖矩阵(1)中的全部零元素. 最少直线数是 4,尚未达到最优解. 未被覆盖元素中最小数 $l=1$. 未被覆盖元素减去最小数 1,两次覆盖元素加 1,得下列约化矩阵:

$$(\bar{c}_{ij})_{5\times5} = \begin{bmatrix} 0 & 0 & 3 & 1 & 2 \\ 0 & 1 & 3 & 1 & 1 \\ 0 & 0 & 0 & 1 & 0 \\ 3 & 3 & 0 & 0 & 1 \\ 0 & 0 & 3 & 1 & 2 \end{bmatrix}. \tag{2}$$

用最少直线覆盖矩阵(2)中的全部零元素,最少直线数是 4,尚未达到最优解. 未被覆盖元素中最小数 $l=1$. 未被覆盖元素减 1,两次覆盖元素加 1,得到约化矩阵:

$$\begin{bmatrix} 0 & \textcircled{0} & 2 & 0 & 1 \\ 0 & 1 & 2 & \textcircled{0} & 0 \\ 1 & 1 & 0 & 1 & \textcircled{0} \\ 4 & 4 & \textcircled{0} & 0 & 1 \\ \textcircled{0} & 0 & 2 & 0 & 1 \end{bmatrix}. \tag{3}$$

用最少直线覆盖矩阵(3)中的全部零元素，最少直线数等于5，已经得到5个独立的零元素. 5个独立的零元素的选择并不惟一. 例如，令

$$x_{12} = x_{24} = x_{35} = x_{43} = x_{51} = 1,$$

其中 $x_{ij}=1$ 表示第 i 个人完成第 j 项任务；其他 $x_{ij}=0$. 最小值

$$f_{\min} = 14 + 15 + 20 + 15 + 17 = 81.$$

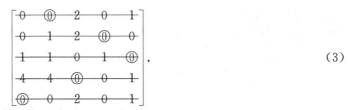

第16章

CHAPTER 16

动态规划简介题解

1. 假设有一个路网如下图所示，图中数字表示该路段的长度，求从 A 到 E 的最短路线及其长度.

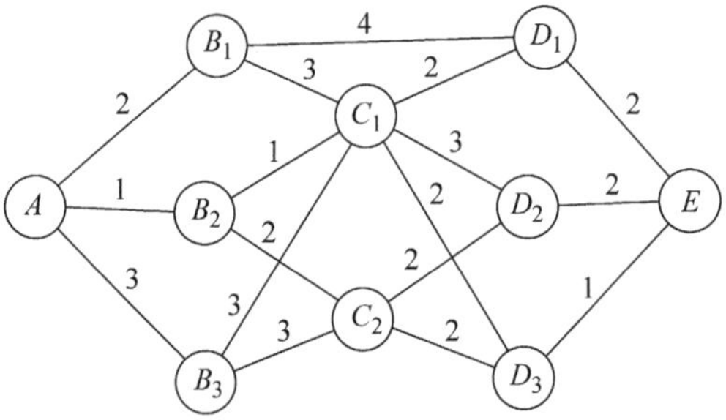

解 用逆推解法. 分为 4 个阶段. 第 k 阶段的状态变量记作 s_k，决策变量记作 u_k，状态转移方程 $s_{k+1}=u_k(s_k)$. 最优指标函数记作 $f_k(s_k)$，表示从 s_k 到终端的最短路程.

当 $k=4$ 时：

$$f_4(D_1)=2, u_4(D_1)=E;\quad f_4(D_2)=2, u_4(D_2)=E;\quad f_4(D_3)=1, u_4(D_3)=E.$$

当 $k=3$ 时：

$$\begin{aligned} f_3(C_1) &= \min\{2+f_4(D_1), 3+f_4(D_2), 2+f_4(D_3)\} \\ &= \min\{2+2, 3+2, 2+1\} \\ &= 3,\quad u_3(C_1)=D_3; \\ f_3(C_2) &= \min\{2+f_4(D_2), 2+f_4(D_3)\} \\ &= \min\{2+2, 2+1\} \\ &= 3,\quad u_3(C_2)=D_3. \end{aligned}$$

当 $k=2$ 时：

$$f_2(B_1)=\min\{4+f_4(D_1), 3+f_3(C_1)\}$$

$$
\begin{aligned}
&= \min\{4+2,3+3\} \\
&= 6,\quad u_2(B_1)=D_1 \text{ 或 } C_1; \\
f_2(B_2) &= \min\{1+f_3(C_1),2+f_3(C_2)\} \\
&= \min\{1+3,2+3\} \\
&= 4,\quad u_2(B_2)=C_1; \\
f_2(B_3) &= \min\{3+f_3(C_1),3+f_3(C_2)\} \\
&= \min\{3+3,3+3\} \\
&= 6,\quad u_2(B_2)=C_1 \text{ 或 } C_2.
\end{aligned}
$$

当 $k=1$ 时：

$$
\begin{aligned}
f_1(A) &= \min\{2+f_2(B_1),1+f_2(B_2),3+f_2(B_3)\} \\
&= \min\{2+6,1+4,3+6\} \\
&= 5,\quad u_1(A)=B_2.
\end{aligned}
$$

最短路线：$A\to B_2\to C_1\to D_3\to E$.

最短路程：$f_1(A)=5$.

2. 分别用逆推解法及顺推解法求解下列各题：

(1) $\max\ 2x_1^2+3x_2+5x_3$

s. t. $2x_1+4x_2+x_3=8$,

$x_1,x_2,x_3\geqslant 0$;

(2) $\max\ x_1^2+8x_2+3x_3^2$

s. t. $x_1+x_2+2x_3\leqslant 6$,

$x_1,x_2,x_3\geqslant 0$;

(3) $\min\ x_1+x_2^2+2x_3$

s. t. $x_1+x_2+x_3\geqslant 10$,

$x_1,x_2,x_3\geqslant 0$;

(4) $\max\ x_1x_2x_3$

s. t. $x_1+x_2+2x_3\leqslant 6$,

$x_1,x_2,x_3\geqslant 0$.

解 (1) 先用逆推解法

划分为 3 个阶段. 阶段指标 $v_3(x_3)=5x_3, v_2(x_2)=3x_2, v_1(x_1)=2x_1^2$. 用 s_k 表示第 k 阶段的状态变量,状态转移方程：

$$s_3-x_3=0,\quad s_3=s_2-4x_2,\quad s_2=s_1-2x_1,\quad s_1=8.$$

考虑非负限制,则有

$$x_3=s_3,\quad 0\leqslant x_2\leqslant \frac{1}{4}s_2,\quad 0\leqslant x_1\leqslant \frac{1}{2}s_1.$$

基本方程：

$$
\begin{cases}
f_k(s_k)=\max\limits_{x\in D_k(s_k)}\{v_k(x_k)+f_{k+1}(s_{k+1})\},\quad k=3,2,1, \\
f_4(s_4)=0.
\end{cases}
$$

当 $k=3$ 时：

$$f_3(s_3)=\max_{x_3=s_3}\{5x_3+f_4(s_4)\}=5s_3,\quad x_3=s_3.$$

当 $k=2$ 时：

$$\begin{aligned} f_2(s_2) &= \max_{0\leqslant x_2\leqslant \frac{1}{4}s_2}\{3x_2+f_3(s_3)\} \\ &= \max_{0\leqslant x_2\leqslant \frac{1}{4}s_2}\{3x_2+5(s_2-4x_2)\} \\ &= 5s_2, \\ x_2 &= 0. \end{aligned}$$

当 $k=1$ 时：

$$\begin{aligned} f_1(s_1) &= \max_{0\leqslant x_1\leqslant \frac{1}{2}s_1}\{2x_1^2+f_2(s_2)\} \\ &= \max_{0\leqslant x_1\leqslant \frac{1}{2}s_1}\{2x_1^2+5(s_1-2x_1)\} \\ &= 5s_1, \\ x_1 &= 0. \end{aligned}$$

由 $x_1=0$，知 $s_2=s_1=8$；由 $x_2=0$，知 $s_3=s_2=8$. 因此 $x_3=s_3=8$.

最优解 $\bar{\boldsymbol{x}}=(0,0,8)$，最优值 $f_{\max}=40$.

再用顺推解法.

划分为 3 个阶段. 阶段指标 $v_1(x_1)=2x_1^2$，$v_2(x_2)=3x_2$，$v_3(x_3)=5x_3$. 用 s_{k+1} 表示 k 阶段末的结束状态，状态转移方程：

$$s_1=s_2-2x_1=0,\quad s_2=s_3-4x_2,\quad s_3=s_4-x_3,\quad s_4=8.$$

由于 $x_1,x_2,x_3\geqslant 0$，因此有

$$x_1=\frac{1}{2}s_2,\quad 0\leqslant x_2\leqslant \frac{1}{4}s_3,\quad 0\leqslant x_3\leqslant s_4.$$

基本方程：

$$\begin{cases} f_k(s_{k+1})=\max\{v_k(x_k)+f_{k-1}(s_k)\}, & k=1,2,3, \\ f_0(s_1)=0. \end{cases}$$

当 $k=1$ 时：

$$f_1(s_2)=\max_{x_1=\frac{1}{2}s_2}\{2x_1^2+f_0(s_1)\}=\frac{1}{2}s_2^2,\quad x_1=\frac{1}{2}s_2.$$

当 $k=2$ 时：

$$f_2(s_3)=\max_{0\leqslant x_2\leqslant \frac{1}{4}s_3}\{3x_2+f_1(s_2)\}=\max_{0\leqslant x_2\leqslant \frac{1}{4}s_3}\left\{3x_2+\frac{1}{2}(s_3-4x_2)^2\right\}.$$

由于 $g(x_2)=3x_2+\frac{1}{2}(s_3-4x_2)^2$ 是凸函数，最大值点是 $x_2=0$ 或 $x_2=\frac{1}{4}s_3$. 因此

$$f_2(s_3)=\begin{cases} \frac{1}{2}s_3^2, & x_2=0, \\ \frac{3}{4}s_3, & x_2=\frac{1}{4}s_3. \end{cases}$$

当 $k=3$ 时：

$$
\begin{aligned}
f_3(s_4) &= \max_{0\leqslant x_3\leqslant s_4}\{5x_3+f_2(s_3)\}\\
&= \max_{0\leqslant x_3\leqslant s_4}\left\{5x_3+\frac{1}{2}s_3^2,5x_3+\frac{3}{4}s_3\right\}\\
&= \max_{0\leqslant x_3\leqslant s_4}\left\{5x_3+\frac{1}{2}(s_4-x_3)^2,5x_3+\frac{3}{4}(s_4-x_3)\right\}\\
&= 5s_4,\\
x_3 &= s_4 = 8.
\end{aligned}
$$

由状态转移方程知，当 $x_3=8$ 时，$s_3=0$；由 $x_2=0$，知 $s_2=0$，故 $x_1=0$.

最优解 $\bar{\boldsymbol{x}}=(0,0,8)$，最优值 $f_{\max}=40$.

(2) 先用逆推解法. 划分为 3 个阶段，阶段指标 $v_3(x_3)=3x_3^2$，$v_2(x_2)=8x_2$，$v_1(x_1)=x_1^2$. 状态转移方程：

$$s_3-2x_3=0,\quad s_3=s_2-x_2,\quad s_2=s_1-x_1,\quad s_1\leqslant 6.$$

基本方程：

$$
\begin{aligned}
f_k(s_k) &= \max_{x_k\in D_k(s_k)}\{v_k(x_k)+f_{k+1}(s_{k+1})\},\quad k=3,2,1,\\
f_4(s_4) &= 0.
\end{aligned}
$$

当 $k=3$ 时：

$$f_3(s_3)=\max_{x_3=\frac{1}{2}s_3}\{3x_3^2+f_4(s_4)\}=\frac{3}{4}s_3^2,\quad x_3=\frac{1}{2}s_3.$$

当 $k=2$ 时：

$$
\begin{aligned}
f_2(s_2) &= \max_{0\leqslant x_2\leqslant s_2}\{8x_2+f_3(s_3)\}\\
&= \max_{0\leqslant x_2\leqslant s_2}\left\{8x_2+\frac{3}{4}(s_2-x_2)^2\right\}\\
&= 8s_2,\\
x_2 &= s_2.
\end{aligned}
$$

当 $k=1$ 时：

$$
\begin{aligned}
f_1(s_1) &= \max_{0\leqslant x_1\leqslant s_1}\{x_1^2+f_2(s_2)\}\\
&= \max_{0\leqslant x_1\leqslant s_1}\{x_1^2+8(s_1-x_1)\}\\
&= 8s_1,\\
x_1 &= 0.
\end{aligned}
$$

由于求最大值，令 $s_1=6$. 利用状态转移方程，由 $s_1=6$，$x_1=0$ 推得 $s_2=6$，故 $x_2=6$，$s_3=0$，$x_3=0$.

最优解 $\bar{\boldsymbol{x}}=(0,6,0)$，最优值 $f_{\max}=48$.

再用顺推解法.

划分为 3 个阶段. 阶段指标 $v_1(x_1)=x_1^2, v_2(x_2)=8x_2, v_3(x_3)=3x_3^2$. 状态转移方程:

$$s_1=s_2-x_1=0,\quad s_2=s_3-x_2,\quad s_3=s_4-2x_3,\quad s_4\leqslant 6.$$

由于变量有非负的限制,因此 $x_1=s_2, 0\leqslant x_2\leqslant s_3, 0\leqslant x_3\leqslant \dfrac{1}{2}s_4$.

基本方程:

$$\begin{cases} f_k(s_{k+1})=\max\{v_k(x_k)+f_{k-1}(s_k)\}, & k=1,2,3, \\ f_0(s_1)=0. \end{cases}$$

当 $k=1$ 时:

$$f_1(s_2)=\max_{x_1=s_2}\{v_1(x_1)+f_0(s_1)\}=s_2^2,\quad x_1=s_2.$$

当 $k=2$ 时:

$$\begin{aligned} f_2(s_3) &= \max_{0\leqslant x_2\leqslant s_3}\{v_2(x_2)+f_1(s_2)\} \\ &= \max_{0\leqslant x_2\leqslant s_3}\{8x_2+(s_3-x_2)^2\} \\ &= 8s_3, \\ x_2 &= s_3. \end{aligned}$$

当 $k=3$ 时:

$$\begin{aligned} f_3(s_4) &= \max_{0\leqslant x_3\leqslant \frac{1}{2}s_4}\{v_3(x_3)+f_2(s_3)\} \\ &= \max_{0\leqslant x_3\leqslant \frac{1}{2}s_4}\{3x_3^2+8(s_4-2x_3)\} \\ &= 8s_4, \\ x_3 &= 0. \end{aligned}$$

为取最大值,令 $s_4=6, x_3=0$. 利用状态转移方程,推出 $s_3=s_4-2x_3=6, x_2=6, s_2=s_3-x_2=0, x_1=s_2=0$.

最优解 $\bar{\boldsymbol{x}}=(0,6,0)$,最优值 $f_{\max}=48$.

(3) 先用逆推解法.

划分为 3 个阶段,阶段指标 $v_3(x_3)=2x_3, v_2(x_2)=x_2^2, v_1(x_1)=x_1$. 用 s_k 表示第 k 阶段的状态变量. 状态转移方程: $s_3-x_3=0, s_3=s_2-x_2, s_2=s_1-x_1, s_1\geqslant 10$.

由于有非负的限制,因此 $x_3=s_3, 0\leqslant x_2\leqslant s_2, 0\leqslant x_1\leqslant s_1$.

基本方程:

$$\begin{cases} f_k(s_k)=\min\limits_{x_k\in D_k(s_k)}\{v_k(x_k)+f_{k+1}(s_{k+1})\}, & k=3,2,1, \\ f_4(s_4)=0. \end{cases}$$

当 $k=3$ 时:

$$f_3(s_3)=\min_{x_3=s_3}\{2x_3+f_4(s_4)\}=2s_3,\quad x_3=s_3.$$

当 $k=2$ 时：

$$\begin{aligned}f_2(s_2)&=\min_{0\leqslant x_2\leqslant s_2}\{x_2^2+f_3(s_3)\}\\&=\min_{0\leqslant x_2\leqslant s_2}\{x_2^2+2(s_2-x_2)\}\\&=\begin{cases}s_2^2, & s_2<1,\\ 2s_2-1, & s_2\geqslant 1,\end{cases}\end{aligned}$$

$$x_2=\begin{cases}s_2, & s_2<1,\\ 1, & s_2\geqslant 1.\end{cases}$$

当 $k=1$ 时：

$$f_1(s_1)=\min_{0\leqslant x_1\leqslant s_1}\{x_1+f_2(s_1-x_1)\}=s_1-\frac{1}{4},$$

$$x_1=s_1-\frac{1}{2}.$$

为取最小值，令 $s_1=10$，$x_1=s_1-\frac{1}{2}=\frac{19}{2}$，利用状态转移方程，得到 $s_2=s_1-x_1=\frac{1}{2}$，$x_2=\frac{1}{2}$，$s_3=s_2-x_2=0$，$x_3=s_3=0$.

最优解 $\bar{\boldsymbol{x}}=\left(\frac{19}{2},\frac{1}{2},0\right)$，最优值 $f_{\min}=\frac{39}{4}$.

再用顺推解法.

划分为 3 个阶段，阶段指标 $v_1(x_1)=x_1$，$v_2(x_2)=x_2^2$，$v_3(x_3)=2x_3$. 状态转移方程：$s_1=s_2-x_1=0$，$s_2=s_3-x_2$，$s_3=s_4-x_3$，$s_4\geqslant 10$. 由于有非负的限制，因此 $x_1=s_2$，$0\leqslant x_2\leqslant s_3$，$0\leqslant x_3\leqslant s_4$.

基本方程：

$$\begin{cases}f_k(s_{k+1})=\min\{v_k(x_k)+f_{k-1}(s_k)\}, & k=1,2,3,\\ f_0(s_1)=0.\end{cases}$$

当 $k=1$ 时：

$$f_1(s_2)=\min_{x_1=s_2}\{x_1+f_0(s_1)\}=s_2,\quad x_1=s_2.$$

当 $k=2$ 时：

$$\begin{aligned}f_2(s_3)&=\min_{0\leqslant x_2\leqslant s_3}\{x_2^2+f_1(s_2)\}\\&=\min_{0\leqslant x_2\leqslant s_3}\{x_2^2+(s_3-x_2)\}\end{aligned}$$

$$= \begin{cases} s_3^2, & 当\ s_3 < \dfrac{1}{2}, \\ s_3 - \dfrac{1}{4}, & 当\ s_3 \geqslant \dfrac{1}{2}, \end{cases}$$

$$x_2 = \begin{cases} s_3, & s_3 < \dfrac{1}{2}, \\ \dfrac{1}{2}, & s_3 \geqslant \dfrac{1}{2}. \end{cases}$$

当 $k=3$ 时：

$$f_3(s_4) = \min_{0 \leqslant x_3 \leqslant s_4} \{2x_3 + f_2(s_4 - x_3)\} = s_4 - \frac{1}{4}, \quad x_3 = 0.$$

为取最小值，令 $s_4=10, x_3=0$，利用状态转移方程求得 $s_3=s_4-x_3=10, x_2=\dfrac{1}{2}, s_2=s_3-x_2=\dfrac{19}{2}, x_1=s_2=\dfrac{19}{2}, s_1=s_2-x_1=0$.

最优解 $\bar{\boldsymbol{x}}=\left(\dfrac{19}{2},\dfrac{1}{2},0\right)$，最优值 $f_{\min}=\dfrac{39}{4}$.

(4) 先用逆推解法.

划分为 3 个阶段，阶段指标：$v_3(x_3)=x_3, v_2(x_2)=x_2, v_1(x_1)=x_1$. 状态转移方程：$s_4=s_3-2x_3=0, s_3=s_2-x_2, s_2=s_1-x_1, s_1\leqslant 6$. 由于有非负的限制，因此 $x_3=\dfrac{1}{2}s_3, 0\leqslant x_2\leqslant s_2, 0\leqslant x_1\leqslant s_1$.

基本方程：

$$\begin{cases} f_k(s_k) = \max\{v_k(s_k) f_{k+1}(s_{k+1})\}, & k = 3,2,1, \\ f_4(s_4) = 1. \end{cases}$$

当 $k=3$ 时：

$$f_3(s_3) = \max_{x_3=\frac{1}{2}s_3} \{x_3 f_4(s_4)\} = \frac{1}{2}s_3, \quad x_3 = \frac{1}{2}s_3.$$

当 $k=2$ 时：

$$\begin{aligned} f_2(s_2) &= \max_{0\leqslant x_2\leqslant s_2} \{x_2 f_3(s_3)\} \\ &= \max_{0\leqslant x_2\leqslant s_2} \left\{\frac{1}{2}x_2(s_2 - x_2)\right\} \\ &= \frac{1}{8}s_2^2, \end{aligned}$$

$$x_2 = \frac{1}{2}s_2.$$

当 $k=3$ 时：

$$
\begin{aligned}
f_1(s_1) &= \max_{0 \leqslant x_1 \leqslant s_1} \{x_1 f_2(s_2)\} \\
&= \max_{0 \leqslant x_1 \leqslant s_1} \left\{ \frac{1}{8} x_1 (s_1 - x_1)^2 \right\} \\
&= \frac{1}{54} s_1^3,
\end{aligned}
$$

$$x_1 = \frac{1}{3} s_1.$$

为求最大值点，令 $s_1 = 6, x_1 = 2$，利用状态转移方程得到 $s_2 = s_1 - x_1 = 4, x_2 = \frac{1}{2} s_2 = 2$，$s_3 = s_2 - x_2 = 2, x_3 = \frac{1}{2} s_3 = 1$.

最优解 $\bar{\boldsymbol{x}} = (2,2,1)$，最优值 $f_{\max} = 4$.

再用顺推解法.

划分为 3 个阶段，阶段指标：$v_1(x_1) = x_1, v_2(x_2) = x_2, v_3(x_3) = x_3$. 状态转移方程：$s_1 = s_2 - x_1 = 0, s_2 = s_3 - x_2, s_3 = s_4 - 2x_3, s_4 \leqslant 6$. 由于有非负的限制，因此 $x_1 = s_2, 0 \leqslant x_2 \leqslant s_3, 0 \leqslant x_3 \leqslant \frac{1}{2} s_4$.

基本方程：

$$
\begin{cases}
f_k(s_{k+1}) = \max\{v_k(x_k) f_{k-1}(s_k)\}, \quad k = 1,2,3, \\
f_0(s_1) = 1.
\end{cases}
$$

当 $k=1$ 时：

$$f_1(s_2) = \max_{x_1 = s_2}\{x_1 f_0(s_1)\} = s_2, \quad x_1 = s_2.$$

当 $k=2$ 时：

$$
\begin{aligned}
f_2(s_3) &= \max_{0 \leqslant x_2 \leqslant s_3} \{x_2 f_1(s_2)\} \\
&= \max_{0 \leqslant x_2 \leqslant s_3} \{x_2 (s_3 - x_2)\} \\
&= \frac{1}{4} s_3^2,
\end{aligned}
$$

$$x_2 = \frac{1}{2} s_3.$$

当 $k=3$ 时：

$$
\begin{aligned}
f_3(s_4) &= \max_{0 \leqslant x_3 \leqslant \frac{1}{2} s_4} \{x_3 f_2(s_3)\} \\
&= \max_{0 \leqslant x_3 \leqslant \frac{1}{2} s_4} \left\{ \frac{1}{4} x_3 (s_4 - 2x_3)^2 \right\}
\end{aligned}
$$

$$= \frac{1}{54}s_4^3,$$

$$x_3 = \frac{1}{6}s_4.$$

求极大值，令 $s_4=6$，$x_3=\frac{1}{6}s_4=1$，利用状态转移方程得到 $s_3=s_4-2x_3=4$，$x_2=\frac{1}{2}s_3=2$，$s_2=s_3-x_2=2$，$x_1=s_2=2$.

最优解 $\bar{\boldsymbol{x}}=(2,2,1)$，最优值 $f_{\max}=4$.

3. 假设某种机器可在高低两种不同负荷下运行，在高负荷下运行时，每台机器每年产值 20 万元，机器年损坏率 20%，在低负荷下运行时，每台机器每年产值 17 万元，机器年损坏率 10%，开始生产时，完好机器数量为 100 台，试问如何安排机器在高低负荷下的生产，才能使 3 年内总产值最高？（提示：可取第 k 年度初完好机器数 s_k 作为状态变量）.

解 下面用逆推解法.

第 k 年度初完好机器数 s_k 为状态变量，$s_1=100$. 第 k 年度分配高负荷下生产的机器数 x_k 为决策变量，低负荷下生产的机器数为 s_k-x_k. 阶段指标 $v_k(s_k,x_k)$ 为第 k 年度产值，即

$$v_k(s_k,x_k) = 20x_k + 17(s_k - x_k) = 17s_k + 3x_k,\quad k = 3,2,1.$$

状态转移方程：

$$s_{k+1} = 0.8x_k + 0.9(s_k - x_k) = 0.9s_k - 0.1x_k,\quad k = 3,2,1.$$

最优值函数 $f_k(s_k)$ 表示从第 k 年度初到第 3 年度末最大产值.

基本方程：

$$\begin{cases} f_k(s_k) = \max\{v_k(s_k,x_k) + f_{k+1}(s_{k+1})\}, & k = 3,2,1, \\ f_4(s_4) = 0. \end{cases}$$

求解过程如下：

当 $k=3$ 时：

$$\begin{aligned} f_3(s_3) &= \max_{0\leqslant x_3\leqslant s_3}\{v_3(s_3,x_3) + f_4(s_4)\} \\ &= \max_{0\leqslant x_3\leqslant s_3}\{17s_3 + 3x_3\} \\ &= 20s_3, \\ x_3 &= s_3. \end{aligned}$$

当 $k=2$ 时：

$$\begin{aligned} f_2(s_2) &= \max_{0\leqslant x_2\leqslant s_2}\{v_2(s_2,x_2) + f_3(s_3)\} \\ &= \max_{0\leqslant x_2\leqslant s_2}\{17s_2 + 3x_2 + 20(0.9s_2 - 0.1x_2)\} \\ &= \max_{0\leqslant x_2\leqslant s_2}\{35s_2 + x_2\} \\ &= 36s_2, \end{aligned}$$

$$x_2 = s_2.$$

当 $k=1$ 时：

$$\begin{aligned} f_1(s_1) &= \max_{0\leqslant x_1\leqslant s_1}\{v_1(s_1,x_1)+f_2(s_2)\} \\ &= \max_{0\leqslant x_1\leqslant s_1}\{17s_1+3x_1+36(0.9s_1-0.1x_1)\} \\ &= \max_{0\leqslant x_1\leqslant s_1}\{49.4s_1-0.6x_1\} \\ &= 49.4s_1 = 4940(\text{万元}), \end{aligned}$$

$$x_1 = 0.$$

利用状态转移方程，由 $s_1=100, x_1=0$ 推得 $s_2=90, x_2=90, s_3=72, x_3=72$.

最优解 $\bar{\boldsymbol{x}}=(0,90,72)$，总产值 $f_1(s_1)=4940$ 万元.

计划安排：第 1 年，100 台机器均在低负荷下生产；第 2 年初有 90 台完好机器，均安排高负荷下生产，第 3 年初完好机器 72 台，均安排高负荷下生产. 按此计划，3 年总产值最高，为 4940 万元.

4. 假设旅行者携带各种货物总重量不得超过 80kg. 现有 A，B，C 三种货物，每件的重量及价值如下表所示，试问 A、B、C 各携带多少件才能使总价值最大？

货物种类	A	B	C
每件重/kg	15	24	30
每件价值/元	200	340	420

解 设携带货物 A，B，C 分别为 x_1, x_2, x_3 件. 问题表达成整数规划如下：

$$\begin{aligned} \max\quad & 200x_1+340x_2+420x_3 \\ \text{s.t.}\quad & 15x_1+24x_2+30x_3\leqslant 80, \\ & x_1,x_2,x_3\geqslant 0 \text{ 且为整数}. \end{aligned}$$

下面用动态规划逆推解法求解.

按货物种类分为 3 个阶段，阶段指标 $v_1(x_1)=200x_1$，$v_2(x_2)=340x_2$，$v_3(x_3)=420x_3$.

用 s_k 表示第 k 阶段的状态变量，s_k 是携带货物重量的上限. 状态转移方程：$0\leqslant s_4=s_3-30x_3$，$s_3=s_2-24x_2$，$s_2=s_1-15x_1$，$s_1\leqslant 80$.

基本方程：

$$\begin{cases} f_k(s_k)=\max\{v_k(x_k)+f_{k+1}(s_{k+1})\}, \quad k=3,2,1, \\ f_4(s_4)=0. \end{cases}$$

首先，从第 1 阶段开始，分析最优值函数 $f_k(s_k)$.

当 $k=1$ 时：

$$f_1(s_1)=\max_{\substack{0\leqslant 15x_1\leqslant 80 \\ x_1\text{为整数}}}\{200x_1+f_2(s_2)\}$$

$$= \max_{\substack{0\leqslant 15x_1\leqslant 80\\ x_1\text{为整数}}}\{200x_1 + f_2(80-15x_1)\}$$

$$= \max\{0+f_2(80), 200+f_2(65), 400+f_2(50), 600+f_2(35), 800+f_2(20), 1000+f_2(5)\}.$$

当 $k=2$ 时：

$$f_2(s_2) = \max_{\substack{0\leqslant 24x_2\leqslant s_2\\ x_2\text{为整数}}}\{340x_2 + f_3(s_3)\} = \max_{\substack{0\leqslant 24x_2\leqslant s_2\\ x_2\text{为整数}}}\{340x_2 + f_3(s_2-24x_2)\}.$$

利用上式，对 $f_1(s_1)$ 中涉及的 $f_2(s_2)$ 分别计算如下：

$$f_2(80) = \max_{\substack{0\leqslant 24x_2\leqslant 80\\ x_2\text{为整数}}}\{340x_2 + f_3(80-24x_2)\}$$

$$= \max\{0+f_3(80), 340+f_3(56), 680+f_3(32), 1020+f_3(8)\},$$

$$f_2(65) = \max_{\substack{0\leqslant 24x_2\leqslant 65\\ x_2\text{为整数}}}\{340x_2 + f_3(65-24x_2)\}$$

$$= \max\{0+f_3(65), 340+f_3(41), 680+f_3(17)\},$$

$$f_2(50) = \max_{\substack{0\leqslant 24x_2\leqslant 50\\ x_2\text{为整数}}}\{340x_2 + f_3(50-24x_2)\}$$

$$= \max\{0+f_3(50), 340+f_3(26), 680+f_3(2)\},$$

$$f_2(35) = \max_{\substack{0\leqslant 24x_2\leqslant 35\\ x_2\text{为整数}}}\{340x_2 + f_3(35-24x_2)\}$$

$$= \max\{0+f_3(35), 340+f_3(11)\},$$

$$f_2(20) = \max_{\substack{0\leqslant 24x_2\leqslant 20\\ x_2\text{为整数}}}\{340x_2 + f_3(20-24x_2)\}$$

$$= 0+f_3(20),$$

$$f_2(5) = 0+f_3(5).$$

当 $k=3$ 时：

$$f_3(s_3) = \max_{\substack{0\leqslant 30x_3\leqslant s_3\\ x_3\text{为整数}}}\{420x_3 + f_4(s_4)\}$$

$$= \max_{\substack{0\leqslant 30x_3\leqslant s_3\\ x_3\text{为整数}}}\{420x_3\}$$

$$= 420\left[\frac{1}{30}s_3\right], \quad x_3 = \left[\frac{1}{30}s_3\right].$$

利用 $f_3(s_3)=420\left[\frac{1}{30}s_3\right]$计算 $f_2(s_2)$中涉及的 $f_3(s_3)$：

$f_3(80)=840$, $f_3(56)=420$, $f_3(32)=420$, $f_3(8)=0$, $f_3(65)=840$,
$f_3(41)=420$, $f_3(17)=0$, $f_3(50)=420$, $f_3(26)=0$, $f_3(2)=0$,
$f_3(35)=420$, $f_3(11)=0$, $f_3(20)=0$, $f_3(5)=0$.

代入 $f_2(s_2)$ 各表达式,则有

$$f_2(80)=\max\{840,340+420,680+420,1020+0\}$$
$$=1100,\quad x_2=2;$$
$$f_2(65)=\max\{840,340+420,680+0\}=840,\quad x_2=0;$$
$$f_2(50)=\max\{420,340+0,680+0\}=680,\quad x_2=2;$$
$$f_2(35)=\max\{420,340+0\}=420,\quad x_2=0;$$
$$f_2(20)=f_2(5)=0.$$

最后计算 $f_1(s_1)$:

将 $f_2(s_2)$ 代入 $f_1(s_1)$ 的表达式,则有

$$f_1(s_1)=\max\{1100,200+840,400+680,600+420,800+0\}=1100,$$
$$x_1=0;$$

取重量上限,$s_1=80$,$x_1=0$,利用状态转移方程得到 $s_2=s_1=80$,$x_2=2$,$s_3=80-24\times 2=32$,$x_3=\left[\frac{1}{30}s_3\right]=1$.

携带货物情况是,A 种 0 件,B 种 2 件,C 种 1 件. 最大总价值 1100.